高等学校教材

数学实验与数学建模案例

Shuxue Shiyan yu Shuxue Jianmo Anli

王泽文　　乐励华　　颜七笙　　张　文　等　编著

高等教育出版社·北京

HIGHER EDUCATION PRESS　BEIJING

内容提要

　　本书主要分为两个部分：第一部分是数学软件与数学实验，主要是结合高等数学内容及其实验教学介绍 MATLAB 和 Mathematica 软件及其数学实验，结合数学建模教学介绍 LINGO 软件及其数学实验；第二部分是数学建模与建模案例，主要是概述数学建模及全国大学生数学建模竞赛，根据多年数学建模的教学经验，结合老师的部分科研成果，给出了若干数学建模案例。

　　本书可作为高等学校数学实验与数学建模课程的教材，也可作为参加全国大学生数学建模竞赛的辅导材料。

图书在版编目（CIP）数据

　　数学实验与数学建模案例/王泽文等编著. --北京：高等教育出版社，2012.9（2017.9 重印）
　　ISBN 978 - 7 - 04 - 036010 - 3

　　Ⅰ. ①数… Ⅱ. ①王… Ⅲ. ①高等数学-实验-高等学校-教材②数学模型-高等学校-教材　Ⅳ. ①O13 - 33②O141.4

　　中国版本图书馆 CIP 数据核字（2012）第 182678 号

策划编辑	胡　颖	责任编辑	马　丽　兰莹莹　杨　波	封面设计	张申申　版式设计　杜微言
插图绘制	尹　莉	责任校对	殷　然	责任印制	赵义民

出版发行	高等教育出版社	咨询电话	400 - 810 - 0598
社　　址	北京市西城区德外大街 4 号	网　址	http://www.hep.edu.cn
邮政编码	100120		http://www.hep.com.cn
印　　刷	大厂益利印刷有限公司	网上订购	http://www.landraco.com
开　　本	787mm ×960mm　1/16		http://www.landraco.com.cn
印　　张	17.75	版　　次	2012 年 9 月第 1 版
字　　数	320 千字	印　　次	2017 年 9 月第 12 次印刷
购书热线	010 - 58581118	定　　价	26.20 元

本书如有缺页、倒页、脱页等质量问题，请到所购图书销售部门联系调换
版权所有　侵权必究
物　料　号　36010 - 00

前　　言

　　数学应用的实质是数学和所研究的实际问题相结合的结果,数学知识的准确应用往往会帮助我们对所研究问题的认识达到更深的层次。数学模型就是架构于数学理论和实际问题之间的桥梁,而数学建模是应用数学解决实际问题的重要手段和途径。通过数学建模运用数学理论与方法解决实际问题,是当代大学生需要具备的数学素质和技能,是培养具有竞争力的高素质人才必不可少的途径。为适应这一需要,我们编写了这本本、专科生适用的《数学实验与数学建模案例》教材。

　　本书是在我校大学数学教学改革与实践的基础上编写的,主要分为两个部分:一部分是数学软件与数学实验,另一部分是数学建模与建模案例。数学实验就是运用现代计算机技术和数学软件包对数学问题、数学模型进行求解,同时将计算结果可视化;数学建模就是用数学的语言和方法,通过抽象、简化等近似地刻画实际问题,并加以解决的全过程。开设数学实验和数学建模课程,对于推进高等学校大学数学课程教学内容和课程体系的进一步改革,激发学生学习数学的兴趣,促进学生主动学好数学、用好数学,让学生掌握常用的数学软件与工程计算软件,提高学生运用数学的理论、方法和思想建立数学模型并用计算机进行计算求解的能力,培养学生解决实际问题的能力和创造精神,均会起到积极的作用。

　　本书第一章、第二章和第三章分别介绍了 MATLAB,Mathematica,LINGO 三大数学软件,并在入门基础上设计了相应的数学实验和习题;第四章介绍了数学建模的基本常识,给出一些建模案例和习题;最后是附录。

　　本书由王泽文、乐励华、颜七笙、张文、王兵贤、温荣生、刘唐伟、杨志辉等共同编写,其中第一章、第二章、第三章由张文、王兵贤、温荣生、王泽文负责编写,第四章第一节、案例 4 与案例 9 由颜七笙负责编写,案例 1 和案例 2 由刘唐伟负责编写,案例 3 和案例 8 由乐励华负责编写,案例 5、案例 6 与案例 7 由王泽文负责编写,案例 10 由杨志辉负责编写,案例 11 由张文负责编写。全书由王泽文、乐励华、颜七笙、张文进行统稿。在本书的编写过程中,得到了东华理工大学教务处、理学院的大力支持和帮助,理学院童怀水、邬国根、邱淑芳、虞先玉、阮周生、何杰、黄涛、樊继秋、胡彬等老师在本书的编写和试用过程中提出了许多宝贵的意见和建议,在此一并致谢。同时,要感谢李小霞同学,也向所有参考文献的作者、编者表示谢意。感谢高等教育出版社的编辑在本书出版过程中所付出的辛勤劳动。本书得到了东华理工大学重点资助教材项目、国家自然科学基金（No. 41001320）的资助。

由于编者水平有限，加之时间也比较仓促，不足之处在所难免，恳请读者提出宝贵的意见和建议，以便今后改进。

编著者

2012 年 5 月

目　　录

第一章　MATLAB 软件介绍及其实验

第一节　认识 MATLAB

一、引言

MATLAB 是矩阵实验室(Matrix Laboratory)的简称,是美国 MathWorks 公司出品的商业数学软件,是用于算法开发、数据可视化、数据分析以及数值计算的高级计算语言和交互式环境,主要包括 MATLAB 和 Simulink 两大部分.目前,MathWorks 公司已经推出最新版本 MATLAB7.10,但本书将使用 MATLAB7.01版进行介绍.

在数学类应用软件中,MATLAB 在数值计算方面可谓首屈一指.它可以进行矩阵运算、绘制函数和数据、实现算法、创建用户界面、连接其他编程语言的程序等,主要应用于工程计算、控制设计、信号处理与通信、图像处理、信号检测、金融建模设计与分析等领域.如今,MATLAB 已经成为许多学科开展科学研究的基本计算工具.

MATLAB 的基本数据单位是矩阵,它的指令表达式与数学、工程中常用的形式十分相似,故用 MATLAB 来解算问题要比用 C、FORTRAN 等语言简捷得多,并且 MATLAB 也吸收了 Maple 等软件的优点,在新的版本中也加入了对 C、FORTRAN、C++、JAVA 的支持.用户可以直接调用,也可以将自己编写的实用程序导入到 MATLAB 函数库中方便自己以后调用.此外,许多的 MATLAB 爱好者都编写了一些经典的程序,用户下载后可以直接使用.

二、MATLAB 的操作界面

当计算机中成功安装了 MATLAB7.01 版后,在 Windows 桌面上就会出现MATLAB7.01 的图标,双击此图标进入 MATLAB7.01 的操作界面,如图 1 – 1所示.

MATLAB 操作界面上铺放着四个最常用的窗口:命令窗口(Command Window)、历史命令窗口(Command History)、当前目录浏览器(Current Directory)、工作空间浏览器(Workspace),各个窗口通过点击左键进行切换.

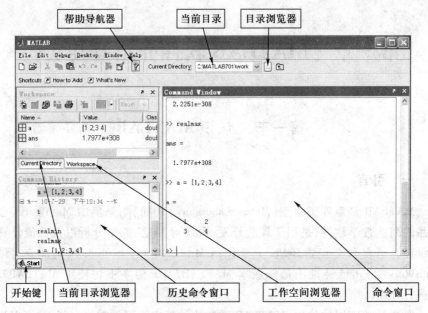

图 1 - 1　MATLAB 操作界面的默认外貌

1. 命令窗口(Command Window)

该窗口是直接进行各种 MATLAB 操作的最主要窗口. 在该窗口内, 可键入各种送给 MATLAB 运作的指令、函数、表达式; 显示除图形外的所有运算结果; 运行错误时, 给出相关的出错提示.

2. 历史命令窗口(Command History)

该窗口将记录已经运行过的命令、函数、表达式, 及它们运行的日期、时间. 该窗口中的所有命令、文字都允许复制和再次运行.

3. 当前目录浏览器(Current Directory)

在该浏览器中, 显示当前目录中的子目录、M 文件、MAT 文件、FIG 文件、MDL 文件等. 对该界面上的 M 文件, 可直接进行复制、编辑和运行; 该界面上的 MAT 数据文件, 则可直接送入 MATLAB 工作内存. 此外, 对该界面上的子目录, 可进行 Windows 平台的各种标准操作.

4. 工作空间浏览器(Workspace)

该窗口罗列出 MATLAB 工作空间中所有的变量名、大小、字节数; 在该窗口中, 可对变量进行观察、图示、编辑、提取和保存.

5. 开始按钮(🢂 Start)

点击 MATLAB 开始按钮, 可调出 MATLAB 所包含的各种组件、模块库、图形用户界面、帮助分类目录、演示算例等, 以及向用户提供自建快捷操作的环境.

【提示】在"命令窗口"中,结合使用方向键:"上键↑"和"下键↓",可依次回调出运行过的命令.

"命令窗口"、"历史命令窗口"等均为可活动窗口,当这些常用窗口"消失"后,可按照图1-2所示,将MATLAB的操作桌面恢复为默认状态.

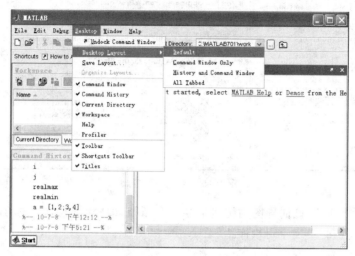

图1-2 MATLAB的操作桌面恢复为默认状态的方法

三、MATLAB 的帮助系统(Product Help)

读者接触、学习 MATLAB 的起因可能不同,借助 MATLAB 所想解决的问题也可能不同,从而会产生不同的求助需求.MATLAB 作为优秀的科学计算软件,其帮助系统考虑了不同用户的不同需求,构成了一个比较完备的帮助体系.并且,这种帮助体系随着 MATLAB 版本的重大升级,其完备性和友善性都有较大的进步.

帮助系统是 MathWorks 公司专门编写的,它的内容来源于所有的 M 文件,但更详细,它的界面友善、方便,是用户寻求帮助的最主要资源.调出帮助系统的方法有:在命令窗口中运行 helpbrowser 或 helpdesk 或敲击键盘"F1"或点击工具条上的 ❓ 图标.帮助系统窗口如图1-3.

整个帮助系统窗口由分列于左、右两侧的帮助导航器(Help Navigator)和帮助浏览器(Help Browser)组成.帮助导航器有四个"导航窗口":内容分类目录(Contents),命令检索(Index),词条搜索(Search)和实例演示(Demos).

1. 目录窗口(Contents)

该窗口列出"节点可展开的目录树".用鼠标点击目录条,即可在 Help Browser 帮助浏览器中显示出相应标题的帮助文件.该窗口是向用户提供全方位系统

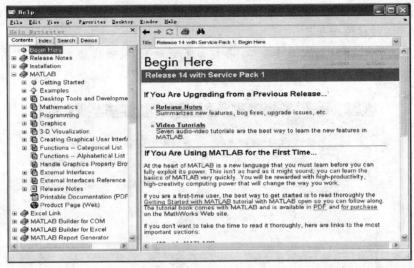

图 1-3　帮助系统窗口

帮助的"向导图".该向导图的构造贯穿四个原则,即"深浅层次"、"功能划分"、"帮助方式"和"英文字母次序".

2. 检索窗口(Index)

MATLAB 有一个事先制作的命令,即函数列表文件.该文件专供"Index"窗口(如图 1-4)使用.当用户在"Index"窗口上方"待查栏(Search index for)"中填入某词汇时,其下白板上就列出与之最匹配的词汇列表.

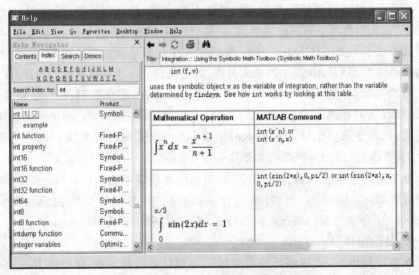

图 1-4　检索窗口

4

3. 搜索窗口(Search)

"Search"窗口(如图1-5)是利用关键词查找全文中与之匹配章节条目的交互窗口.这是电子读物所特有的最大优点之一.它与 Index 搜索有两点主要区别:

（1）Index 搜索只在专用命令表中查找,Search 搜索是在整个页面文件中进行的,因此其覆盖面更广.

（2）Index 搜索只能进行单命令名搜索,而 Search 搜索可以采用多词条的逻辑组合搜索,功能更强,搜索效率更高.

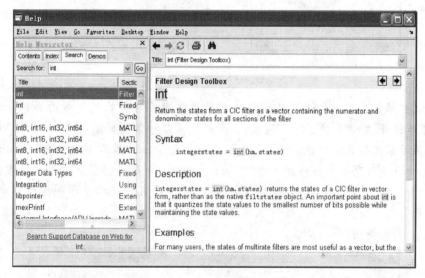

图 1-5 搜索窗口

4. 演示系统(Demos)

与以前版本相比,MATLAB 7.01 版的 Demos 显得更为系统和完善.它以算例为载体,由 HTML、GUI 界面、显示 M 文件的编辑器组合而成.该演示系统,分布在 matlab\toolbox 的各个分类子目录中.该系统可以综合演示为解决一个具体算例,各命令间如何配合使用.无论是对 MATLAB 新用户还是老用户来说,都是十分有益的.该演示程序的示范作用是独特的,是包括 MATLAB 用户指南在内的有关书籍所不能代替的.用户若想学习和掌握 MATLAB,不可不看这组演示程序.但对初学者来说,不必急于求成去读那些太复杂的程序.

在命令窗口中运行 Demos 命令,或点击帮助导航器中的"Demos"窗口,就可调出如图1-6的 Demos 演示系统.该界面左侧采用标准的 Windows 目录树结构,清晰地展示各分类内容的多层次演示结构.

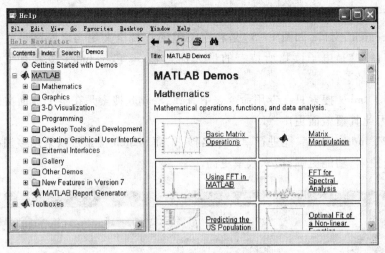

图 1-6　演示窗口

【提示】在 MATLAB 的 Demos 系统里还提供一种新的视频帮助资料,专门介绍新特点,非常形象、生动、直观,便于用户了解和掌握新版的功能.进入 VIDEO 演示系统最方便的途径是:选择帮助导航器 Demos 窗口中的"New Features in Version 7",直接导出视频演示"点播台",如图 1-7.根据需要,点中"点播台"上所需栏目,就导出如图 1-8 的视频播放器.通过眼看鼠标操作和界面图像变化,耳听相配的英语解释,用户很容易学会各种操作之间的关系和 MATLAB 各种新功能的使用.

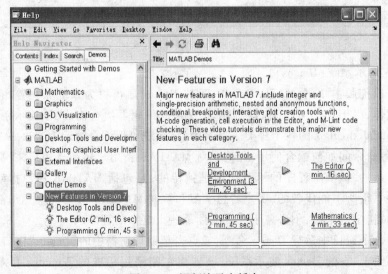

图 1-7　视频演示点播台

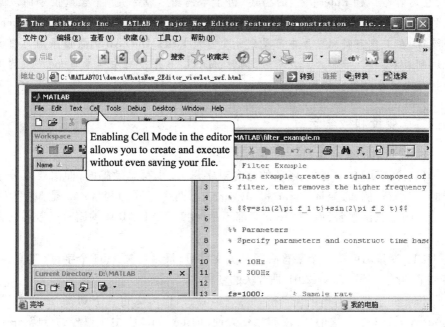

图 1 - 8　视频播放器

第二节　简单运算与函数基础

一、"计算器"功能

"计算器"功能,仅是 MATLAB 全部功能中的小小一角.为易于学习,我们以算例方式叙述与归纳一些 MATLAB 最基本的运算规则和语法结构.

例 1 - 1. 求 $[15 + 3 \times (7 - 3)] \div 3^2$ 的算术运算结果.

第一步.在 MATLAB 命令窗口中输入以下内容

>> (15 + 3 * (7 - 3))/3^2

第二步.在上述表达式输入完后,按[Enter]键,该指令被执行并显示如下结果.

ans =

3

【提示】符号" >> "为 MATLAB 系统自动生成的"命令输入提示符";为简单起见,下文均将其省略,而用中文"输入:"提示需输入的命令、变量或字符串等,且均省略"按[Enter]键"的描述. 由于本例输入指令是"不含赋值号的表达式",所以计算结果被赋给 MATLAB 的一个默认变量"ans",它是英文"answer"的缩写,在工作空间浏览器中可见到此变量及其值. MATLAB 的数值采用习惯的十进制表示,可以带小数点或负号. 同时,MATLAB 中没有中括号与大括号,均用小括号来区分运算次序和层次.

二、变量和数学运算

1. 变量名的命名规则

(1) MATLAB 中变量、函数的命名对字母大、小写是敏感的,即需要区分字母的大、小写. 例如,变量 myvar 和 MyVar 表示两个不同的变量;sin 是 MATLAB 预定义的正弦函数名,但 SIN,Sin 等都不是. 注意 MATLAB 中的固有函数名均为小写字母.

(2) 变量名的第一个字符必须是英文字母,最多可包含 63 个字符(英文、数字和下划线). 例如,myvar201 是合法的变量名.

(3) 变量名中不得包含空格、标点、运算符,但可以包含下划线. 例如,变量名 my_var_201 是合法的,且读起来更方便. 而 my,var201 由于逗号的分隔,表示的就不是一个变量名.

2. 默认的预定义变量

在 MATLAB 中有一些预定义变量(Predefined Variable),见表 1-1. 每当 MATLAB 启动,这些变量就自动产生. 这些变量都有特殊含义和用途.

表 1-1　MATLAB 中的预定义变量

变量名	含义	变量名	含义
ans	计算结果的默认变量名	NaN　或　nan	非数值,如:0/0,.∞/∞.
eps	系统的浮点精度	Inf 或 inf	无穷大,如:1/0
i 或 j	虚单位 $i=j=\sqrt{-1}$	realmax	最大正实数
pi	圆周率 π	realmin	最小正实数

【提示】用户在编写指令和程序时,应尽可能不对表 1-1 所列预定义变量名重新赋值,以免产生混淆. 当用户对表中任何一个预定义变量进行赋值时,则该变量的默认值将被用户新赋的值"临时"覆盖. 所谓"临时"是指:假如使用 clear 指令清除 MATLAB 内存中的普通变量,或 MATLAB 命令窗口被关闭后重新启动,那么所有的预定义变量将被重置为默认值,不管之前这些预定义变量被

用户赋过什么值.在每一次使用变量前,必须清楚地知道我们赋给变量的值,否则会产生混乱.

因此,在编写程序前,常常使用四条命令来消除这方面的隐患:clear,close,clc 与 clf.

命令 clear,close,clc 与 clf 的基本用法详见 MATLAB 帮助.在 MATLAB 命令窗口或 M 文件中单独使用 clear 命令表示仅清除掉工作空间中的所有变量;clear name1 name2 则表示清除变量 name1 与 name2;clear all 用来清空 MATLAB 的工作空间、清除 M 文件的调试断点等.单独使用 close 命令表示清除当前图形窗口,close all 则用来清除全部图形窗口.clc 命令仅用来清除 MATLAB 命令窗口中的输入、输出信息,使得命令窗口"洁净如初".clf 命令用来清除图形窗口中的图形内容.

3. 基本的算术运算(+ 、− 、∗ 、∕ 、^)

在 MATLAB 中,符号" + "、" − "、" ∗ "、" ∕ "、" ^ "分别表示"加"、"减"、"乘"、"除"、"幂"运算.

例 1 − 2. 求 $x = \dfrac{(5 \times 2 + 1.3 - 0.8) \times 10^2}{25}$ 的值.

输入:

$\quad$ x = (5 ∗ 2 + 1.3 − 0.8) ∗ 10^2/25

输出:

$\quad$ x =

$\quad\quad$ 42

【提示】MATLAB 中算术运算的优先级规定为:指数幂运算级别最高,乘、除运算次之,加减运算级别再次之,赋值运算" = "的级别最低;赋值运算" = "的运算方向为由右向左;括号可以改变运算的次序.若在表达式末尾加上分号" ;",MATLAB 将不显示运算结果.这对有大量输出数据的程序特别有用,因为写屏(即将结果不断显示在屏幕上)将花费大量的系统资源来进行十进制和二进制之间的转换,用分号关闭不必要的输出将会使程序的运行速度得到成倍甚至成百倍的提高.

例 1 − 3. 在命令窗口中输入:

$\quad$ x = 2 ;

$\quad$ y = x^3 ;

若要显示变量 y 的值,在命令窗口中直接键入 y 即输出结果,或者输入"y = x^3"时,末尾不输入分号" ;",回车后即得到结果:

y =

    8

4. MATLAB 中的逻辑运算(& 、| 、~)

在 MATLAB 中,逻辑运算符"&"、"|"、"~"分别表示"逻辑与"、"逻辑或"和"逻辑非".逻辑运算的规则为:① 逻辑值只有 0 和 1;② 非 0 的数字都视为 1.

例 1 - 4. 在命令窗口中输入:

a = ~ 0;   % 此时 a 的值为 1

a = ~ 2;   % 此时 a 的值为 0

a = 2 | 0;   % 此时 a 的值为 1

a = 1 & 0;   % 此时 a 的值为 0

【提示】在 MATLAB 环境下,"%"表示"注释说明",以"%"为首的字符行均不参与编译或运算,并以绿色显示表达注释意义.

5. MATLAB 中的关系运算(> 、< 、== 、>= 、<= 、~=)

在 MATLAB 中,关系运算符所表达的含义与习惯表达类似,见表 1 - 2.关系运算的结果为逻辑值 1 或 0.

表 1 - 2　关系运算符号表

符号	含义	符号	含义	符号	含义
>	大于	>=	大于或等于	==	恒等于
<	小于	<=	小于或等于	~=	不等于

例 1 - 5. 演示关系运算功能.

输入:

a = 5 < 6   % 此时 a 的值为 1

a = 5 == 6   % 此时 a 的值为 0

a = 5 ~= 6   % 此时 a 的值为 1

【提示】"="表示"赋值运算",即将右边的值赋给左边的变量.两个等号"=="表示关系运算符"恒等于"."赋值运算"的级别最低,所以是将"="右边的关系运算结果赋值给左边的变量.

三、数学函数

表 1 − 3   常用的数学函数

命令	含义	命令	含义
abs(x)	数量的绝对值或向量的长度	rats(x)	化实数 x 为多项分数表示
sqrt(x)	开平方	sign(x)	符号函数
max(x)	数组 x 的最大元素	rem(x,y)	x 除以 y 的余数
angle(z)	复数 z 的相角	sum(x)	数组 x 的元素和
real(z)	复数 z 的实部	min(x)	数组 x 的最小元素
imag(z)	复数 z 的虚部	gcd(x,y)	整数 x 和 y 的最大公因数
conj(z)	复数 z 的共轭复数	lcm(x,y)	整数 x 和 y 的最小公倍数
round(x)	四舍五入至最近整数	exp(x)	指数函数:e^x
fix(x)	舍去小数至最近整数	pow2(x)	指数函数:2^x
log2(x)	以 2 为底的对数:$\log_2(x)$	power(x,y)	x^y
log10(x)	以 10 为底的对数:$\log_{10}(x)$	log(x)	以 e 为底的对数:$\ln(x)$
sin(x)	正弦函数,x 为弧度	sinh(x)	双曲正弦函数
cos(x)	余弦函数,x 为弧度	cosh(x)	双曲余弦函数
tan(x)	正切函数,x 为弧度	tanh(x)	双曲正切函数
cot(x)	余切函数,x 为弧度	coth(x)	双曲余切函数
asin(x)	反正弦函数	asinh(x)	反双曲正弦函数
acos(x)	反余弦函数	acosh(x)	反双曲余弦函数
atan(x)	反正切函数	atanh(x)	反双曲正切函数
acot(x)	反余切函数	acoth(x)	反双曲余切函数

例 1 − 6. 数学函数及其运算.

输入:

$$y = \sin(10) * \exp(-0.3 * 4\text{\textasciicircum}2) * \cos(6 * \text{pi}/7)$$

输出:

y =

   0.0040

【提示】在 MATLAB 环境下,用指数函数 exp(x)在 1 处的值 exp(1)表示无限不循环小数 e,而不是用变量"e"来表示.MATLAB 进行数学运算时,与习惯写法不同,乘号"＊"不能省略,必须键入.

作为本节的结束,我们来了解 MATLAB 中的一个有趣工具——可视化的数学函数工具.在命令窗口输入 funtool 后回车,即弹出个图形窗口(如图1-9),该窗口能实现诸如加、减、复合函数运算且能实时以图形方式显示出结果.在图形窗口 Figure 3 中分别输入函数 f 和 g 的表达式,则可以点击不同按钮实现按钮上所标示的函数运算.

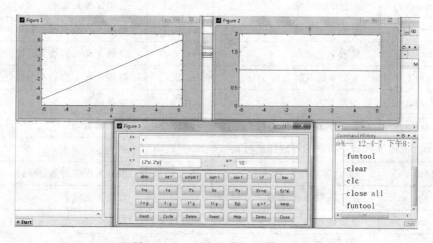

图 1-9　可视化的数学函数工具

第三节　微积分基本运算

本节将使用 MATLAB 符号工具箱进行符号计算.通俗地讲,符号计算就是用计算机推导数学公式.此时,在计算数学表达式或解方程时,不是在离散化的数值点上进行,而是凭借一系列诸如因式分解、化简、微分、不定积分等,通过推理和演绎方法,从而获得问题的解析结果.

与符号计算相比,数值计算则是近似计算.虽然如此,数值计算广泛应用于科学与工程研究领域、经济管理领域等,而 MATLAB 也正是凭借其卓越的数值计算能力而称雄世界.从形式上看,符号计算与数值计算最不相同的地方就是,进行符号计算之前必须申明符号变量(常用 syms 或 sym 进行申明).通过本节的学习,读者能清晰地了解符号计算与数值计算在微积分中的应用.

一、MATLAB 求极限、导数、级数和泰勒(Taylor)展开

表 1-4 MATLAB 求极限、导数等的命令

命令	含义
limit(f)	关于第一个变量计算极限 $\lim\limits_{x \to 0} f(x)$
limit(f,x,a)	关于变量 x 计算极限 $\lim\limits_{x \to a} f(x)$
limit(f,x,a,'left')	关于变量 x 计算极限 $\lim\limits_{x \to a^-} f(x)$
limit(f,x,a,'right')	关于变量 x 计算极限 $\lim\limits_{x \to a^+} f(x)$
limit(f,x,inf)	关于变量 x 计算极限 $\lim\limits_{x \to +\infty} f(x)$
limit(f,x,-inf)	关于变量 x 计算极限 $\lim\limits_{x \to -\infty} f(x)$
diff(f,x,n)	关于变量 x 求 n 阶导数 $f^{(n)}(x)$
taylor(f,n,x,a)	关于变量 x 求 f(x) 的 n-1 阶泰勒展开式 $$f(x) = \sum_{k=0}^{n-1} \frac{f^{(k)}(a)}{k!} \cdot (x-a)^k$$
symsum(f,k,n1,n2)	求级数的和函数 $\sum\limits_{k=n_1}^{n_2} f(k)$

例 1-7. 求(1) $\lim\limits_{x \to 0} \dfrac{\sin x}{x}$；(2) $\lim\limits_{t \to 0} \dfrac{\tan t - \sin t}{t^3}$.

输入:

```
syms x t;      % 申明 x 和 t 为符号变量,syms,x 与 t 之间以空格间隔开
y = sin(x)/x;
z = (tan(t) - sin(t))/ t^3;
a1 = limit(y,x,0)
```

输出:

```
a1 =
    1
```

输入:

a2 = limit(z,t,0)

输出：

a2 =

    1/2

例 1 - 8. 求 $\lim\limits_{x \to +\infty} \left(1 - \dfrac{1}{x}\right)^{kx}$.

输入：

syms x k;

f = limit((1 - 1/x)^(k * x) ,x,inf)

输出：

f =

    exp(- k)

例 1 - 9. 已知 $f(x) = \sin x^2$，$g(x,t) = \cos t \cdot x^6$，求 $f'(x)$ 与 $\dfrac{\partial^6 g(x,t)}{\partial x^6}$.

输入：

syms x t;

f1 = diff(sin(x^2))   % 未指定变量求导,请同学观察结果得出结论

输出：

f1 =

    2 * cos(x^2) * x

输入：

f2 = diff(cos(t) * x^6,x,6)   % 调换 cos(t) 与 x^6 前后顺序,看看结果

                                如何

输出：

f2 =

    720 * cos(t)

例 1 - 10. 设 $\cos (x + \sin y) = \sin y$，求 $\dfrac{\mathrm{d}y}{\mathrm{d}x}$.

输入：   % 该例演示隐函数的求导

clear

syms x;

g = sym(' cos(x + sin(y(x))) = sin(y(x))')

f = diff(g,x)

输出：

14

g =

$$\cos(x + \sin(y(x))) = \sin(y(x))$$

f =

$$-\sin(x + \sin(y(x))) * (1 + \cos(y(x)) * \operatorname{diff}(y(x),x)) = \cos(y(x)) * \operatorname{diff}(y(x),x)$$

【提示】为节约篇幅,以下把输入统一写在一起,而把输出也写在一起.比如例 1 − 10 中,在输入"g = sym(' cos(x + sin(y(x))) = sin(y(x))')"后实际上紧接着回车,立即得到变量 g 的输出结果.

例 1 − 11. 求 $f(x) = x\mathrm{e}^x$ 在 $x = 0$ 处展开的 8 阶泰勒级数展开式.

输入:

```
syms x;
f = x * exp( x) ;
r = taylor( f,9,x,0)              % 忽略 9 阶及 9 阶以上高阶的展开
```

输出:

```
r =
    x + x^2 + 1/2 * x^3 + 1/6 * x^4 + 1/24 * x^5 + 1/120 * x^6 + 1/720 * x^
    7 + 1/5040 * x^8
```

例 1 − 12. 求 $y = \sin x$ 在 $x = 0$ 处的 7 阶泰勒展开式.

输入:

```
syms x;
f = sin( x) ;
r = taylor( f,8,x,0)
```

输出:

```
r =
    x − 1/6 * x^3 + 1/120 * x^5 − 1/5040 * x^7
```

例 1 − 13. 已知 $f(n) = \displaystyle\sum_{k=0}^{n-1} k^2$，$g = \displaystyle\sum_{n=1}^{\infty} \frac{1}{n^2}$，$h(x) = \displaystyle\sum_{k=0}^{\infty} \frac{x^k}{k!}$，求 $f(n)$，g 与 $h(x)$.

输入:

```
clear;
syms k n x
y = sym(' k! ') ;                % sym('x')申明 x 为符号变量
f = symsum( k^2,k,0,n − 1)
```

```
        g = symsum(1/n^2,1,inf)        % 由 MATLAB 中的函数 findsym 确定自
                                         变量
        h = symsum(x^k/y,k,0,inf)
输出：
    f =
        1/3 * n^3 - 1/2 * n^2 + 1/6 * n
    g =
        1/6 * pi^2
    h =
        exp(x)
```

【提示】MATLAB 在进行符号计算前,首先需寻找"自变量",这个任务由函数 "findsym"完成.同时,函数"findsym"将对所找出的变量进行排序,以最接近 x 的字典顺序进行排序,在未指定"自变量"的情况下,排在前者将被指定为自变量.

二、MATLAB 求积分

MATLAB 求积分方法有两种:符号计算和数值计算.符号计算可得到不定积分,或者在给出积分上下限时计算出定积分;数值计算则是利用数值积分的方法(例如梯形法)得到积分的数值近似值.

表 1 – 5 MATLAB 求积分的命令

	命令	含义
符号计算	int(f,x)	关于变量 x 计算不定积分 $\int f(x)\,\mathrm{d}x$
	int(f,x,a,b)	关于变量 x 计算定积分 $\int_a^b f(x)\,\mathrm{d}x$
	int(int(f,x,a,b),y,c,d)	计算累次积分 $\int_c^d \int_a^b f(x,y)\,\mathrm{d}x\mathrm{d}y$
数值计算	quad(fun,a,b)	采用自适应辛普森(Simpson)算法对函数 fun 数值求积分
	trapz(x,y)	采用梯形公式求数值积分

例 1 – 14. 演示定积分 $\int_0^1 \sin x\mathrm{d}x$ 的求解.

输入:

16

```
syms x;
y = sin(x);
q1 = int(y,x,0,1)
q2 = vpa(q1)           % 利用计算机的最高精度求值
```
输出:
```
q1 =
    - cos(1) + 1
q2 =
    0.45969769413186028259906339255702
```
输入:
```
q3 = quad('sin(x)',0,1)
```
输出:
```
q3 =
    0.4597
```
输入:
```
x = linspace(0,1,20);   % 将区间[0,1]平均剖分为 19 段,得到 20 个点
y = sin(x);
q4 = trapz(x,y)
```
输出:
```
q4 =
    0.4596
```
输入:
```
f1 = q2 - q3
f2 = q2 - q4
```
输出:
```
f1 =
    0.10772578305871714371491 0e - 8
f2 =
    0.10612163409017592348919490485e - 3
```

【提示】MATLAB 经常使用调用函数的方法来完成 quad 命令. 具体的操作过程为:

(1) 新建 M 文件 fun2. m

点击图标 □ ,或菜单[File] -> [New] -> [M - File],如图 1 - 10 所示,在

弹出的编辑(Editor)窗口中输入:

function y = fun2(x)

y = sin(x);

然后,点击保存,则自动保存为文件名为函数名 fun2 的 M 文件.

图 1-10　新建 M 文件

(2) 保证当前路径指向刚刚保存文件 fun2 所在的文件夹,然后在命令窗口执行命令:

q = quad(@ fun2,0,1)　　　　　　% @ fun2 表示函数 fun2 的句柄

输出:

q =

0. 4597

三、MATLAB 求解非线性方程和非线性方程组

对于非线性方程(组),可使用以下命令求解.

表 1-6　MATLAB 求解非线性方程(组)的命令

	命令	含义
符号计算	solve(eq,var)	求解非线性方程(组)的解 var1,var2,…,varn
	solve(eq1,eq2,…,eqn,var1,var2,…,varn)	
数值计算	fzero(f,x0)	在 x0 附近求非线性方程 f(x) = 0 的根
	fsolve(F,x0)	以 x0 为初值求非线性方程组 F(x) = 0 的解,其中 x0 是个向量,F(x)是个向量函数

例 1-15. 用数值计算方法求方程 $x^2 - 5x + 4 = 0$ 的解,并思考为什么取不同的 x0 将得到不同结果,试着了解函数 fzero 的算法.

输入:

```
fzero('x^2 - 5 * x + 4',3)    % 在 x = 3 附近求非线性方程的根
fzero('x^2 - 5 * x + 4',0)    % 在 x = 0 附近求非线性方程的根
```

输出:

```
ans =
      4
ans =
      1
```

例 1-16. 用符号计算求方程 $uz^2 + vz + w = 0$ 的解.

【分析】方程中有四个变量,显然,不同的自变量将得出不同的解的形式.

方法 1.

输入:

```
syms u v w z
Eq = u * z^2 + v * z + w;
result_1 = solve(Eq)     % 以 findsym 排序的第一个变量作为自变量
t1 = findsym(Eq,1)
t2 = findsym(Eq,3)       % 显示前 3 个变量,想想它们的先后顺序
```

输出:

```
result_1 =
      - u * z^2 - v * z
t1 =
      w
t2 =
      w, z, v
```

方法 2.

输入:

```
result_2 = solve(Eq,z)
```

输出:

```
result_2 =
      1/2/u * ( - v + (v^2 - 4 * u * w)^(1/2))
      1/2/u * ( - v - (v^2 - 4 * u * w)^(1/2))
```

例 1-17. 求方程 $f(x) = x^3 + 1.1x^2 + 0.9x - 1.4 = 0$ 在 $x_0 = 1$ 附近的根.

(1) 新建 M 文件:fun3. m

function y = fun3(x)

y = x. ^3 + 1. 1 * x. ^2 + 0. 9 * x - 1. 4;

(2) 在命令窗口输入:

z = fzero('fun3',1)

输出:

z =

   0. 6707

例 1 - 18. 求方程组 $\begin{cases} x - 0.6\sin x - 0.3\cos y = 0 \\ y - 0.6\cos x + 0.3\sin y = 0 \end{cases}$ 在(0. 5,0. 5)附近的根.

(1) 新建 M 文件:fun4. m

function q = fun4(p)

x = p(1); y = p(2);

q(1) = x - 0. 6 * sin(x) - 0. 3 * cos(y);

q(2) = y - 0. 6 * cos(x) + 0. 3 * sin(y);

(2) 在命令窗口输入:

s = fsolve('fun4',[0. 5,0. 5])

f = fun4(s)　　　　　　　% 检验所求根的精度

输出:

s = 0. 6354　　　0. 3734　　　% 所求的根

f = 1. 0e - 009 *

   0. 2375　　　0. 2957　　　% 表示将根代入方程组后与 0 的误差

四、MATLAB 求解微分方程和方程组

符号计算得到的是解析解,但是能得到解析解的微分方程(组)仅是一小部分,在此情况下,数值计算求近似解便显得十分重要了.

表 1 - 7　MATLAB 求解微分方程(组)的命令

	命令	含义
符号计算	dsolve('eq1,eq2,…','cond1,cond2,…', 'v')	求解微分方程(组)在初始条件下的解
	dsolve('eq1','eq2',…,'cond1', 'cond2',…,'v')	

20

	命令	含义
数值计算	ode45(f(x),[a b],[x0,x1,…,xn])	用龙格 – 库塔(Runge-kutta)方法求解一阶常微分方程组在初始条件下的解

下面通过实例演示上述函数命令的用法.

例 1 – 19. 求 $\dfrac{\mathrm{d}y}{\mathrm{d}x} = x$ 的解.

输入:

$$s1 = \mathrm{dsolve}('\,Dy = x\,') \quad \% \ 默认变量为 \ t, 即:y \ 与 \ x \ 都是关于 \ t \ 的函数, 非所求$$

$$s2 = \mathrm{dsolve}('\,Dy = x\,', '\,x\,') \quad \% \ 指定变量为 \ x, 为所求$$

输出:

s1 =

    x * t + C1

s2 =

    1/2 * x^2 + C1

例 1 – 20. 求方程组 $\dfrac{\mathrm{d}x}{\mathrm{d}t} = y, \dfrac{\mathrm{d}y}{\mathrm{d}t} = -x$ 的解.

输入:

$$s = \mathrm{dsolve}('\,Dx = y, Dy = -x\,') \quad \% \ 默认变量为 \ t, 一阶导数用"Dy"表示$$

disp([blanks(12),' x',blanks(21),' y']),disp([s.x,s.y])

                             % 显示格式

输出:

s =

    y:[1x1   sym]

    x:[1x1   sym]

                x   y

[(C2 * i)/exp(i * t) – C1 * i * exp(i * t),C1 * exp(i * t) + C2/exp(i * t)]   % x,y 的解析解

例 1 – 21. 求微分方程 $\dfrac{\mathrm{d}y}{\mathrm{d}x} + 2xy = xe^{-x^2}$ 的通解.

(1)输入:

s = dsolve('Dy + 2 * x * y = x * exp(- x^2)')　　　% 默认变量为 t,非所
　　　　　　　　　　　　　　　　　　　　　　　　　求的解

输出：

　　s =

　　　　$(1/2 * exp(- x * (x - 2 * t)) + C1) * exp(- 2 * x * t)$

(2) 输入：

　　s = dsolve('Dy + 2 * x * y = x * exp(- x^2)','x')　　　% 指定变量为 x,
　　　　　　　　　　　　　　　　　　　　　　　　　　为所求的解

输出：

　　s =

　　　　$(1/2 * x^2 + C1) * exp(- x^2)$

例 1 - 22. 求微分方程 $xy' + y - e^x = 0$ 在初始条件 $y\big|_{x=1} = 2e$ 下的特解.

输入：

　　s = dsolve('x * Dy + y - exp(x) = 0','y(1) = 2 * exp(1)','x')

输出：

　　s =

　　　　$(exp(x) + exp(1))/x$

例 1 - 23. 求微分方程 $y'' + 3y' + e^{2x} = 0$ 的通解.

输入：

　　s = dsolve('D2y + 3 * Dy + exp(2 * x) = 0 ','x')　　　% 二阶导数用
　　　　　　　　　　　　　　　　　　　　　　　　　　"D2y"表示

输出：

　　s =

　　　　$-1/10 * exp(2 * x) - 1/3 * exp(- 3 * x) * C1 + C2$

例 1 - 24. 求微分方程 $\begin{cases} \dfrac{d^2 y}{dx^2} + 4 \dfrac{dy}{dx} + 29y = 0 \\ y(0) = 0, y'(0) = 20 \end{cases}$ 的特解.

输入：

　　z = dsolve('D2y + 4 * Dy + 29 * y = 0 ','y(0) = 0,Dy(0) = 20 ','x')

输出：

　　z =

　　　　$4 * exp(- 2 * x) * sin(5 * x)$

例 1 - 25. 求微分方程 $\begin{cases} y'' - (2 - y^2) \cdot y' + 2y = 0 \\ y(0) = 1, y'(0) = 1 \end{cases}$ 在 $x \in [0,20]$ 时的数值解.

22

解：令 $y = y_1, y_1' = y_2$. 则微分方程转化为

$$\begin{cases} y_1' = y_2 \\ y_2' = (2 - y_1^2) \cdot y_2 - 2y_1 \\ y_1(0) = 1, y_2(0) = 1 \end{cases}$$

这是一个一阶常微分方程组初值问题,可以使用"ode45"求数值解.

（1）新建 M 文件：fun5. m

```
function f = fun5(t,y)
f = [y(2);(2 - y(1)^2) * y(2) - 2 * y(1)];
```

（2）在命令窗口输入：

```
[t,y] = ode45('fun5',[0,20],[1,1]);    % y 中的第 1,2 列元素分别
                                             为 y₁ 和 y₂

plot(t,y(:,1),'-',t,y(:,2),'-.')
```

输出图 1 – 11.

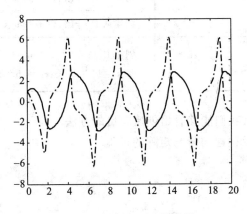

图 1 – 11　例 1 – 25 的结果

第四节　向量代数与矩阵运算

本小节主要介绍高等数学与线性代数中涉及的向量代数与矩阵运算,实际上向量也是一种矩阵.在计算机语言中,这些常常称为数组运算.特别地,一维数组即为向量,二维数组即为矩阵.但是,由于 MATLAB 是一种基于矩阵的计算环境,即输入到 MATLAB 中的所有数据都是以一个矩阵或多维数组的形式存储的.所以,在 MATLAB 中常常将数组运算称为矩阵运算,但 3 维及以上维数的数组仍然习惯性地称为多维数组.矩阵运算（Matrix Operations）是 MATLAB 的核

心内容.当需对多组数执行相同的运算时,采用矩阵运算将使程序简洁美观,同时也将会大大提高程序的运算速度.

一、向量与矩阵的创建

常用的创建向量的方法如下表所示.

表 1 – 8　向量的创建方法

命令	含义
x = [a b c d e f] x = [a; b; c; d; e; f]	创建包含指定元素的向量,其中元素间以空格或逗号隔开则是行向量,而元素之间用分号或"Enter"键隔开则是列向量
x = [a11,…,a1n; …; am1,…,amn]	创建包含指定元素 m 行 n 列的矩阵
x = f1 : fn	创建从 f1 开始,以 1 为步长,到 fn 结束的向量
x = f1 : t : fn	创建从 f1 开始,以 t 为步长,到 fn 结束的向量
linspace(f1, fn, n)	创建 f1 与 fn 之间的 n – 1 个等分点,即以 (fn – f1)/(n – 1) 为步长,f1 到 fn 结束的向量

从以下例子中,我们能够看出创建向量的方法.

例 1 – 26. 演示创建向量与矩阵的过程.

输入:

　　x = [1,2,3]

输出:

　　x =

　　　　1　　　2　　　3

输入:

　　x = [1,2,3; 4,5,6]

输出:

　　x =

　　　　1　　2　　3

　　　　4　　5　　6

输入:

　　x = 1 :4

输出:

    x =

        1   2   3   4

输入:

    x = 1:2:10

输出:

    x =

        1   3   5   7   9

输入:

    x = 4: -1:1

输出:

    x =

        4   3   2   1

输入:

    x = linspace(1,4,5)   % 将区间[1,4]平均剖分为 4 段,得到 5 个点

输出:

    x =

        1. 0000   1. 7500   2. 5000   3. 2500   4. 0000

二、常用特定矩阵的创建

为方便编程和运算,MATLAB 提供了一些常用矩阵的生成命令,详见下表.

表 1 - 9　常用矩阵

命令	含义
eye(m,n)	m×n 的单位矩阵
eye(n)	n×n 的单位矩阵
eye(size(A))	与 A 同样大小的单位矩阵
length(A)	给出矩阵 A 中行数和列数的最大值
magic(n)	产生 n×n 的魔方矩阵
ones(m,n)	m×n 的矩阵元素全为 1 的矩阵
ones(n)	n×n 的矩阵元素全为 1 的矩阵
ones(size(A))	与 A 同样大小的矩阵元素全为 1 的矩阵
rand(m,n)	产生 m×n,在 0~1 间均匀分布的随机数矩阵

命令	含义
rand(n)	产生 n×n 的伪随机矩阵,其中矩阵元素是在 0~1 之间服从均匀分布的随机数
size(A)	给出矩阵 A 的行数和列数
zeros(m,n)	m×n 的矩阵元素全为 0 的矩阵
zeros(n)	n×n 的矩阵元素全为 0 的矩阵

例 1 -27. 按要求创建以下矩阵.

(1) 3 行 3 列的零矩阵 A;(2) 3 行 4 列的元素全为 1 的矩阵 B;(3) 与矩阵 B 同样大小的单位矩阵 C.

解: 在命令窗口中执行下列语句.

输入:

A = zeros(3)

输出:

A =

    0   0   0
    0   0   0
    0   0   0

输入:

B = ones(3,4)

输出:

B =

    1   1   1   1
    1   1   1   1
    1   1   1   1

输入:

C = eye(size(B))

输出:

C =

    1   0   0   0
    0   1   0   0
    0   0   1   0

三、向量与矩阵元素的选取与重组

矩阵的元素、子矩阵可以通过标量、向量、冒号等标识选取元素与重组矩阵.

1. 向量与矩阵元素的选取

例 1 – 28. 演示选取向量与矩阵元素过程.

输入:

    a = [1,2,3,4; 5,6,7,8; 9,10,11,12]   % 创建 3×4 矩阵

输出:

    a =

        1   2   3   4

        5   6   7   8

        9   10   11   12

输入:

    b = a(2,3)   % 选取矩阵 a 的第 2 行第 3 列元素

输出:

    b =

        7

输入:

    b = a(1:3,4)   % 选取矩阵 a 的第 4 列的所有元素

输出:

    b =

        4

        8

       12

输入:

    b = a(3,:)   % 选取矩阵 a 的第 3 行所有元素

输出:

    b =

        9   10   11   12

输入:

    c = a([1,3],[2,3,4])   % 数组 a 的第 1,3 行和第 2,3,4 列的元素

输出:

    c =

        2   3   4

2. 向量与矩阵的重组

将已有向量或矩阵重新组合成新的向量或矩阵有两种方式:逗号和分号."逗号"增加列,"分号"增加行.采用"逗号"重组时,逗号前、后的矩阵的行数必须相等;采用"分号"重组时,分号前、后的矩阵的列数必须相等.详见以下示例.

例 1 - 29. 演示重建向量和矩阵的过程.

输入:
$$a = [1,2,3,4; 5,6,7,8];$$
$$b = [9,10,11,12; 13,14,15,16];\quad \% \text{ 表达式后加了分号,屏幕上不}$$
$$\text{显示任何信息}$$

输入:
$$c = [a; b]\quad \% \text{ 注意分号与逗号的区别,此处要求 a 与 b 的列数必须相等}$$
输出:
$$c =$$

1	2	3	4
5	6	7	8
9	10	11	12
13	14	15	16

输入:
$$d = [a,b]\quad \% \text{ 此处要求 a 与 b 的行数必须相等}$$
输出:
$$d =$$

1	2	3	4	9	10	11	12
5	6	7	8	13	14	15	16

输入:
$$e = [c(:,1),c(:,3); d(2,3:4)]$$
输出:
$$e =$$

1	3
5	7
9	11
13	15
7	8

例 1 - 30. 创建一个三维数组 f,要求 f 的第 1 层元素为上例中的矩阵 a,第 2

层元素为上例中的矩阵 b.

解：在命令窗口中执行下列语句.

输入：

    a = [1,2,3,4; 5,6,7,8];

    b = [9,10,11,12; 13,14,15,16];

    f = zeros(2,4,2)

输出：

    f(:,:,1) =

0	0	0	0
0	0	0	0

    f(:,:,2) =

0	0	0	0
0	0	0	0

输入：

    f(:,:,1) = a

输出：

    f(:,:,1) =

1	2	3	4
5	6	7	8

    f(:,:,2) =

0	0	0	0
0	0	0	0

输入：

    f(:,:,2) = b

输出：

    f(:,:,1) =

1	2	3	4
5	6	7	8

    f(:,:,2) =

9	10	11	12
13	14	15	16

【提示】MATLAB 中，向量元素的序号是从"1"开始的；逗号或空格用于分隔某一行的元素，分号和"Enter"键用于区分不同的行；创建矩阵时，严格要求所有行（列）中元素的个数必须相等.

四、向量与矩阵的运算

假设 a,b 均是向量或矩阵,s 为标量,则运算的指令和含义如表 1 - 10 所示.

表 1 - 10　向量与矩阵的运算

命令	含义
a'	a'是矩阵 a 的共轭转置矩阵;当 a 是实矩阵时,a'是 a 的转置矩阵
a + b	a 与 b 中的元素对应相加,要求 a 与 b 形状相同
a − b	a 与 b 中的元素对应相减,要求 a 与 b 形状相同
a * b	矩阵的乘法,要求 a 的列数等于 b 的行数
s + b	矩阵 b 中的每个元素与 s 相加
s * b	矩阵 b 中的每个元素与 s 相乘
a. * b	a 与 b 中的元素对应相乘,要求 a 与 b 形状相同
a./b	a 与 b 中的元素对应相除,要求 a 与 b 形状相同
a.^b	a 与 b 中的元素对应取幂,要求 a 与 b 形状相同
a\b	方程 ax = b 的解 $x = a^{-1}b$(a^{-1}为 a 的逆矩阵)
b/a	即:$b * \text{inv}(a)$ 或 $(a'\backslash b')'$
det(a)	方阵 a 的行列式
inv(a)	方阵 a 的逆矩阵

例 1 - 31. 已知矩阵

$$a = \begin{pmatrix} 1 & 2 \\ 3 & 4 \end{pmatrix}, b = \begin{pmatrix} 5 & 6 \\ 7 & 8 \end{pmatrix}, c = \begin{pmatrix} 1 \\ 10 \\ 100 \end{pmatrix}, d = (1 \quad 2 \quad 3)$$

计算:a0 = a',a1 = a + b,a2 = a * b,a3 = b * a,a4 = a. * b,a5 = 10 + a,a6 = c * d,
a7 = d * c,a8 = a/b,a9 = a\b,a10 = det(a).

解:在命令窗口中执行下列语句.

输入:

    a = [1,2;3,4]; b = [5,6;7,8]; c = [1;10;100]; d = [1,2,3];

输入:

    a0 = a'

输出:

30

a0 =

   1   3

   2   4

输入:

a1 = a + b

输出:

a1 =

    6   8

   10   12

输入:

a2 = a * b

输出:

a2 =

   19   22

   43   50

输入:

a3 = b * a

输出:

a3 =

   23   34

   31   46

输入:

a4 = a. * b

输出:

a4 =

    5   12

   21   32

输入:

a5 = 10 + a

输出:

a5 =

   11   12

   13   14

输入:

a6 = c ＊ d

输出：

a6 =

     1   2   3

   10   20   30

 100 200 300

输入：

a7 = d ＊ c

输出：

a7 =

  321

输入：

a8 = a / b

输出：

a8 =

  3.0000   - 2.0000

  2.0000   - 1.0000

输入：

a9 = a \ b

输出：

a9 =

   - 3.0000   - 4.0000

    4.0000   5.0000

输入：

a10 = det(a)

输出：

a10 =

  - 2

例 1 - 32. 求线性方程组 $\begin{cases} 2x_1 + x_2 - 5x_3 + x_4 = 13 \\ x_1 - 5x_2 + 7x_4 = -9 \\ 2x_2 + x_3 - x_4 = 6 \\ x_1 + 6x_2 - x_3 - 4x_4 = 0 \end{cases}$ 的解．

输入：

$$A = [2,1, -5,1; 1, -5,0,7; 0,2,1, -1; 1,6, -1, -4];$$
$$b = [13, -9,6,0]';$$
$$x = A \backslash b$$

输出：

$$x =$$
$$-66.5556$$
$$25.6667$$
$$-18.7778$$
$$26.5556$$

第五节　MATLAB 图形功能

MATLAB 不但擅长数值运算，也擅长将计算结果可视化，即以图形图像的形式显示计算结果，给用户最直观的感受. 本节主要介绍利用 MATLAB 绘制二维及三维图形的绘图功能.

一、二维图形

二维图形绘图命令如表 1 – 11 所示. plot 和 polar 是二维平面曲线常用的描点函数. 线条的类型和颜色通过字符串 s 指定（见表 1 – 12），线条的缺省类型是实线. plot，polar 用来绘制显函数图形较为方便；而函数 ezplot，ezpolar 等绘制隐函数、参数方程将更简洁.

表 1 – 11　二维图形绘图命令

	命令	含义
显函数	plot(x,y)	以 x 为横坐标，y 为纵坐标绘制曲线
	plot(x,y,'s')	使用字符串 s 指定的颜色和线型绘图
	plot(x1,y1,'s1',x2,y2,'s2',…,xn,yn,'sn')	在同一个图形窗口中绘制多条曲线
	polar(theta,rho)	极坐标绘图，theta 为弧度，rho 为半径
	fplot(f,[a,b])	绘制区间 [a,b] 上的二维曲线（束）
隐函数	ezplot(f,[c,d])	绘制二维曲线，[c,d] 默认为 $[-2\pi,2\pi]$
	ezplot3(x,y,z,[a,b])	绘制三维曲线，[a,b] 默认为 $[0,2\pi]$
	ezpolar(f,[a,b])	绘制极坐标曲线，[a,b] 默认为 $[0,2\pi]$

33

表 1 - 12   线条的类型和颜色

点类型		线类型	
.	点	–	实线
*	星号	:	点线
x	交叉号	-.	点虚线
o	圆圈	--	虚线
+	加号		颜色
^	正三角形	r	红色
v	倒三角形	b	蓝色
<	顶点向左的三角形	g	绿色
>	顶点向右的三角形	k	黑色
square 或 s	正方形	w	白色
diamond 或 d	菱形	y	黄色
pentagram 或 p	五角星	c	灰色
hexagram 或 h	六角星	m	紫色

例 1 - 33. 画出一条由红色星号显示的正弦曲线.

解：在命令窗口中输入下列语句并回车.

输入：

$x = \text{linspace}(0, 2 * \text{pi}, 100)$; % 将区间 $[0, 2\pi]$ 平均分为 99 段, 得到 100 个点

$y = \sin(x)$;   % 在由 100 个点构成的向量 x 处取 sin 函数值

$\text{plot}(x, y, 'r *')$;   % 用红色的星号在绘图区将坐标 (x, y) 描点画出

输出结果如图 1 - 12 所示.

例 1 - 34. 将一条由红色星号表示的正弦曲线与蓝色虚线表示的余弦曲线画在同一个图形窗口中.

解：在命令窗口中执行下列语句.

34

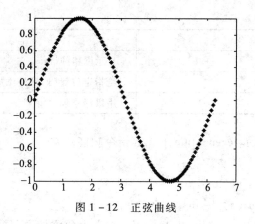

图 1 – 12　正弦曲线

输入:

$$x = \text{linspace}(0,2*\text{pi},100);\ y = \sin(x);\ z = \cos(x);$$

$$\text{plot}(x,y,'r*',x,z,'b--');\quad \%\ \text{或者输入 plot}(x,y,'r*');\ \text{hold on};$$
$$\text{plot}(x,z,'b--');\ \text{hold off};$$

输出结果如图 1 – 13 所示.

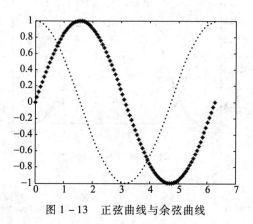

图 1 – 13　正弦曲线与余弦曲线

此外,MATLAB 也可对图形加上各种标注与处理,如表 1 – 13 所示.

表 1 – 13　图形的注解

命令	含义
xlabel('string')	添加 x 轴名称
ylabel('string')	添加 y 轴名称
title('string')	添加图形标题
legend('string1','string2',…)	添加图形中曲线的说明框

命令	含义
grid on	显示网格线
text(x,y,'string')	给指定位置(x,y)处添加注解
gtext('string')	用鼠标添加注解

例 1 - 35. 演示 legend, title, text 等指令功能.

输入:

    x = - pi : pi/20 : pi;

    plot(x, cos(x), ' - ro', x, sin(x), ' - . b')

    h = legend('cos', 'sin', 2);   % 在左上角添加说明框说明曲线的含义

输出结果如图 1 - 14 所示.

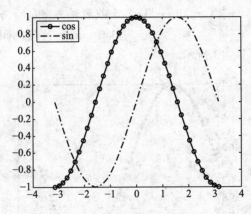

图 1 - 14   演示 legend 功能

输入:

    x = linspace(0, 2 * pi, 100); y = sin(x); z = cos(x);

    plot(x, y, 'r', x, z, 'k');

    title('Sine and Cosine Curves');   % 给所绘图形添加标题

    text(1. 5 * pi, 0, '\leftarrow cos(\pi)', 'FontSize', 16);

    text(pi, 0, 'sin(\pi) \rightarrow', 'HorizontalAlignment', ⋯

    'right', 'FontSize', 16);

输出结果如图 1 - 15 所示.

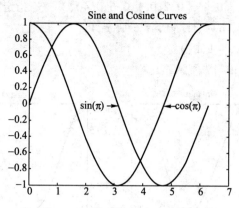

图 1-15 演示 title 和 text 功能

例 1-36. 演示 subplot 指令对图形窗口的分割功能.

输入:

```
x = linspace(0,2 * pi,30);
y = sin(x); z = cos(x);
u = 2 * sin(x). * cos(x);
v = sin(x)./cos(x);
subplot(2,2,1),  plot(x,y),  title(' sin(x)');   % 将图形分割成 2 ×
                                                      2 个小窗口
subplot(2,2,2),  plot(x,z),  title(' cos(x)');   % 第 2 个小窗口绘
                                                      制 cos 函数
subplot(2,2,3),  plot(x,u),  title(' 2sin(x)cos(x)');
subplot(2,2,4),  plot(x,v),  title(' sin(x)/cos(x)');
```

输出结果如图 1-16 所示.

输入:

```
clear all;
t = (pi * (0:1000)/1000)';
y1 = cos(2 * t); y2 = cos(10 * t);
y12 = cos(2 * t). * cos(10 * t);
subplot(2,2,1),  plot(t,y1);
axis([0,pi, -1,1]) % 指定图形横坐标与纵坐标取值范围分别为
                      [0,π]和[ -1,1]
subplot(2,2,2),  plot(t,y2);
axis([0,pi, -1,1])
```

subplot('position',[0.2,0.1,0.6,0.40])   % 指定第 3 个小窗口的位置
plot(t,y12,'b -',t,[y1, - y1],'r:');
axis([0,pi, -1,1])
输出结果如图 1 - 17 所示.

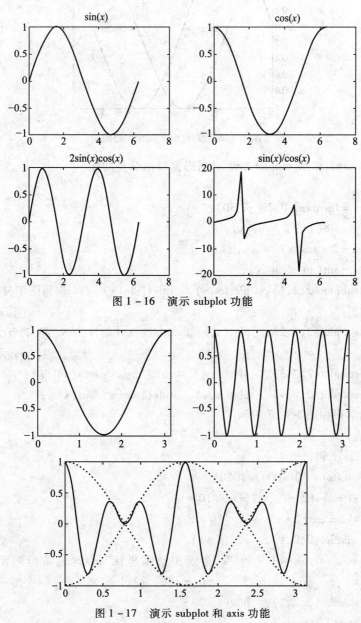

图 1 - 16　演示 subplot 功能

图 1 - 17　演示 subplot 和 axis 功能

例 1 –37. 演示 polar 指令的绘图功能.

输入:

  t = 0:0.01:2 * pi;

  y = sin(2 * t). * cos(2 * t);

  polar(t, y, '– – r')

输出结果如图 1 – 18 所示.

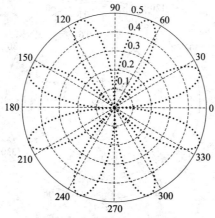

图 1 – 18 演示 polar 功能

输入:

  t = 0:0.01:2 * pi;

  y = 1 – cos(t);

  polar(t, y, '– – r')

输出心脏线图形, 如图 1 – 19.

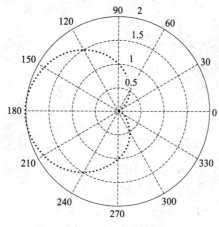

图 1 – 19 心脏线

输入:

$t = 0:0.01:2 * pi;$

$y = \cos(3 * t);$

$polar(t, y, '--r')$

输出三叶线图形,如图 1 – 20.

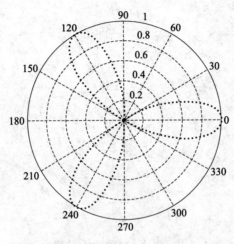

图 1 – 20   三叶线

例 1 – 38. 演示 ezplot, ezplot3, ezpolar, fplot 指令的绘图功能.

输入:

```
syms x;
y1 = cos(3 * x);
ezplot('sin(x)', [0, 2 * pi])              % 输出图 1 – 12
figure;                                     % 新建一个图形窗口
ezpolar('sin(2 * x) * cos(2 * x)')          % 输出图 1 – 18
figure;
ezpolar('1 - cos(x)')                       % 输出图 1 – 19
figure;
ezpolar(y1)                                 % 输出图 1 – 20
figure;
ezplot('exp(x) + sin(x * y)', [-2, 0.5, 0, 2])   % 输出图 1 – 21
figure;
ezplot('cos(t)^3', 'sin(t)^3', [-pi, pi])   % 输出图 1 – 22
figure;
```

$$\text{ezplot3}('\sin(t)','\cos(t)','t',[0,10*pi])\qquad \%\ 输出图\ 1-24$$

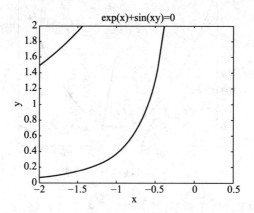

图 1 – 21　演示 ezplot 功能

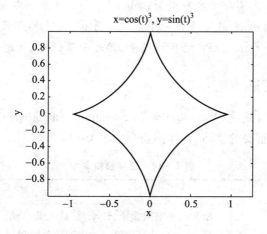

图 1 – 22　星形线

下面演示 fplot 绘制多条曲线功能.

(1) 创建 M 文件"fun1. m".

　　function Y = fun1(x)

　　Y(1) = 200 * sin(x). /x;

　　Y(2) = x. ^2;

(2) 在命令窗口运行命令:

　　fplot('fun1',[-20,20])　　% 在区间[-20,20]上绘制函数图形

输出结果如图 1 – 23.

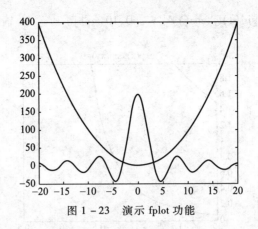

图 1 – 23　演示 fplot 功能

【提示】在 MATLAB 环境下,符号"..."表示续行符,当一行编写太长而不利于检查时,可采用续行符接着在下一行编写;hold on,hold off 命令需成对出现,在这期间所画的图形不会被刷新;subplot(m,n,p)命令实现同一个图形窗口中,画出多幅不同图形.该命令把一个窗口分为 m×n 个图形区域,p 代表当前区域号,子图沿第一行从左至右给区域编号,接着编第二行,以此类推.

二、三维图形

在科学计算可视化(Visualization in Scientific Computing)中,三维空间的立体图是一个非常重要的技巧,其作图命令如表 1 – 14 所示.

表 1 – 14　三维绘图命令

命令	含义
plot3(x,y,z,s)	绘制一条空间曲线,x,y,z 都是向量,分别表示曲线点集的横坐标、纵坐标和函数值,s 表示颜色和线型(与 plot 的 s 参数设置一致)
plot3(x1,y1,z1,s1,x2,y2,z2,s2,x3,y3,z3,s3)	绘制多条曲线
surf(x,y,z)	绘制空间曲面,这里 x,y,z 是三个数据矩阵,分别表示数据点的横坐标、纵坐标、函数值
mesh(x,y,z)	绘制网格曲面,这里 x,y,z 是三个数据矩阵,分别表示数据点的横坐标、纵坐标、函数值
meshz(x,y,z)	此命令在 mesh 基础上,周围还另外绘制一个参考平面
surfc(x,y,z)	在 surf 绘制图形下方增加等高线

42

例 1 - 39. 画出空间螺旋曲线

$$\begin{cases} x = \sin t \\ y = \cos t \\ z = t \end{cases} \quad t \in [0, 10\pi]$$

的形状.

解：在命令窗口中执行下列语句.

输入：

t = 0:pi/50:10 * pi;

plot3(sin(t),cos(t),t)

grid on   % 在图形上添加网格线

axis square   % 设置图框为正方形

输出结果如图 1 - 24 所示.

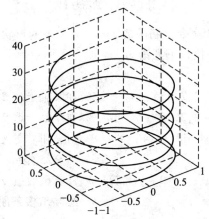

图 1 - 24　空间螺旋曲线

例 1 - 40. 画出"钻石项链"曲线.

$$\begin{cases} x = \sin t \\ y = \cos t \\ z = \cos 2t \end{cases} \quad t \in [0, 2\pi]$$

解：在命令窗口中执行下列语句.

输入：

t = (0:0.02:2) * pi;

x = sin(t); y = cos(t); z = cos(2 * t);

plot3(x,y,z,'b - ',x,y,z,'bd')

view([-82,58]), box on

43

xlabel('x'),ylabel('y'),zlabel('z')

legend('项链','钻石')

输出结果如图 1 − 25 所示.

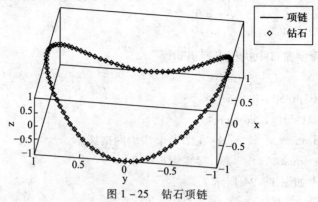

图 1 − 25　钻石项链

例 1 − 41. 用 plot3 命令绘制函数 $z = x \cdot \mathrm{e}^{-x^2 - y^2}$ 的形状.

解: 在命令窗口中执行下列语句.

输入:

```
x = linspace( −2,2,25);          % 在 x 轴上取 25 个点
y = linspace( −2,2,25);          % 在 y 轴上取 25 个点
[ xx,yy] = meshgrid( x,y);       % 由 x 和 y 交叉出网格点. xx 和 yy 为
                                 %   25 × 25 矩阵
zz = xx. * exp( −xx.^2 − yy.^2); % 计算函数值,zz 也是 25 × 25 矩阵
plot3( xx,yy,zz);                % 绘制出多条曲线
```

输出结果如图 1 − 26 所示.

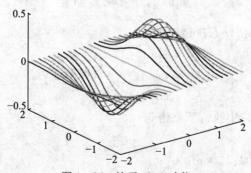

图 1 − 26　演示 plot3 功能

例 1 − 42. 用 surf 命令绘制马鞍面 $z = 2 + x^2 - y^2$ 的图像.

解: 在命令窗口中执行下列语句.

输入：

```
x = linspace( -2,2,25);        % 在 x 轴上取 25 个点
y = linspace( -2,2,25);        % 在 y 轴上取 25 个点
[ xx,yy] = meshgrid( x,y);     % xx 和 yy 都是 25 × 25 矩阵
zz = 2 + xx. ^2 - yy. ^2;      % 计算函数值,zz 也是 25 × 25 矩阵
surf( xx,yy,zz);               % 画出立体曲面图
```

输出结果如图 1 - 27 所示.

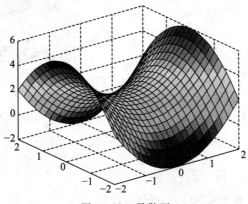

图 1 - 27 马鞍面

【提示】视角控制函数 view 的使用方法(图 1 - 28):view([az,el])通过方位角、俯视角设置视点;view([vx,vy,vz])通过直角坐标设置视点.另外,MATLAB 提供了很多图像修饰命令,可以达到令人惊叹的效果,如色图(colormap),浓淡处理(shading),透明度控制(alpha),灯光设置(light),照明模式(lighting),控制光反射的材质指令(material),图形的透视(hidden)等等,详见本章参考文献[1].

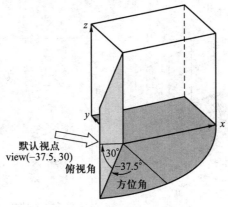

图 1 - 28 视点示意图

例 1 - 43. 输入以下命令将得到一个剔透玲珑球(如图 1 - 29).

[x0,y0,z0] = sphere(30);

x = 2 * x0; y = 2 * y0; z = 2 * z0;

surf(x0,y0,z0);

shading interp

hold on

mesh(x,y,z)

colormap(hot)

hold off

hidden off

axis equal

axis off

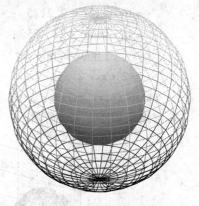

图 1 - 29　剔透玲珑球

例 1 - 44. 作出由 MATLAB 函数 peaks 产生的二元函数的曲面及其等值线图形.

输入:

clear all

[x,y,z] = peaks(30); surf(x,y,z);

figure(2);　　　　　% 打开另一个图形窗口

contour(x,y,z,16);

figure(3);

contour3(x,y,z,16)

figure(4);

surfc(x,y,z)

输出结果如图 1 - 30.

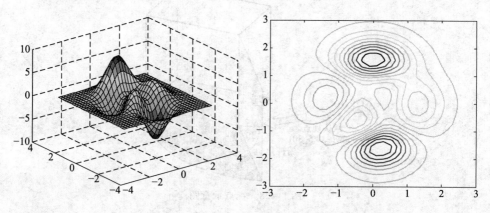

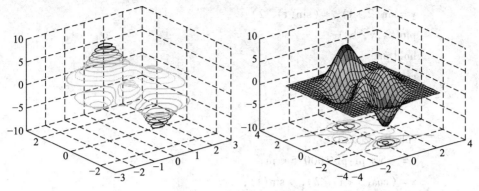

图 1 - 30   例 1 - 44 的结果

例 1 - 45. 演示彗星状轨迹图(comet, comet3)动态功能.

输入：

```
subplot(2,2,1)
t = 0:0.005:6 * pi;
x = sin(t);
y = cos(t);
plot3(x,y,t,'b');
hold on
comet3(x,y,t,0.05);
hold off

subplot(2,2,2)
t = 2 * pi * (0:0.0005:1);
x = sin(t);
y = cos(t);
plot(x,y,'b');
axis square
hold on
comet(x,y,0.01)
hold off

subplot(2,2,3)
t = 0:.001:2 * pi;
x = cos(2 * t). * (cos(t).^2);
```

```
y = sin(2 * t). * (sin(t).^2);
plot(x,y,'b')
hold on
comet(x,y,0.01);
hold off


subplot(2,2,4)
t = -5 * pi:pi/1000:5 * pi;
x = (cos(3 * t).^2). * sin(t);
y = (sin(2 * t).^2);
plot3(x,y,t,'b')
hold on
comet3(x,y,t,0.01);
hold off
```

输出结果如图 1 - 31.

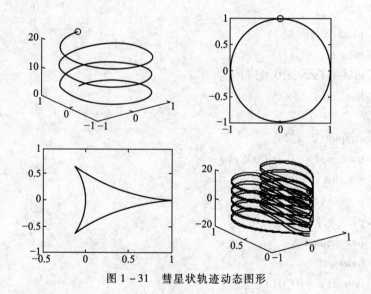

图 1 - 31　彗星状轨迹动态图形

第六节　MATLAB 程序设计

　　MATLAB 所提供的内部函数是有限的,我们研究某一个具体的函数时,则需要编写一段 MATLAB 程序,这种 MATLAB 程序由较多的 MATLAB 指令和多种多样的 MATLAB 表达式组成,并按照一定的执行次序运行,这种程序的扩展名为 m,俗称为 M 文件. MATLAB 的 M 文件可以调用其他 M 文件,也可以被其他 M 文件调用. 特别地,若 M 文件是以 function 定义的函数,则称为函数 M 文件.

函数 M 文件的定义格式为:

$$\text{function } [\text{out1},\text{out2},\cdots] = \text{funname}(\text{in1},\text{in2},\cdots),$$

保存的函数 M 文件名须与函数名相同,且 M 文件名首字母不能是数字.

与其他语言程序设计一样,MATLAB 程序设计,实际上就是编写 M 文件,关键是灵活应用流程控制(条件控制和循环控制),以便得出我们所需结果. 创建 M 文件的方法为:点击图标 ▢ 打开 MATLAB 的编辑(Editor)窗口,或通过菜单 [File] –> [New] –> [M – File] 打开 MATLAB 的编辑(Editor)窗口,如图 1 – 10,然后在该窗口编写程序.

下面将流程控制展示于下表中,流程控制可以根据需要相互嵌套使用.

表 1 – 15 流程控制

	流程控制关键字	功能
条件控制	if⋯else⋯end	两分支结构(例 1 – 46)
	if⋯elseif⋯else⋯end	多分支结构(例 1 – 47)
	switch⋯case⋯otherwise⋯end	
循环控制	for⋯end	循环结构(例 1 – 48)
	while⋯end	

例 1 – 46. 编写函数,要求实现 $f(x) = \begin{cases} x^2 + 1, x > 1 \\ 2x, x \leqslant 1 \end{cases}$ 的功能,并求 $f(2)$,$f(-1)$.

(1) 新建 M 文件"fun6. m",编写好程序后点击保存,默认保存的文件名为函数名.

```
function y = fun6(x)        %  "x"为输入参数,"fun6"为函数名,"y"为输
                              出参数
if x > 1        %  当"x > 1"成立时,执行 y = x^2 + 1,否则执行 else 后
                  的 y = 2 * x
   y = x^2 + 1;
else
   y = 2 * x;
end              %  结束 if 选择结构
```

(2) 在命令窗口输入:

y1 = fun6(2)　　　　% 将"2"赋给 fun6 中的输入参数"x",将返回的"y"
　　　　　　　　　　　值再赋给"y1".

y2 = fun6(−1)　　% 函数 fun6 编写好后,调用时非常方便.

输出:

y1 =

　　5

y2 =

　　−2

例 1 − 47. 根据学生考分"x"判断等级,标准为

$$
\begin{cases}
优秀, 90 \leqslant x \leqslant 100 \\
良好, 70 \leqslant x < 90 \\
及格, 60 \leqslant x < 70 \\
不及格, 0 \leqslant x < 60
\end{cases}
$$

(1) 新建 M 文件"fun7. m".

```
function fun7(x)              % 此例中"x"为输入参数,"fun7"为函数名,
                               无返回值
    if  x >= 0 & x <= 100     % 当逻辑值为 1 时,执行下一行,否则执行
                               else 部分
        tag = fix( x/10);     % 取 x 的十位数作为"switch"的"case"选项
        switch tag
            case 10            % 当"tag"为"10"时进入,之后退出 switch
                disp('优秀!')
            case 9             % 当"tag"为"9"时进入,之后退出 switch
                disp('优秀!')
            case 8
                disp('良好!')
            case 7
                disp('良好!')
            case 6
                disp('及格!')
            otherwise          % 当"tag"不满足前面 case 时执行 otherwise
                disp('不及格!')
        end
    else
```

```
        fprintf('您所输入的成绩(%.2f)有误!',x);  %  提示输入 x 有错误
    end
```

（2）在命令窗口输入：

```
    fun7(98)
```

输出：

优秀!

例 1 - 48. 编程实现 $f(n) = \sum_{k=1}^{n} k$ ，并求 $f(1000)$ ．

（1）新建 M 文件"fun8.m"．

```
    function y = fun8(n)
    y = 0;                  %  y 作为累加器,必须先设置该变量初值为零
    for k = 1 : n           %  for 循环中 k 从 1 开始,以默认步长 1 自增到 n
        y = y + k;
    end                     %  当 k 等于 n + 1 时,退出 for 循环
```

或者采用 While 循环,编写"fun9.m"．

```
    function y = fun9(n)
    y = 0;                  %  y 作为累加器,必须先设置该变量初值为零
    k = 1;                  %  赋 k 的初始值
    while k < = n           %  当逻辑值"k < = n"为 1 时执行循环,否则退出
                            %  while 循环
        y = y + k;
        k = k + 1;          %  与 for 循环不同,自增变量需定义,否则为死循环
    end
```

（2）在命令窗口输入：

```
    f1 = fun8(1000)
    f2 = fun9(1000)
```

输出：

```
    f1 =
        500500
    f2 =
        500500
```

例 1 - 49. 考虑第二类弗雷德霍姆(Fredholm)积分方程为

$$f(x) - \int_a^b k(x,t)f(t)\mathrm{d}t = g(x), x \in [c,d]$$

51

其中,$k(x,t)$ 和 $g(x)$ 为已知函数,$f(x)$ 为待求函数.特别地,取 $k(x,t) = -\dfrac{1}{3}e^{2x-\frac{5}{3}t}$,$g(x) = e^{2x+\frac{1}{3}}$,$[a,b] = [c,d] = [0,1]$,则上述第二类积分方程为

$$f(x) - \int_0^1 \left(-\frac{1}{3}e^{2x-\frac{5}{3}t}\right)f(t)\,\mathrm{d}t = e^{2x+\frac{1}{3}},\ x \in [0,1]$$

利用梯形公式求解上述第二类积分方程的解 $f(t)$,并与精确解 $f(t) = e^{2t}$ 进行比较.

（1）创建 M 文件"k_Fun. m".

```
function y = k_Fun(x,t)
y = -exp(2*x-5*t/3)/3;
```

（2）创建 M 文件"g_Fun. m".

```
function y = g_Fun(x)
y = exp(2*x+1/3);
```

（3）创建 M 文件"f_Fun. m".

```
function y = f_Fun(t)
y = exp(2*t);
```

（4）创建 M 文件"sol_Fun. m".

```
function numf = sol_Fun(a,b,n,B)
A = zeros(n+1,n+1);
h = (b-a)/n;                    % h 为步长,[a,b]区间分成了 n 段
x = a:h:b;
t = x;
A(:,1) = (1/2 * k_Fun(x,a))';
A(:,n+1) = (1/2 * k_Fun(x,b))';
for i = 1:n+1
    for j = 2:n
        A(i,j) = k_Fun(x(i),t(j));
    end
end
A = h * A;
A = eye(size(A)) - A;
numf = A\B;
```

（5）创建 M 文件"main_Fun. m",即在 M 文件编辑窗口输入以下程序,并以文件名 main_Fun 直接保存.

52

```
clear; close all;
a = 0; b = 1;
c = 0; d = 1;
n = [4,8,16,32,64,128,256];
for i = 1:length(n)
    h = (b - a)/n(i);
    x = a: h : b;
    B = g_Fun(x);
    B = B';
    num_f = sol_Fun(a,b,n(i),B);
    t = c : h : d;
    exact_f = f_Fun(t);
    figure(n(i))
    plot(t,exact_f,'b-',t,num_f,'m*');
    legend('Exact value of f(t)','Numerical value of f(t)');
    clear num_f t exact_f
end
```

观察算法的稳定性:在上述屏幕输入的语句中,增加一条按"B = B + delta * randn(size(B));"方式给右端数据加入误差的语句,然后取不同的误差水平值 delta 进行计算,查看计算结果并进行分析.

【提示】取步长 $h = \dfrac{1}{n}$,利用数值积分的梯形积分公式离散第二类弗雷德霍姆积分方程对左端定积分,即

$$\int_0^1 k(x,t)f(t)\,\mathrm{d}t \approx h\Big[\frac{k(x,0)f(0)}{2} + \sum_{j=1}^{n-1} k(x,jh)f(jh) + \frac{k(x,1)f(1)}{2}\Big]$$

可得

$$f(x) - h\Big[\frac{k(x,0)f(0)}{2} + \sum_{j=1}^{n-1} k(x,jh)f(jh) + \frac{k(x,1)f(1)}{2}\Big] = g(x)$$

令 $f(jh)$ 的近似值为 f_j,便可得出线性方程组

$$f(ih) - h\Big[\frac{k(ih,0)f_0}{2} + \sum_{j=1}^{n-1} k(ih,jh)f_j + \frac{k(ih,1)f_n}{2}\Big] = g(ih), i = 0,1,\cdots,n$$

求解方程组便得到 $f(x)$ 的数值解 f_j.

第七节　MATLAB 中的概率统计

MATLAB 的数理统计工具箱涉及的数学知识是大家都熟悉的,因此本节只简单介绍 MATLAB 在概率统计中的若干命令,在 MATLAB 帮助中输入函数名便可获得这些函数详细的使用方法.

一、随机变量的概率密度函数

MATLAB 提供了两种计算随机变量的概率密度函数的途径,一是利用通用函数 pdf 命令计算概率密度的值,另一途径是直接调用给定分布的概率密度函数命令来计算.

1. 利用通用函数 pdf 命令计算概率密度的值,其调用格式为

$Y = pdf(name, X, A)$

$Y = pdf(name, X, A, B)$

$Y = pdf(name, X, A, B, C)$

其中 name 是概率分布的名称(见表 1 – 16),X 是对应分布 name 的概率密度函数自变量的值,A,B,C 是分布 name 中所需参数,例如,正态分布有参数 μ 和 σ,则 $A = \mu, B = \sigma$.

表 1 – 16　常见的分布函数名称及 MATLAB 表示

概率分布名称	含义
beta	β 分布
bino	二项分布(Binomial 的简称)
chi2	卡方分布(Chi-square 的简称)
exp	指数分布(Exponential 的简称)
f	F 分布
gam	Γ 分布
geo	几何分布(Geometric 的简称)
hyge	超几何分布(Hypergeometric 的简称)
logn	对数正态分布(Lognormal 的简称)
nbin	负二项式分布(Negative Binomial 的简称)
ncf	非中心 F 分布(Noncentral F 的简称)

概率分布名称	含义
nct	非中心 t 分布(Noncentral t 的简称)
ncx2	非中心卡方分布(Noncentral Chi-square 的简称)
norm	正态分布(Normal 的简称)
poiss	泊松分布(Poisson 的简称)
rayl	瑞利分布(Rayleigh 的简称)
t	t 分布
unif	连续均匀分布(Uniform 的简称)
unid	离散均匀分布(Discrete Uniform 的简称)
wbl	韦布尔(Weibull)分布

2. 常用概率密度函数命令如表 1-17 所示.

表 1-17　常用概率密度函数表

命令	含义
betapdf(X,A,B)	计算参数为 A,B 的 β 分布的概率密度在 X 处的值
binopdf(X,N,P)	计算参数为 N,P 的二项分布的概率密度在 X 处的值
chi2pdf(X,V)	计算参数为 V 的卡方分布的概率密度在 X 处的值
exppdf(X,MU)	计算参数为 MU 的指数分布的概率密度在 X 处的值
fpdf(X,V1,V2)	计算参数为 V1,V2 的 F 分布的概率密度在 X 处的值
gampdf(X,A,B)	计算参数为 A,B 的 Γ 分布的概率密度在 X 处的值
geopdf(X,P)	计算参数为 P 的几何分布的概率密度在 X 处的值
hygepdf(X,M,K,N)	计算参数为 M,K,N 的超几何分布的概率密度在 X 处的值
lognpdf(X,MU,SIGMA)	计算参数为 MU,SIGMA 的对数正态分布的概率密度在 X 处的值
nbinpdf(X,R,P)	计算参数为 R,P 的负二项式分布的概率密度在 X 处的值
ncfpdf(X,NU1,NU2,DELTA)	计算参数为 NU1,NU2,DELTA 的非中心 F 分布的概率密度在 X 处的值

命令	含义
nctpdf(X,V,DELTA)	计算参数为 V,DELTA 的非中心 t 分布的概率密度在 X 处的值
ncx2pdf(X,V,DELTA)	计算参数为 V,DELTA 的非中心卡方分布的概率密度在 X 处的值
normpdf(X,MU,SIGMA)	计算参数为 MU,SIGMA 的正态分布的概率密度在 X 处的值
poisspdf(X,LAMBDA)	计算参数为 LAMBDA 的泊松分布的概率密度在 X 处的值
raylpdf(X,B)	计算参数为 B 的瑞利分布的概率密度在 X 处的值
tpdf(X,V)	计算参数为 V 的 t 分布的概率密度在 X 处的值
unidpdf(X,N)	计算参数为 N 的均匀分布(离散)概率密度函数在 X 处的值
unifpdf(X,A,B)	计算参数为 A,B 的均匀分布(连续)概率密度函数在 X 处的值
wblpdf(X,A,B)	计算参数为 A,B 的韦布尔分布的概率密度函数在 X 处的值

例 1 – 50. 分别画出卡方分布和标准正态分布的概率密度函数图像.

输入:

```
x = 0 :0.5 :20;
y = chi2pdf( x,5);
plot( x,y,' – – ',' Linewidth ',2)
```

输出:如图 1 – 32.

输入:

```
x = – 5 :0.1 :7;
y = normpdf( x,1,2);
plot( x,y,'.',' Linewidth ',2)
```

输出:如图 1 – 33

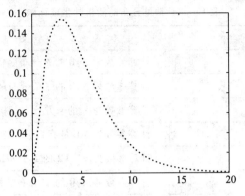

图 1-32　卡方分布的概率密度函数

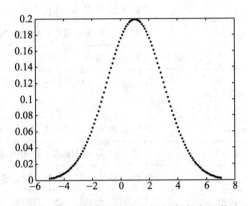

图 1-33　标准正态分布的概率密度函数

二、随机数的产生

MATLAB 的数理统计工具提供常见分布的随机数生成函数,例如 β 分布的随机数生成函数的基本格式有

$$R = betarnd(A, B)$$
$$R = betarnd(A, B, v)$$
$$R = betarnd(A, B, m, n)$$

其中,R = betarnd(A,B) 返回参数为 A,B 的 β 分布随机数 R,且 R 的维数与 A 和 B 的维数相同;R = betarnd(A,B,v) 返回参数为 A,B 的维数为 v 的 β 分布随机数 R;R = betarnd(A,B,m,n) 返回参数为 A,B 的 m 行 n 列的 β 分布随机数 R. 表 1-18 仅给出每个常用分布随机数生成函数,如 R = betarnd(A,B,m,n) 的命令格式,其他格式及含义参考 MATLAB 帮助.

表 1-18　常见分布的随机数生成函数

命令	含义
betarnd(A,B,m,n)	计算参数为 A,B 的 β 分布随机数
binornd(N,P,m,n)	计算参数为 N,P 的二项分布随机数
chi2rnd(V,m,n)	计算参数为 V 的卡方分布随机数
exprnd(MU,m,n)	计算参数为 MU 的指数分布随机数
frnd(V1,V2,m,n)	计算参数为 V1,V2 的 F 分布随机数
gamrnd(A,B,m,n)	计算参数为 A,B 的 Γ 分布随机数
geornd(P,m,n)	计算参数为 P 的几何分布随机数
hygernd(M,K,N,m,n)	计算参数为 M,K,N 的超几何分布随机数
lognrnd(MU,SIGMA,m,n)	计算参数为 MU,SIGMA 的对数正态分布随机数
nbinrnd(R,P,m,n)	计算参数为 R,P 的负二项式分布随机数
ncfrnd(NU1,NU2,DELTA,m,n)	计算参数为 NU1,NU2,DELTA 的非中心 F 分布随机数
nctrnd(V,DELTA,m,n)	计算参数为 V,DELTA 的非中心 t 分布随机数
ncx2rnd(V,DELTA,m,n)	计算参数为 V,DELTA 的非中心卡方分布随机数
normrnd(MU,SIGMA,m,n)	计算参数为 MU,SIGMA 的正态分布随机数
poissrnd(LAMBDA,m,n)	计算参数为 LAMBDA 的泊松分布随机数
raylrnd(B,m,n)	计算参数为 B 的瑞利分布随机数
trnd(V,m,n)	计算参数为 V 的 t 分布随机数
unidrnd(N,m,n)	计算参数为 N 的均匀分布(离散)随机数
unifrnd(A,B,m,n)	计算参数为 A,B 的均匀分布(连续)随机数
wblrnd(A,B,m,n)	计算参数为 A,B 的韦布尔分布随机数

三、随机变量的分布函数

同概率密度函数一样,MATLAB 也提供了两种计算随机变量的分布函数的途径,一是利用通用函数 cdf 命令计算,另一途径是直接调用给定分布的概率分布函数命令来计算.

1. 利用通用函数 cdf 命令计算概率分布函数的值,其调用格式为

$$Y = \mathrm{cdf}(\mathrm{name}, X, A)$$

$$Y = \mathrm{cdf}(\mathrm{name}, X, A, B)$$

$$Y = \mathrm{cdf}(\mathrm{name}, X, A, B, C)$$

其中 name，X，A，B，C 含义同前.

2. 利用常用概率分布函数命令求分布函数在 X 处的值.

表 1 - 19 常用的概率分布函数

命令	含义
betacdf(X,A,B)	计算参数为 A,B 的 β 分布函数在 X 处的值
binocdf(X,N,P)	计算参数为 N,P 的二项分布函数在 X 处的值
chi2cdf(X,V)	计算参数为 V 的卡方分布函数在 X 处的值
expcdf(X,MU)	计算参数为 MU 的指数分布函数在 X 处的值
fcdf(X,V1,V2)	计算参数为 V1,V2 的 F 分布函数在 X 处的值
gamcdf(X,A,B)	计算参数为 A,B 的 Γ 分布函数在 X 处的值
geocdf(X,P)	计算参数为 P 的几何分布函数在 X 处的值
hygecdf(X,M,K,N)	计算参数为 M,K,N 的超几何分布函数在 X 处的值
logncdf(X,MU,SIGMA)	计算参数为 MU,SIGMA 的对数正态分布函数在 X 处的值
nbincdf(X,R,P)	计算参数为 R,P 的负二项式分布函数在 X 处的值
ncfcdf(X,NU1,NU2,DELTA)	计算参数为 NU1,NU2,DELTA 的非中心 F 分布函数在 X 处的值
nctcdf(X,NU,DELTA)	计算参数为 NU,DELTA 的非中心 t 分布函数在 X 处的值
ncx2cdf(X,V,DELTA)	计算参数为 V,DELTA 的非中心卡方分布函数在 X 处的值
normcdf(X,MU,SIGMA)	计算参数为 MU,SIGMA 的正态分布函数在 X 处的值
poisscdf(X,LAMBDA)	计算参数为 LAMBDA 的泊松分布函数在 X 处的值
raylcdf(X,B)	计算参数为 B 的瑞利分布函数在 X 处的值
tcdf(X,V)	计算参数为 V 的 t 分布函数在 X 处的值
unidcdf(X,N)	计算参数为 N 的均匀分布(离散)函数在 X 处的值
unifcdf(X,A,B)	计算参数为 A,B 的均匀分布(连续)函数在 X 处的值
wblcdf(X,A,B)	计算参数为 A,B 的韦布尔分布函数在 X 处的值

例 1 – 51. 设随机变量 $X \sim \chi^2(4)$,求 $P\{3 < X < 10\}, P\{X > 15\}, P\{X < 6\}$.

令

$$p_1 = P\{3 < X < 10\}, p_2 = P\{X > 15\}, p_3 = P\{X < 6\}$$

输入:

$$p1 = \text{chi2cdf}(10,4) - \text{chi2cdf}(3,4)$$
$$p2 = 1 - \text{chi2cdf}(15,4)$$
$$p3 = \text{chi2cdf}(6,4)$$

输出:

    p1 =

    0. 5174

    p2 =

    0. 0047

    p3 =

    0. 8009

答:$P\{3 < X < 10\} = 0.5174, P\{X > 15\} = 0.0047, P\{X < 6\} = 0.8009$.

四、随机变量的数字特征

表 1 – 20　常见分布的期望和方差

命令	含义
$[M, V] = \text{betastat}(A, B)$	计算参数为 A,B 的 β 分布的期望和方差,返回值 M 为期望,V 为方差(下同)
$[M, V] = \text{binostat}(N, P)$	计算参数为 N,P 的二项分布的期望和方差
$[M, V] = \text{chi2stat}(NU)$	计算参数为 NU 的卡方分布的期望和方差
$[M, V] = \text{expstat}(MU)$	计算参数为 MU 的指数分布的期望和方差
$[M, V] = \text{fstat}(V1, V2)$	计算参数为 V1,V2 的 F 分布的期望和方差
$[M, V] = \text{gamstat}(A, B)$	计算参数为 A,B 的 Γ 分布的期望和方差
$[M, V] = \text{geostat}(P)$	计算参数为 P 的几何分布的期望和方差
$[M, V] = \text{hygestat}(M, K, N)$	计算参数为 M,K,N 的超几何分布的期望和方差
$[M, V] = \text{lognstat}(MU, SIGMA)$	计算参数为 MU,SIGMA 的对数正态分布的期望和方差

命令	含义
[M,V] = nbinstat(R,P)	计算参数为 R,P 的负二项式分布的期望和方差
[M,V] = ncfstat(NU1,NU2,DELTA)	计算参数为 NU1,NU2,DELTA 的非中心 F 分布的期望和方差
[M,V] = nctstat(NU,DELTA)	计算参数为 NU,DELTA 的非中心 t 分布的期望和方差
[M,V] = ncx2stat(NU,DELTA)	计算参数为 NU,DELTA 的非中心卡方分布的期望和方差
[M,V] = normstat(MU,SIGMA)	计算参数为 MU,SIGMA 的正态分布的期望和方差
[M,V] = poisstat(LAMBDA)	计算参数为 LAMBDA 的泊松分布的期望和方差
[M,V] = raylstat(B)	计算参数为 B 的瑞利分布的期望和方差
[M,V] = tstat(NU)	计算参数为 NU 的 t 分布的期望和方差
[M,V] = unidstat(N)	计算参数为 N 的均匀分布(离散)的期望和方差
[M,V] = unifstat(A,B)	计算参数为 A,B 的均匀分布(连续)的期望和方差
[M,V] = wblstat(A,B)	计算参数为 A,B 的韦布尔分布的期望和方差

例 1 – 52. 某产品的次品率为 0.1,检验员每天检验 4 次,每次随机抽取 10 件产品,如发现其中的次品数多于 1,就去调整设备. 以 X 表示一天中调整设备的次数,试求 $E(X)$. (设诸产品是否为次品是相互独立的.)

解题分析:由题知,X 服从二项分布:$X \sim b(4,p)$,p 表示每次检验需要调整设备的概率. 设 Y 表示每次检验时发现的次品个数,则 $Y \sim b(10,0.1)$,由于每次检验中次品数多于 1 时就需调整设备,故有 $p = P\{Y > 1\} = 1 - P\{Y \leqslant 1\}$,进而可求出 $E(X)$.

输入:

    p = 1 – binocdf(1,10,0.1)

$$[M, V] = \text{binostat}(4, p)$$

输出：

$$p =$$

$$0.2639$$

$$M =$$

$$1.0556$$

$$V =$$

$$0.7770$$

答：$E(X) = 1.0556$.

表 1 – 21　常见的样本统计特征函数

命令	含义
corrcoef(X)	计算相关系数
cov(X)	计算协方差矩阵
geomean(X)	计算样本的几何平均值
harmmean(X)	计算样本数据的调和平均值
iqr(X)	计算样本的四分位差
kurtosis(X)	计算样本的峰度
mad(X)	计算样本数据平均绝对偏差
mean(X)	计算样本的均值
median(X)	计算样本的中位数
moment(X, order)	计算任意阶的中心矩
prctile(X)	计算样本的百分位数
range(X)	计算样本的范围
skewness(X)	计算样本的偏度
std(X)	计算样本的标准差
trimmean(X)	计算包含极限值的样本数据的均值
var(X)	计算样本的方差

例 1 – 53. 已知 $A = \begin{bmatrix} 1 & 2 & 3 \\ 4 & 0 & -1 \\ 1 & 3 & 9 \end{bmatrix}$，求 A 的协方差矩阵及相关系数.

输入:

A = [1 2 3;4 0 −1;1 3 9];

C1 = cov(A)　　　% 求矩阵 *A* 的协方差矩阵

C2 = corrcoef(A)　　% 求矩阵 *A* 的相关系数矩阵

输出:

A =

1	2	3
4	0	−1
1	3	9

C1 =

3.0000	−4.5000	−4.0000
−4.5000	13.0000	6.0000
−4.0000	6.0000	5.3333

C2 =

1.0000	−0.9449	−0.8030
−0.9449	1.0000	0.9538
−0.8030	0.9538	1.0000

五、参数估计

MATLAB 也提供了采用最大似然估计法计算参数估计的命令函数,例如计算二项分布的参数估计值的基本格式有

[muhat, sigmahat] = normfit(DATA)

[muhat, sigmahat, muci, sigmaci] = normfit(DATA)

[muhat, sigmahat, muci, sigmaci] = normfit(DATA, alpha)

其中,[muhat, sigmahat, muci, sigmaci] = normfit(DATA) 根据给定的正态分布数据 DATA,计算并返回正态分布的参数 μ, σ 的估计值 $\hat{\mu}$ 和 $\hat{\sigma}$. muci 与 sigmaci 是置信水平为默认的 95% 的置信区间. 顶端一行是置信区间的下限,底端一行是置信区间的上限.

[muhat, sigmahat, muci, sigmaci] = normfit(DATA, alpha) 给出置信水平为 1 − alpha 的置信区间. 表 1 − 22 仅给出每个常用参数估计的命令函数,如 [muhat, sigmahat, muci, sigmaci] = normfit(DATA) 的命令格式,其他格式及含义参考 MATLAB 帮助.

表 1 - 22 常用分布的参数估计函数表

命令	含义
［phat，pci］= betafit(data，alpha)	计算服从返回 β 分布数据 DATA 的参数估计值 phat 和置信区间 pci
［phat，pci］= binofit(x，n，alpha)	计算服从二项分布数据 DATA 的参数估计值 phat 和置信区间 pci，n 为独立观察次数
［parmhat，parmci］= expfit(DA-TA，alpha)	计算服从指数分布数据 DATA 的参数估计值 parmhat 和置信区间 parmci
［phat，pci］= gamfit(data，alpha)	计算服从 Γ 分布数据 DATA 的参数估计值 phat 和置信区间 pci
［muhat，sigmahat，muci，sigmaci］= normfit(DATA，alpha)	计算服从正态分布数据 DATA 的参数估计值 muhat，sigmahat，以及置信区间 muci，sigmaci
［lambdahat，lambdaci］= poissfit(DATA，alpha)	计算服从泊松分布数据 DATA 的参数估计值 lambdahat 和置信区间 lambdaci
［ahat，bhat，ACI，BCI］= unifit(DATA，alpha)	计算服从均匀分布数据 DATA 的参数估计值 ahat，bhat 和置信区间 ACI，BCI
［parmhat，parmci］= wblfit(data，alpha)	计算服从韦布尔分布数据 DATA 的参数估计值 parmhat 和置信区间 parmci

例 1 - 54. 测试参数估计函数 normfit 的功能.

输入：

data = normrnd(10，2，100，2) ； % 生成 100 行 2 列的正态分布数据 mu = 10，sigma = 2

［muhat，sigmahat，muci，sigmaci］= normfit(data)

输出：

muhat =

    10. 1455   10. 0527

sigmahat =

    1. 9072   2. 1256

muci =

    9. 7652   9. 6288

10. 5258   10. 4766
sigmaci =
1. 6745   1. 8663
2. 2155   2. 4693

由上可知,生成两列 mu = 10,sigma = 2 的正态分布数据后,第 1 列和第 2 列数据的估计值分别为 muhat = 10. 1455 和 10. 0527,置信区间分别为 mu ∈ [9. 7652,10. 5258] 和 mu ∈ [9. 6288,10. 4766];第 1 列和第 2 列数据的估计值分别为 sigmahat = 1. 9072 和 2. 1256,sigma ∈ [1. 6745,2. 2155] 和 sigma ∈ [1. 8663,2. 4693].

六、假设检验

表 1 - 23   常用的假设检验函数

命令	含义
ranksum(x,y)	计算总体产生的两独立样本的显著性水平和假设检验的结果
signrank(x,y)	计算两匹配样本中位数相等的显著性水平和假设检验的结果
signtest(x,y)	计算两匹配样本的显著性水平和假设检验的结果
ttest(x,y)	对单个样本均值进行 t 检验
ttest2(x,y)	对两样本均值差进行 t 检验
ztest(x,m,sigma)	对已知方差的单个样本均值进行 z 检验

例 1 - 55. 某车间用一台包装机包装葡萄糖,包装好的袋装葡萄糖的质量是一个随机变量,服从正态分布.当机器正常时,其均值为 0. 8 kg,标准差为 0. 02.某日开工后检验包装机是否正常,随机抽取所包装的葡萄糖 8 袋,称得质量为

0. 806, 0. 818, 0. 824, 0. 798, 0. 811, 0. 82, 0. 815, 0. 812

问机器是否正常?

解:总体 μ 和 σ 已知,问题是当 σ^2 为已知时,在显著性水平 $\alpha = 0. 05$ 时,根据样本值判断 $\mu = 0. 8$ 还是 $\mu \neq 0. 8$.为此提出假设:

原假设:$H_0: \mu = \mu_0 = 0. 8$;

备择假设:$H_1: \mu \neq 0. 8$.

输入:

$X = [0. 806,0. 818,0. 824,0. 798,0. 811,0. 82,0. 815,0. 812]$;

$$[h, sig, ci, zval] = ztest(X, 0.8, 0.02, 0.05, 0)$$

输出：

h =

  0   % 0 表示接受原假设,1 表示拒绝原假设

sig =

  0.0660

ci =

  0.7991   0.8269   % 均值 0.8 在此置信区间之内

zval =

  1.8385

答:h = 0 说明在显著性水平 $\alpha = 0.05$ 时,可接受原假设,即认为包装机工作正常.

第八节　MATLAB 基础数学实验

实验一　MATLAB 软件在微积分中的基本应用

【实验目的】

1. 熟悉 MATLAB 软件的"计算器"功能以及常用的基本数学函数.

2. 掌握利用 MATLAB 软件求解极限、导数、积分、泰勒展开和级数求和的使用方法.

【实验内容】

1. 求 $[12 + 2 \times (7 - 4)] \div 3^2$ 的算术运算结果.

2. 求 $\lim\limits_{x \to 0} \dfrac{\tan x - \sin x}{x^3}$.

3. 求 $\lim\limits_{x \to 0^+} x^x$.

4. 求 $\lim\limits_{x \to 0^+} (\cot x)^{\frac{1}{\ln x}}$.

5. 已知 $f(x) = x \sin \dfrac{1}{x}$,求 $\lim\limits_{x \to 0} f(x)$.

6. 已知 $f(x) = \sin x^2 \cdot \sin \dfrac{1}{x^2}$,求 $\lim\limits_{x \to 0} f(x)$.

7. 已知 $f(x) = \dfrac{1}{x} \cdot \sin x$，求 $\lim\limits_{x \to 0} f(x)$.

8. 已知 $f(x) = \left(1 + \dfrac{1}{x}\right)^x$，分别求 $\lim\limits_{x \to +\infty} f(x)$，$\lim\limits_{x \to -\infty} f(x)$.

9. 已知 $f(x) = \dfrac{e^x - 1}{x}$，求 $\lim\limits_{x \to 0} f(x)$.

10. 已知 $f(x) = \dfrac{a^x - 1}{x}$，$a > 0$，求 $\lim\limits_{x \to 0} f(x)$.

11. 已知 $f(x) = \dfrac{\ln(1 + x)}{x}$，求 $\lim\limits_{x \to 0} f(x)$.

12. 已知 $f(x) = \dfrac{1 - \cos x}{x^2}$，求 $\lim\limits_{x \to 0} f(x)$.

13. 已知 $f(x) = \dfrac{\sqrt[k]{1 + x} - 1}{x}$，求 $\lim\limits_{x \to 0} f(x)$.

14. 验证洛必达法则：$\lim\limits_{x \to 0} \dfrac{a^x - b^x}{x} = \lim\limits_{x \to 0} \dfrac{(a^x - b^x)'}{x'}$.

15. 求不定积分 $\displaystyle\int \sqrt{a^2 - x^2}\, \mathrm{d}x$.

16. 求定积分 $\displaystyle\int_0^{\frac{\pi}{2}} \sqrt{1 - \sin x}\, \mathrm{d}x$.

17. 求定积分 $\displaystyle\int_0^{2\pi} \sqrt{1 + \sin 2x}\, \mathrm{d}x$，并验证 $\displaystyle\int_0^{n\pi} \sqrt{1 + \sin 2x}\, \mathrm{d}x = n \cdot 2\sqrt{2}$.

18. 求定积分 $\displaystyle\int_0^5 \dfrac{\sin x}{x}\, \mathrm{d}x$.

19. 求 $\displaystyle\int_0^1 \int_{2x}^{x^2 + 1} xy\, \mathrm{d}y\, \mathrm{d}x$.

20. 求 $\displaystyle\int_{-1}^1 \int_{-\sqrt{1 - x^2}}^{\sqrt{1 - x^2}} \sin(\pi(x^2 + y^2))\, \mathrm{d}y\, \mathrm{d}x$.

21. 将 $f(x) = \ln x$ 展为 $(x - 2)$ 的 5 阶泰勒展开式.

22. 将 $f(x) = e^{x^2 - 1}$ 展为 $(x - 3)$ 的 8 阶泰勒展开式.

23. 将 $f(x) = x\tan x$ 展为 4 阶麦克劳林展开式.

24. 求级数和 $\displaystyle\sum_{n=1}^{\infty} (-1)^n \dfrac{x^{n+1}}{n+1}$，$x \in (-1, 1)$.

25. 求函数 $f(x) = x^3 - 6x^2 + 9x + 3$ 的单调区间与极值.

【操作提示】

1. 参考程序

$$(12 + 2 * (7 - 4))/3\char94 2$$

输出：

```
ans =
      2
```

2. 参考程序

```
syms x;
y = (tan(x) - sin(x))/x^3;
limit(y,x,0)
```

输出：

```
ans =
      1/2
```

3. 参考程序

```
syms x;
y = x^x;
limit(y,x,0,'right')
```

输出：

```
ans =
      1
```

4. 参考程序

```
syms x;
y = cot(x)^(1/log(x));
limit(y,x,0,'right')
```

输出：

```
ans =
      exp(-1)
```

5. 参考程序

```
clear; clc;
syms x;
y = x * sin(1/x);
limit(y,x,0)
```

输出：

```
ans =
      0
```

6. 参考程序

```
clear; clc;
syms x;
y = sin( x^2 ) * sin( 1/x^2 );
limit( y,x,0 )
```
输出:
```
ans =
      0
```
7. 参考程序
```
clear; clc;
syms x;
y = sin( x )/x;
limit( y,x,0 )
```
输出:
```
ans =
       1
```
8. 参考程序
```
syms x;
f = ( 1 + 1/x )^x;
y1 = limit( f,x,inf )
y2 = limit( f,x, - inf )
```
输出:
```
y1 =
       exp( 1 )
y2 =
       exp( 1 )
```
9. 参考程序
```
syms x;
f = ( exp( x ) - 1 )/x;
y1 = limit( f,x,0 )
```
输出:
```
y1 =
       1
```
10. 参考程序
```
syms a x;
```

```
f = ( a^x − 1)/x;
y1 = limit( f, x, 0)
```
输出:
```
y1 =
    log( a)
```

11. 参考程序
```
syms x;
f = log( 1 + x)/x;
y1 = limit( f, x, 0)
```
输出:
```
y1 =
    1
```

12. 参考程序
```
syms x;
f = ( 1 − cos( x))/x^2;
y1 = limit( f, x, 0)
```
输出:
```
y1 =
    1/2
```

13. 参考程序
```
syms k x;
f = ( ( 1 + x)^( 1/k) − 1) / x;
y1 = limit( f, x, 0)
```
输出:
```
y1 =
    1/k
```

14. 参考程序
```
syms x a b
f1 = ( a^x − b^x)/x;
s1 = limit( f1, x, 0)
f2 = diff( a^x − b^x, x, 1);
f3 = diff( x, x, 1);
s2 = limit( f2/f3, x, 0)
```
输出:

s1 =

　　log(a) − log(b)

s2 =

　　log(a) − log(b)

15. 参考程序

syms x a

f = sqrt(a^2 − x^2) ;

s = int(f,x)

输出:

s =

　　1/2 * x * (a^2 − x^2)^(1/2) + 1/2 * a^2 * atan(x/(a^2 − x^2)^(1/

　　2))

16. 参考程序

syms x t

y = sqrt(1 − sin(x)) ;

z = int(y,x,0,pi/2)

输出:

z =

　　2 * 2^(1/2) − 2

17. 参考程序

clear;clc ;

syms x y n

y = sqrt(1 + sin(2 * x)) ;

z = int(y,x,0,pi * 2)

输出:

z =

　　4 * 2^(1/2)

18. 参考程序

syms x t

y = sin(x)/x ;

z = vpa(int(y,x,0,5))

输出:

z =

　　1.5499312449446741372744084007306

19. 参考程序

```
syms x y
z = x * y;
f = int( int( z,y,2 * x,x^2 + 1) ,x,0,1)
```

输出：

f =

   1/12

20. 参考程序

```
syms x y
z = sin( pi * ( x^2 + y^2) );
f = vpa( int( int( z,y, - sqrt( 1 - x^2) ,sqrt( 1 - x^2) ) ,x, - 1,1) )
```

输出：

f =

   2. 0000000000000000000000000000000

21. 参考程序

```
syms x;
f = taylor( log( x) ,6,x,2)
```

输出：

f =

   log(2) + 1/2 * x - 1 - 1/8 * (x - 2)^2 + 1/24 * (x - 2)^3 - 1/64 * (x
   - 2)^4 + 1/160 * (x - 2)^5

22. 参考程序

```
syms x;
f = taylor( exp( x^2 - 1) ,9,x,3)
```

输出：

f =

   exp(8) + 6 * exp(8) * (x - 3) + 19 * exp(8) * (x - 3)^2 + 42 *
   exp(8) * (x - 3)^3 + 145/2 * exp(8) * (x - 3)^4 + 519/5 * exp(8) *
   (x - 3)^5 + 3839/30 * exp(8) * (x - 3)^6 + 4877/35 * exp(8) *
   (x - 3)^7 + 114659/840 * exp(8) * (x - 3)^8

23. 参考程序

```
syms x;
f = taylor( x * tan( x) ,5,x,0)
```

输出：

f =

   x^2 + 1/3 * x^4

24. 参考程序

syms x n;

f = (-1)^n * x^(n + 1)/(n + 1);

symsum(f, n, 1, inf)

输出：

ans =

   log(1 + x) - x

25. 参考程序

syms x;

f = x^3 - 6 * x^2 + 9 * x + 3;

df = diff(f, x);

s = solve(df)   % 求稳定点

ezplot(f, [0, 4]);

输出：

s =

   3

   1

实验二 (非)线性方程组与微分方程的求解

【实验目的】

1. 掌握 MATLAB 的数组运算过程.

2. 掌握利用 MATLAB 软件求解(非)线性方程(组)、微分方程(组)的使用方法.

【实验内容】

1. 求 $\begin{pmatrix} 1 & 2 & 3 \\ 4 & 5 & 6 \\ 7 & 8 & 9 \end{pmatrix}$ 各列元素和与各行元素和.

2. 求解线性方程组 $\begin{cases} 10x_1 + 4x_2 + 5x_3 = -1, \\ 4x_1 + 10x_2 + 7x_3 = 3, \\ 5x_1 + 7x_2 + 10x_3 = 4. \end{cases}$

3. 求解非线性方程组 $\begin{cases} \sin(x+y) - ye^x = 0, \\ x^2 = 2 + y. \end{cases}$

4. 求解非线性方程组 $\begin{cases} \sin x + y^2 + \ln z - 7 = 0, \\ 3x + 2^y - z^3 + 1 = 0, \\ x + y + z - 5 = 0. \end{cases}$

5. 求解微分方程 $\begin{cases} x^2 y'' + xy' + \left(x^2 - \dfrac{1}{4}\right) y = 0, \\ y\left(\dfrac{\pi}{2}\right) = 2, y'\left(\dfrac{\pi}{2}\right) = -\dfrac{2}{\pi}. \end{cases}$

6. 求解微分方程 $\begin{cases} y' - 2xy + x = 0, \\ 0 \leqslant x \leqslant 3, y(0) = 1. \end{cases}$

【操作提示】

1. 参考程序

A = [1,2,3;4,5,6;7,8,9];

s1 = sum(A)

s2 = sum(A')

输出：

s1 =

    12   15   18

s2 =

    6   15   24

2. 参考程序

a = [10,4,5;4,10,7;5,7,10];

b = [-1;3;4];

x = a\b

输出：

x =

    -0.4053

    0.0789

    0.5474

3. 参考程序

[x,y] = solve('sin(x+y) - y * exp(x) = 0','x^2 - y - 2 = 0')

输出：

x =

       - . 33129879499763797066864098166363

       - . 66870120500236202933135901833637

y =

       - 1. 89024110843311304994246622177919

       - 1. 55283869842838889912797441811191

4. 参考程序

（1）创建 M 文件 ex. m.

function y = ex(x)

y(1) = sin(x(1)) + x(2)^2 + log(x(3)) - 7；

y(2) = 3 * x(1) + 2^x(2) - x(3)^3 + 1；

y(3) = x(1) + x(2) + x(3) - 5；

（2）在命令窗口输入：

f = fsolve(' ex ' , [1 , 1 , 1])

输出：

f =

    0. 5991   2. 3959   2. 0050

5. 参考程序

y = dsolve(' x^2 * D2y + x * Dy + (x^2 - (1/4)) * y = 0 ' , ' y(pi/2) = 2 , …

Dy(pi/2) = - pi/2 ' , ' x ')

输出：

y =

     2^(1/2) * pi^(1/2)/x^(1/2) * sin(x) + 1/4/pi^(1/2) * (- 4 + pi^2)

     * 2^(1/2)/x^(1/2) * cos(x)

6. 参考程序

y = dsolve(' Dy - 2 * x * y + x = 0 ' , ' y(0) = 1 ' , ' x ')

输出：

y =

     1/2 + 1/2 * exp(x^2)

实验三　利用 MATLAB 画图

【实验目的】

熟悉 MTALAB 常用的绘图命令，掌握常用图形的画法.

【实验内容】

1. 已知 $f(x) = x\sin\dfrac{1}{x}$，画出 $f(x)$，$x \in [-0.1, 0.1]$ 的图像.

2. 已知 $f(x) = \sin x^2 \cdot \sin\dfrac{1}{x^2}$，画出 $f(x)$，$x \in [-3, 3]$ 的图像，并用红色星号标注曲线.

3. 已知 $f(x) = \left(1 + \dfrac{1}{x}\right)^x$，画出 $f(x)$，$x \in [-1, 10000]$ 的图像.

4. 画出三维空间曲线图形 $\begin{cases} x = 2\cos t, \\ y = t^3, \qquad 0 \leqslant t \leqslant 4\pi. \\ z = t, \end{cases}$

5. 画出三维空间曲线图形 $\begin{cases} x = \sin t, \\ y = \cos t, \quad 0 \leqslant t \leqslant 10\pi. \\ z = \sqrt{t+1}, \end{cases}$

6. 画出"墨西哥帽子"曲面 $z = f(x, y) = \dfrac{\sin\sqrt{x^2 + y^2}}{\sqrt{x^2 + y^2}}$，$x \in [-7.5, 7.5]$，$y \in [-7.5, 7.5]$ 的图像.

7. 画出旋转抛物面 $z = f(x, y) = 1 - x^2 - y^2$，$x \in [-10, 10]$，$y \in [-10, 10]$ 的图像.

8. 画出双曲抛物面（马鞍面）$z = f(x, y) = \dfrac{x^2}{16} - \dfrac{y^2}{12}$，$x \in [-25, 25]$，$y \in [-25, 25]$ 的图像，并添加标题"马鞍面".

9. 计算机屏幕的欺骗性[3]. 取不同的 n 和步长 Δx，用描点法（即线型为"."）作 $y = \sin nx$，$x \in [0, 6.28]$ 图像. 例如，取 $n = 1, 2, 3, 40, 50$，$\Delta x = 0.02$，$0.00412, 0.00426, 0.00512, 0.0068, 0.007, 0.009$. 观察所得结果并进行分析. 再利用非描点法作图（即线型为"-"），比较前后所得结果并给出解释.

【操作提示】

1. 参考程序

```
clear; clc;
x = linspace(-0.1, 0.1, 1000);
y = x.*sin(1./x);
```

```
    plot(x,y)
```

2. 参考程序

```
clear; clc;
x = linspace( -3,3,1000);
y = sin( x.^2). * sin( 1./x.^2);
plot(x,y,'r*')
```

3. 参考程序

```
x = linspace( -1,10000,1000);
y = (1 + 1./x).^x;
plot(x,y)
```

4. 参考程序

```
t = 0:0.1:4 * pi;
plot3(2 * cos(t),t.^3,t)
```

5. 参考程序

```
t = 0:pi/50:10 * pi;
plot3( sin(t),cos(t),sqrt(t + 1) );
```

6. 参考程序

```
x = -7.5:0.5:7.5;
y = x;
[xx,yy] = meshgrid(x,y);
R = sqrt( xx.^2 + yy.^2) + eps;
z = sin(R)./R;
mesh(xx,yy,z)
```

7. 参考程序

```
x = -10:0.5:10;
y = x;
[xx,yy] = meshgrid(x,y);
z = 1 - xx.^2 - yy.^2;
mesh(xx,yy,z)    % 可以使用 surf,meshz 等绘图命令
```

8. 参考程序

```
x = -25:0.5:25;
y = x;
[xx,yy] = meshgrid(x,y);
z = xx.^2/16 - yy.^2/12;
```

```
mesh(xx,yy,z)
title('马鞍面')
```

9. 参考程序

```
n = 40;
h = 0.02;
x = 0 : h : 6.28;
y = sin(n * x);
figure(10)
plot(x,y,'.'); %描点法作图
figure(20)
plot(x,y,'-'); %非描点法作图
```

实验四 MATLAB 程序设计

【实验目的】

1. 掌握 MATLAB 条件控制的使用方法.
2. 掌握 MATLAB 循环控制的使用方法.
3. 掌握 MATLAB 条件控制与循环控制相互结合的使用方法.

【实验内容】

1. 求和: $y = 1 + 4 + 4^2 + 4^3 + \cdots + 4^{20}$.

2. 编写程序 ex3.m, 用梯形法计算定积分的近似值. 并用此程序求 $\int_0^1 e^x \sin x \, dx$.

$$\left(梯形公式: \int_a^b f(x)\,dx = \frac{b-a}{n}\left(\frac{y_0 + y_n}{2} + y_1 + y_2 + \cdots + y_{n-1} \right) \right)$$

3. 编写程序 ex4.m, 实现斐波那契数列功能, 并求 $f(15)$ 的值.
（斐波那契数列为 $f(0) = 0$, $f(1) = 1$, $f(n) = f(n-1) + f(n-2)$.）

4. 公元五世纪, 我国古代数学家张邱建在《算经》一书中提出了"百鸡问题": 鸡翁一值钱五, 鸡母一值钱三, 鸡雏三值钱一. 百钱买百鸡, 问鸡翁、母、雏各几何?

【操作提示】

1. 参考程序

```
clear;clc;
y=1;
for k=1:20
    y=y+4^k;
end
disp(y);
```
输出：

　　$1.4660e+012$

2. 参考程序

（1）创建 M 文件 ex2.m.

```
function y=ex2(x)          % 定义被积函数 f(x)=e^x·sin x
y=sin(x).*exp(x);
```

（2）创建 M 文件 ex3.m.

```
function s=ex3(a,b,n)      % 定义用来计算积分的函数
h=(b-a)/n;                 % h 为步长,[a,b]区间分成了 n 段
s=0;                       % 设置累加器
x=a:h:b;
y=ex2(x);                  % 调用前面定义过的被积函数 ex2
s=(y(1)+y(length(y)))/2;   % (y0+yn)/2,因为数组中的序号从 1
                           %   开始
for k=2:n
        s=s+y(k);          % (y1+y2+…+yn-1)
end
s=s*h;                     % s 即为所求定积分的近似值
```

（3）在命令窗口中输入：

```
a=0;b=1;n=100;ex3(a,b,n)
```

输出：

```
ans=
    0.9094
```

精确值为,输入：

```
vpa(int('exp(x)*sin(x)','x',0,1))
```

输出：

```
ans=
    .90933067363147861703460215468690
```

3. 参考程序

（1）创建 M 文件 ex4. m.

```
function y = ex4(n)
if n == 0
        y = 0;
else
if n == 1
        y = 1;
else
        y = ex4(n - 1) + ex4(n - 2);                % 递归调用函数 ex4
end
```

（2）在命令窗口中输入：ex4(15)

输出：

ans =

　　610

4. 【思路】设 x：鸡翁数，则 x 的范围：$0 \sim 19$；y：鸡母数，则 y 的范围：$0 \sim 33$；z：鸡雏数，则 z 的范围：$0 \sim 100$. 则满足关系：$x + y + z = 100, 5x + 3y + z/3 = 100$.

参考程序

```
for x = 0:19
        for y = 0:33
                for z = 0:100
                        if(x + y + z == 100) & (5 * x + 3 * y + z/3 == 100)
                                d = [x,y,z]
                        end
                end
        end
end
```

输出：

d =

　　0　　25　　75

d =

　　4　　18　　78

d =

　　8　　11　　81

$$d = \quad 12 \quad 4 \quad 84$$

参考文献

[1] 张志涌,杨祖樱,等. MATLAB 教程. 北京:北京航空航天大学出版社, 2006.

[2] 傅鹂,龚劬,刘琼荪,等. 数学实验. 北京:科学出版社,2003.

[3] 齐东旭. 数与形的关联和转化(1) :作图问题. 数学通报,2000,7: 33 - 38.

[4] 魏培君. 积分方程及其数值方法. 北京:冶金工业出版社,2007.

[5] 蒲俊,吉家锋,伊良忠. MATLAB6.0 数学手册. 上海:浦东电子出版社, 2002.

[6] 同济大学应用数学系. 高等数学. 6 版. 北京:高等教育出版社,2007.

[7] 盛骤,谢式千,潘承毅. 概率论与数理统计. 4 版. 北京:高等教育出版社,2008.

第二章　Mathematica 软件及其实验

第一节　Mathematica 软件初步

Mathematica 是由美国物理学家 Stephen Wolfram 负责总体设计开发的"一个计算机代数系统",它用 C 语言开发,可以方便地移植到各种计算机系统上。Mathematica 为计算机在科技、教育、管理、乃至许多工程领域的广泛应用做出了重要贡献.

Mathematica 是第一个将符号运算、数值计算和图形显示有机结合在一起的功能强大的数学软件包,能进行多项式的因式分解、展开,微分方程的求根,幂级数的展开,复数、向量、矩阵、极限和微积分的各种运算,等等. Mathematica 具有强大的绘图功能和突出的数值计算功能.

一、Mathematica 基础操作

在"开始→程序"中单击 Wolfram Mathematica 8.0,就启动了 Mathematica 8.0 (或者直接点击桌面上的快捷方式,当然快捷方式需要在安装好后建立),在屏幕上将显示如图 2-1 的窗口,叫做 Notebook 窗口,系统暂时取名 Untitled-1,用户在保存时可以进行重新命名。

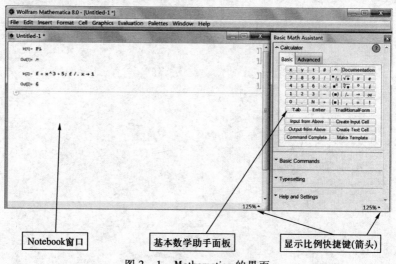

图 2-1　Mathematica 的界面

用户可以在 Mathematica 界面窗口中进行操作,输入 1/2,按下 Shift + Enter 键,系统开始计算并输出计算结果,并给输入和输出附上次序标识 In[1] 和 Out[1].若要对相应的操作过程进行存储,则点击保存按钮进行保存,系统将生成一个 .nb 格式的文件。

【提示】"基本数学助手面板"在菜单"Palettes"中调出,点击显示比例快捷键箭头可以轻易改变窗口中字符或面板上字符的显示比例.

二、Mathematica 帮助功能

Mathematica 软件提供了强大的联机帮助功能,这对于初学者非常有用。若在运用 Mathematica 软件的过程中,需要了解一个命令的详细用法,联机帮助系统永远是最详细、最方便的资料库.

在 Notebook 界面下,先输入? 或 ??,紧接着(前面可以有空格)输入 Mathematica 软件的函数或命令等执行,将获得该函数或命令的简单用法和属性信息,其中? 只显示简单用法,?? 则同时显示简单用法和属性信息.例如,查询"Sin"函数,输入"? Sin"和"?? Sin"运行,结果如图 2 - 2 所示.实际上,"? Sin"相当于命令"Information[Sin,LongForm -> False]","?? Sin"相当于"Information[Sin]".

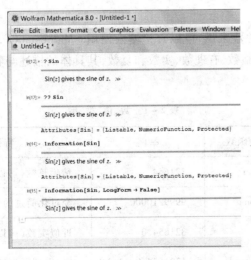

图 2 - 2　Mathematica 的查询示例

点击"Help"菜单中的选项"Documentation Center"或按"F1"将弹出帮助界面,如图 2 - 3 所示.例如,在 SEARCH 栏中输入"Plot"命令,系统将显示"Plot"

的基本用法. 当然,对于已经掌握了 Mathemtica 基本用法的人员,可以在其他的选项中寻找自己想得到的信息.

图 2 - 3　Mathematica 的帮助界面

三、Mathematica 中的量

1. 常量

对于普通的常数来说,可以直接输入使用. Mathematica 软件提供 4 种数值常数类型,分别是整数、有理数、实数和复数,其具体的描述与特征说明如表 2 - 1 所示.

表 2 - 1　数 值 类 型

数值类型	描述函数	举例	特征说明
整数	Integer	321654	精确整数(可以是任意长度的)
有理数	Rational	9999/10000	经过化简过的分数
实数	Real	321654.0	近似实数(可以是任意精确度的)
复数	Complex	1321654.0 + 3.2 I	实、虚部可为整数、有理数、实数

另外,Mathematica 还提供一些系统常量(表 2 - 2),在进行相应的计算时直接可以应用. 不要小看这些简单的符号,它们的精度也可以是无限的.

84

表 2 - 2　系统常量

常量	含义	常量	含义
Pi	$\pi = 3.14159\cdots$	Infinity	∞, 无穷大
I	虚数单位 $I = \sqrt{-1}$	E	自然对数的底 $e = 2.71828\cdots$

【提示】Mathematica 与众不同之处还在于它可以处理任意大、任意小及任意位精度的数值,只要计算机的内存足够大. 例如,可以输入 10^10000,2^(-10000),N[Pi,1000],其中 N[Pi,1000]表示取具有 1000 位有效数字的 π 的近似值. 实际上,N[x]将 x 转换为实数,Rationalize[x]则将 x 转换为近似有理数,详细用法请查看帮助.

2. 变量

跟其他高级程序设计语言一样,Mathematica 软件也可以定义变量. 一个变量可以表示一个数值、一个表达式、一个数组或一个图形.

首先,需要关注的就是变量的命名. 变量名通常是以小写英文字母开头,后跟字母或数字,变量名的字符的长度不限(字符中间不能有空格). 在 Mathematica 中变量即取即用,不需要事先声明变量的类型. 但是,在定义函数和程序设计时,也可以对变量进行类型说明.

其次,就是对变量进行赋值. 在 Mathematica 中,赋值号用" = "和": = "表示,两者的区别在于" = "表示立即赋值,在进行赋值时就计算后面表达式的结果,而": = "表示延迟赋值,在调用时再计算后面表达式的值,赋值语句的一般形式为:"变量 = 表达式;"或"变量 1 = 变量 2 = 表达式;". 执行步骤为先计算赋值号右边的表达式,再将计算结果送到变量中."变量 = ."表示清除变量的值,而"clear[变量]"则表示清除变量的定义和值.

【提示】Mathematica 语句若以分号";"结尾,运行时将不显示运行结果,这与 MATLAB 软件相似. 非注释语句均应在英文状态下输入.

另外,对变量做替换也是对变量赋值的一种方法. 其基本格式为:"Expr/. lhs -> rhs"表示用 rhs 替换 Expr 中的 lhs;"Expr/. { lhs1 -> rhs1, lhs2 -> rhs2,⋯}"表示分别用 rhs1,rhs2,⋯替换 Expr 中的 lhs1,lhs2,⋯

例 2 -1. 输入以下语句看输出的结果:

f = x^3 + 5 ; f/. x -> 1　　　(∗ 用 1 替换 f 中的 x ∗)

输出 :6

g = x^2 + Sin[y] ; g/. { x -> 2, y -> Pi/2}　　(∗ 在 g 中替换 x,y 两个变量 ∗)

输出:5

Cos[1 + x] + Cos[x]/. Cos -> Tan　　(＊函数 tan 替换 cos＊)

输出:Tan[1 + x] + Tan[x]

3. 函数

Mathematica 软件标准版中包含常用的数学函数. 例如,包含基本初等函数、初等函数和其他常用的数学函数. Mathematica 软件称这些系统定义的函数为内建函数(built – in function),这些内建函数可直接通过函数名调用. 特别需要注意的是,Mathematica 软件严格区分大小写. 一般地,内建函数的首写字母为大写,有时一个函数名由几个单词构成,则每个单词的首写字母均大写,如求局部极小值函数 FindMinimum[f[x],{x,x0}],还有一些关键字,如图形图像的修饰函数 PlotPoints,等等. 表 2 – 3 中列出了基本初等函数的表示与意义.

表 2 – 3　基本初等函数及其意义

基本初等函数	含义
Exp[x]	指数函数,e^x
Log[x]	以 e 为底的对数函数,$\ln x$
Log[b,x]	以 b 为底的对数函数,$\log_b x$
Sin[x],Cos[x],Tan[x],	正弦,余弦,正切
Cot[x],Sec[x],Csc[x]	余切,正割,余割
ArcSin[x],ArcCos[x],ArcTan[x], ArcCot[x],ArcCsc[x],ArcSec[x]	反三角函数

另外,在大学数学学习中,还需要掌握的一些常用数学函数在 Mathematica 软件中的表现形式如表 2 – 4 所示.

表 2 – 4　其他常用数学函数及其意义

函数	含义
Round[x]	最接近于 x 的整数
Floor[x]	不大于 x 的最大整数
Ceiling[x]	不小于 x 的最大整数
Mod[m,n]	m 被 n 除的正余数
Quotient[m,n]	m/n 的整数部分
n!	阶乘 $n(n-1)(n-2)\cdots1$

函数	含义
n!!	双阶乘 $n(n-2)(n-4)\cdots$
Abs[x]	x 的绝对值
Sign[x]	符号函数,$x>0$ 时的值为 1,$x=0$ 时值为 0,$x<0$ 时的值为 -1
Sinh[x],Cosh[x],Tanh[x],Coth[x],Csch[x],Sech[x]	双曲函数
ArcSinh[x],ArcCosh[x],ArcTanh[x],ArcCoth[x],ArcCsch[x],ArcSech[x]	反双曲函数
Max[x1,x2,…] 或 Max[s]	取 $x_1,x_2,\cdots$ 中的最大值,s 是一个集合或数组
Min[x1,x2,…] 或 Min[s]	取 $x_1,x_2,\cdots$ 中的最小值,s 是一个集合或数组

除此以外,Mathemtica 软件也可以自定义函数,其基本格式与方法如表 2 - 5 所示.

表 2 - 5   函数的自定义格式与意义

函数	含义
f[x_] : = 表达式	定义一个以 x 为变量的函数 f
f[x_] = .	清除函数 f[x_] 的定义
Clear[f]	清除函数 f 本身
? f	显示定义的函数

【提示】f[x_] 中的 x_ 是一类实体,在 Mathematica 中读做"空白",称为模式,它表示函数定义中的变量.模式 f[x_] 可以代表任何形如 f[anything] 形式参数的表达式.另外,自定义的函数名最好不要以大写字母开头,以免与 Mathematica 内置的函数混淆,也不要与内置函数同名,否则会出现错误的计算信息.

例 2 – 2. 对函数 $y = 2x - 1$ 执行以下语句:

f[x_] : = 2 x – 1

f[10]

输出:19

g[x] : = 2 x – 1

g[10] + g[x]

输出:

$$-1 + 2 x + g[x]$$

【提示】在表达式中,f[x_] 则是函数的定义,可以直接调用,即中括号中"x_"可以用任何数值和表达式替换,运行后给出结果. 例如,输入 f[10] 后结果为 19,输入 f[(a + 1)^2] 后结果为 $-1 + 2(1 + a)^2$. g[x] 的定义则不是一个动态函数,而相当于是个静态函数,即规定了 g[x] 本身为 $2x - 1$,它可以参与符号计算,而若用其他数值或表达式代替"x"将不会给出结果,只给出"g[表达式]"的形式结果. 另外,对于分段函数的定义,例如对于函数

$$f(x) = \begin{cases} x, & x < 1, \\ x^2, & x \geqslant 1. \end{cases}$$

可以按照 f[x_] : = x/; x < 1; f[x_] = x^2/; x > = 1 格式来定义.

四、Mathematica 中的基本运算

1. 算术运算

Mathematica 中算术运算主要体现在算术表达式中. 算术表达式一般由常数、变量、函数、算术运算符和括号组成. 常数和变量的类型有整型、有理型、实型、复数型、列表、向量、矩阵等. 函数包括系统定义的函数、用户定义的函数和程序包中的函数. 其中,方括号[ ] 内放函数变量,花括号{ } 表示元素的分界符,用圆括号( ) 组织运算量之间的顺序. Mathematica 中的算术运算符 + 、– 、* 、/ 、^ 分别表示加号、减号(负号)、乘号、除号和乘方,其优先级为先乘方,然后乘除,最后加减;算术运算的顺序遵守数学的习惯,同级运算符遵守从左到右的顺序.

【提示】在表达式中,乘号可用空格代替. 在两个变量或数值之间放一个空格即表示求这两个量的乘积. 在不引起误解的情况下,乘号可以省略. 例如,2a,2 * a,2 a 的意义是相同的.

Mathematica 中还可以通过 Sum 和 Product 分别实现连加和连乘.

表 2 - 6　连加与连乘函数的形式和意义

连加与连乘的函数	含义
$\mathrm{Sum}[\,\mathrm{f}, \{\,\mathrm{i}, \mathrm{imin}, \mathrm{imax}\,\}\,]$	计算连加 $\sum\limits_{i=imin}^{imax} f_i$
$\mathrm{Sum}[\,\mathrm{f}, \{\,\mathrm{i}, \mathrm{imin}, \mathrm{imax}, \mathrm{di}\,\}\,]$	f 表达式中的 i 以步长 di 增加计算和式
$\mathrm{Product}[\,\mathrm{f}, \{\,\mathrm{i}, \mathrm{imin}, \mathrm{imax}\,\}\,]$	计算连乘 $\prod\limits_{i=imin}^{imax} f_i$
$\mathrm{Product}[\,\mathrm{f}, \{\,\mathrm{i}, \mathrm{imin}, \mathrm{imax}, \mathrm{di}\,\}\,]$	f 表达式中的 i 以步长 di 增加计算乘积

例 2 - 3. 计算 $(19.8 + 20.3 \div 52.1^4 - 123.6) \times 9.7$，$\sum\limits_{k=1}^{100} k^2$ 和 $\prod\limits_{k=1}^{10}(k+1)$ 的结果.

输入：

$(19.8 + 20.3/52.1\texttt{\^{}}4 - 123.6) * 9.7$

$\mathrm{Sum}[\,\mathrm{k}\texttt{\^{}}2, \{\,\mathrm{k}, 1, 100\,\}\,]$

$\mathrm{Product}[\,\mathrm{k}+1, \{\,\mathrm{k}, 1, 10\,\}\,]$

输出：

　- 1006.86

　338350

　39916800

【提示】Sum 和 Nsum 的区别是：前者用于计算和式的精确值，后者计算和式的近似值.同理可知 Product 和 Nproduct 的区别.更为详细的说明请看 Mathematica 帮助.

2. 多项式运算

多项式是表达式的一种特殊形式，多项式的运算与表达式的运算基本一样.不仅如此，Mathematica 还提供一组针对多项式运算的函数，如因式分解函数、多项式化简函数等，见表 2 - 7.

表 2 - 7　多项式的表示形式

函数	含义
$\mathrm{Factor}[\,\mathrm{polyfun}\,]$	对多项式函数 polyfun 进行因式分解
$\mathrm{FactorTerms}[\,\mathrm{polyfun}, \{\,\mathrm{x}, \mathrm{y}, \cdots\,\}\,]$	按变量 x, y, … 进行分解
$\mathrm{Expand}[\,\mathrm{polyfun}\,]$	按幂次展开多项式 polyfun

函数	含义
ExpandAll[polyfun]	全部展开多项式 polyfun
Simplify[polyfun]	把多项式函数 polyfun 化为最简形式
FullSimplify[polyfun]	把多项式函数 polyfun 展开并化简
Collect[polyfun, x]	把多项式函数 polyfun 按 x 幂展开
Collect[polyfun, {x, y, ⋯ }]	把多项式函数 polyfun 按 x, y, ⋯ 的幂次展开

对于除法运算还可以使用 Cancel 函数可以约去公因式,下面通过例子说明.

例 2 - 4. 对多项式 $(x^2 - 2x + 1)(x + 1)$ 与 $2x - 2$ 进行加、减、乘、除运算.

输入:

p1 = (x^2 − 2x + 1) (x + 1) ; p2 = 2 x − 2;

p1 + p2

p1 − p2

p1 * p2

p1/p2

Cancel[p1/p2]

输出:

$- 2 + 2x + (1 + x)(1 - 2x + x^2)$

$2 - 2x + (1 + x)(1 - 2x + x^2)$

$(1 + x)(-2 + 2x)(1 - 2x + x^2)$

$$\frac{(1 + x)(1 - 2x + x^2)}{-2 + 2x}$$

$\frac{1}{2}(-1 + x)(1 + x)$

例 2 - 5. 利用 Mathematica 软件中的 Factor, Expand, Simplify 对例 2 - 4 中的 p1, p1 + p2, p1 * p2 进行操作.

输入:

Factor[p1]

Expand[p1 + p2]

Simplify[Expand[p1 * p2]]

输出:

$$(-1+x)^2(1+x)$$

$$-1+x-x^2+x^3$$

$$2(-1+x)^3(1+x)$$

五、(非)线性方程(组)求根

用 Mathematica 软件求方程(组)的根时,是将方程看成是逻辑语句,逻辑等号用" == "表示,例如,数学方程 $x^2+4x+3=0$ 用 Mathematica 语句表示为 x^2 + 4 * x + 3 == 0.

1. (非)线性方程求根

求解非线性方程(组)的 Mathematica 函数如表 2 - 8 所示.

表 2 - 8　一元代数方程的求解函数

函数	含义
Roots[lhs == rhs, variations]	求一元多项式方程的根
FindRoot[f,{x,x0}] FindRoot[lhs == rhs,{x,x0}]	从 x = x0 开始寻找函数(组)f 的数值根 从 x = x0 开始寻找方程(组)lhs == rhs 的数值解
Solve[lhs == rhs, variations]	求非线性方程(组)的解集."lhs == rhs"表示方程,"variations"指出方程的变量,即关于这些变量进行求解
NSolve[lhs == rhs, variations]	求所给非线性方程(组)的数值解集

例 2 - 6. 求方程 $x^2-3x+2=0$ 的根,求非线性方程 $e^x+\sin x=0$ 在 0 附近的根.

输入:

　　Roots[x^2 - 3 x + 2 == 0, x]

　　Solve[x^2 - 3 x + 2 == 0, x]

输出:

$x == 1 \mid\mid x == 2$

$\{\{x \to 1\},\{x \to 2\}\}$

输入:

　　Solve[Exp[x] + Sin[x] == 0, x]

　　FindRoot[Exp[x] + Sin[x],{x,0}]

输出:

Solve[e^x + Sin[x] == 0 , x]

{ x -> -0.588533 }

【提示】此例中系统提示 Solve 函数无法求解这个方程. Solve 函数虽然可以求解一些超越方程(不是全部),但它处理的主要是多项式方程. Mathematica 总能对不高于四次的方程进行精确求解,对于三次或四次方程,解的形式可能很复杂.

例2-7. 输入:

Solve[x^2 + b x + c == 0 , x]

输出:

$$\left\{ \left\{ x \to \frac{1}{2}(-b - \sqrt{b^2 - 4c}) \right\}, \left\{ x \to \frac{1}{2}(-b + \sqrt{b^2 - 4c}) \right\} \right\}$$

例2-8. 求 $x^3 + 5x + 3 = 0$ 的根.

用 Mathematica 求解的结果如图 2-4,从图中可以看出,结果非常复杂,可以用语句 N 函数得到近似数值解.

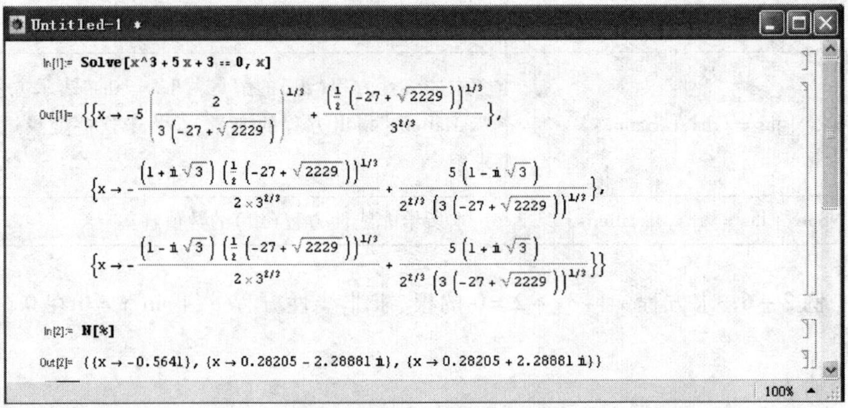

图 2-4　例 2-8 的结果

【提示】N[%]表示输出上一个计算结果的数值形式,在 Mathematica 软件中,%(百分号)表示上一个计算结果,%%表示上上一个计算结果.

2.(非)线性方程组求根

使用 Solve, NSolve 和 FindRoot 也可求方程组的解,只是使用时格式略有不同.

例2-9. 用 Solve 函数求解方程组

$$\begin{cases} 2x + 4y - 2 = 0, \\ x + 3y - 3 = 0. \end{cases}$$

用 FindRoot 函数在点(1,1)附近求解方程

$$\begin{cases} y = e^{x-1} - 1, \\ y^3 = x. \end{cases}$$

输入：

　　Solve[2 x + 4 y − 2 == 0 && x + 3 y − 3 == 0,{x,y}]

输出：

　　{{x→ − 3,y→2}}

输入：

　　FindRoot[{y == Exp[x − 1] − 1,y^3 == x},{{x,1},{y,1}}]

输出：

　　{x –> 1.79544,y –> 1.21541}

第二节　Mathematica 作图

　　Mathematica 具有强大的绘图功能,并且提供了一大批基本数学函数的图形函数,利用这些函数可以方便地组合成所需要的、复杂的函数图形,包括二维、三维空间的作图.

一、二维作图

1. 直角坐标方程作图

在直角坐标系中,Mathematica 软件绘制二维图形的基本命令为

　　　　Plot[fun,{x,xmin,xmax},option –> value]

和

　　　　Plot[{fun01,fun02,fun03,…},{x,xmin,xmax},option –> value].

第一条语句是在指定区间上按选项定义值画出函数在直角坐标系中的图形,第二条语句是在指定区间上按选项定义值同时画出多个函数在直角坐标系中的图形. Mathematica 允许用户设置选项值"option –> value"来对图形的细节提出各种要求,选项所表示的意义如表 2 – 9 所示,每个选项都有一个确定的名字,以"选项名 –> 选项值"的形式放在 Plot 中的最右边位置,一次可设置多个选项,选项依次用逗号隔开,也可以不设置选项而采用默认值. 其中,PlotStyle 函数用于指定图形样式,其设置选项如表 2 – 10 所示.

表 2 - 9   绘图选项的意义

选项	默认值	含义
AspectRatio	1/0.618	设置图形的高、宽比
Axes	True	是否包括坐标轴,False 则表示不包括坐标轴
AxesLabel	不加	给坐标轴加上名字
AxesOrigin	Automatic	坐标轴的相交的点
BaseStyle	{}	按图的默认格式类型使用
ClippingStyle	None	指定当曲线或表面超出绘图区域时应绘制的样式
Filling	None	是否将图形填充
FillingStyle	Automatic	指定图形填充的样式
FormatType	TraditionalForm	指定当输出图形时的格式类型
Frame	False	是否将图形加上外框
FrameLabel	False	是否从 x 轴下方依顺时针方向加上图形外框的标记
FrameTicks	Automatic	当 Frame 设为 True 时,为外框加上刻度
GridLines	None	当值为 Automatic 时,将主要刻度上加网格线
MaxRecursion	Automatic	指定所允许的递推分割的数量
PlotLabel	不加	给图形加上标题
PlotRange	Automatic	指定函数因变量的区间范围
PlotStyle	Automatic	指定样式(颜色,粗细等)作图
PlotPoints	50	画图时计算的点数
Ticks	Automatic	给定坐标轴之刻度,若值为 None,则没有刻度记号出现

有时根据实际需要,要设置图形的样式,包括图形的颜色、曲线的形状和宽度等特性.表 2 - 10 给出了用于设置图形样式(PlotStyle 函数)的各种选项.在 Mathematica 中对图形元素颜色的设置是一个很重要的设置.

表 2 – 10　图形样式(PlotStyle)的设置选项

选项	含义
Graykvel[ ]	灰度介于 0(黑)到 1(白)之间
RGBColor[r,g,b]	由红绿蓝组成的颜色,每种色彩取 0 到 1 之间的数
Hue[A]	取 0 到 1 之间的色彩
Hue[h,s,b]	指定色调、位置和亮度的颜色,每项介于 0 到 1 之间
PointSize[d]	指定点的相对半径 d,d 的值是整个图形宽度的倍数(小数)
AbsolutePointSize[d]	指定点的绝对半径为 d
Thickness[w]	指定线的相对宽度为 w
AbsoluteThickness[w]	指定线的绝对宽度 w
Dashing[w1,w2,⋯]	指定系列虚线上虚线段的相对长度分别为 w1,w2,⋯
AbsoluteDashing[{w1,w2,⋯}]	指定系列虚线上虚线段的绝对长度分别为 w1,w2,⋯
PlotStyle –> Style	指定 Plot 中所有曲线的风格,其中 Style 是具体曲线风格变量
PlotStyle –> {{Sty1},{Sty2},⋯}	指定 Plot 中一系列曲线的风格,分别为 Sty1,Sty2,⋯

例 2 – 10. 作出以下函数的图形.

(1) $y = \cos x, x \in [-2\pi, 2\pi]$;(2) $y = \tan 2x, x \in [-2\pi, 2\pi], y \in [-6, 6]$.

输入:

　　y1 = Cos[x];

　　Plot[y1,{ x, – 2 Pi,2 Pi },PlotStyle –> Thickness[0.01]]

　　y2 = Tan[2 x];

　　Plot[y2,{ x, – 2 Pi,2Pi },PlotRange –> { – 6,6 },PlotStyle –> Thickness
[0.01]]

输出结果如图 2 – 5、图 2 – 6.

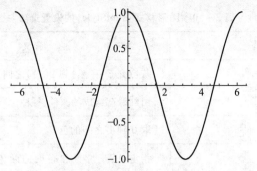

图 2-5　函数 $y = \cos x$ 的图形

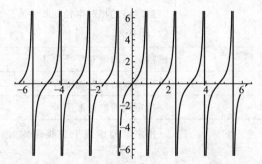

图 2-6　函数 $y = \tan 2x$ 的图形

另外,需要强调的是,Mathematica 软件可以将图形结果赋给变量,但不显示图形,需要显示时用 Show 命令实现.输入以下 Mathematica 语句:

G1 = Plot[Sin[x^2]/(x + 1) , { x,0,2 Pi} , PlotStyle -> Thickness[0.01]] ;

G2 = Plot[x * Cos[x]^2/16 , { x,0,2 Pi} , PlotStyle -> { RGBColor[0,0,0] ,

Thickness[0.01] }] ;

Show[G1,G2]

输出结果如图 2-7 所示.

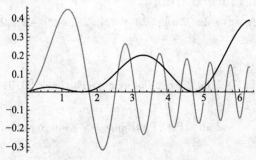

图 2-7　Show 命令显示图形

另外,在直角坐标系下,Mathematica 可用于绘制数据集合的散点图,绘图命令如表 2-11 所示,从表中可以看出,其命令格式与绘制函数图形的命令类似.

表 2-11　数据集合的绘图函数

函数	含义
ListPlot[{y1,y2,…}]	绘出数据 y1,y2,…的散点图,此时横坐标默认为数据的个数
ListPlot[{ {x1,y1} , {x2,y2} , … }]	绘出离散点(xi,yi)的散点图
ListPlot[List,Joined -> True]	把数据点画成连续曲线图,Joined 缺省为 False

例 2-11. 输入 Mathematica 语句:

list = Table[2i^2 + 3 i + 1, {i, -16,16}];

ListPlot[list,PlotStyle -> AbsolutePointSize[4]]

输出结果如图 2-8.

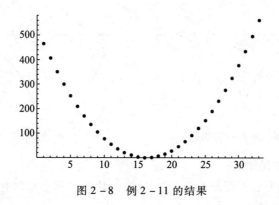

图 2-8　例 2-11 的结果

2. 参数方程作图

参数方程作图使用 ParametricPlot 命令来完成.表 2-12 中给出 Parametric-Plot 的常用形式.

表 2-12　二维参数方程作图的函数

函数	含义
ParametricPlot[{xt,yt} , {t,tmin,tmax}]	绘制参数方程的图形
ParametricPlot[{xt1,yt1} , {xt2,yt2} , … , {t,tmin,tmax}]	绘制一组参数方程的图形

例 2-12. 绘制曲线 $\begin{cases} x = 2\cos^3 t, \\ y = 2\sin^3 t \end{cases}$ $(0 \leqslant t \leqslant 2\pi)$ 的图形.

输入：

ParametricPlot[｛2 Cos[t]^3,2 Sin[t]^3｝,｛t,0,2 Pi｝,PlotStyle -> Thickness[0.01]]

输出结果如图 2 - 9.

例 2 - 13. 将一个圆与例 2 - 12 的参数方程绘在同一个坐标下,并保证图形的形状正确.

输入：

ParametricPlot[｛｛2 Cos[t]^3,2 Sin[t]^3｝,｛2 Cos[t],2 Sin[t]｝｝,｛t,0,2 Pi｝,

AspectRatio -> Automatic,PlotStyle -> ｛Thickness[0.01],Thickness[0.01]｝]

输出结果如图 2 - 10.

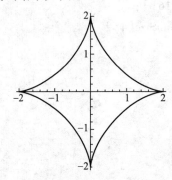 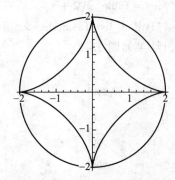

图 2 - 9　例 2 - 12 的结果　　　　　图 2 - 10　例 2 - 13 的结果

3. 极坐标方程作图

绘制极坐标方程的图形有两种方法:一是将极坐标方程转化为参数方程,例如将 $\rho = \rho(\theta)$ 转化为参数方程 $\begin{cases} x = \rho(\theta)\cos\theta, \\ y = \rho(\theta)\sin\theta, \end{cases}$ 然后再用参数方程的作图函数 ParametricPlot 作图;二是直接利用 Mathematica 中的极坐标绘图函数 PolarPlot 来绘图,其基本命令格式为 PolarPlot[r,｛t,tmin,tmax｝],详见帮助.

例 2 - 14. 绘制心形线 $\rho = 2(1 + \cos\theta)$ 的图形.

输入：

PolarPlot[2 (1 + Cos[t]),｛t,0,2 Pi｝,PlotStyle -> Thickness[0.01]]

输出结果如图 2 - 11.

例 2 - 15. 同时绘制多个极坐标方程的图形,请注意不同线宽和颜色的设置.

输入：

PolarPlot[｛1,1 + 1/10 Cos[10t]｝,｛t,0,2Pi｝,

PlotStyle -> ｛｛RGBColor[0,0,1],Thickness[0.01]｝,｛RGBColor[1,0,0],

Thickness[0.02]}}]

输出结果如图 2 - 12.

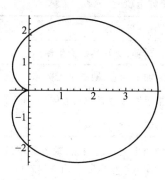

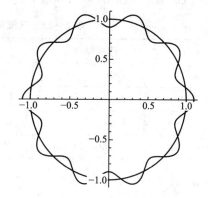

图 2 - 11　例 2 - 14 的结果　　　　　图 2 - 12　例 2 - 15 的结果

二、三维作图

1. 直角坐标方程作图

在三维空间中,绘制二元函数 $f(x,y)$ 的立体图形的基本命令是 Plot3D. Plot3D 的用法与 Plot 类似. ,基本格式为

Plot3D[f,{x,xmin,xmax},{y,ymin,ymax}].

例 2 - 16. 绘制马鞍面 $z = \dfrac{x^2}{9} - \dfrac{y^2}{16}$ 的立体图.

输入:

Plot3D[x^2/9 - y^2/16,{x, - 15,15},{y, - 15,15}]

输出结果如图 2 - 13.

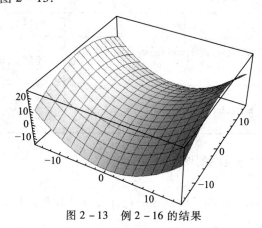

图 2 - 13　例 2 - 16 的结果

函数 Plot3D 作图,同 Plot 平面图形一样,也有许多输出选项,可通过多次试验找出所需的最佳图形样式,如表 2 – 13.

表 2 – 13　三维图形的修饰选项

选项	选项缺省值	含义
Axes	True	是否绘制坐标轴,缺省是绘制坐标
AxesLabel	None	给坐标轴上加上标志,缺省是无标志
Boxed	True	是否绘制指示图形边界的长方体(盒子)
FormatType	TraditionalForm	图形文本的缺省格式类型
FaceGrids	None	是否在三维图形上绘制网格,缺省是不绘制网格,All 则表示在每个坐标面上均绘制网格
Lighting	True	是否设置模拟光源,缺省为设置光源
Mesh	True	是否在曲面上绘出曲面网格,缺省为绘制网格
PlotRange	Automatic	规定图中坐标的范围,缺省为自动包括最远坐标
ViewPoint	$\{1.3, -2.4, 2\}$	指定观察三维图形的观察点(视点)

2. 三维参数方程绘图

三维空间中的参数方程绘图函数的形式和二维空间中的 ParametricPlot 很相仿,Mathematica 实际上都是根据参数 t 来产生系列点,然后再连接起来(如表 2 – 14 所示).

表 2 – 14　三维空间中的参数方程绘图函数

函数	含义
ParametricPlot3D$[\{fx, fy, fz\}, \{u, umin, umax\}]$	绘制空间曲线的参数图
ParametricPlot3D$[\{fx, fy, fz\}, \{u, umin, umax\}, \{v, vmin, vmax\}]$	绘制空间曲面的参数图
ParametricPlot3D$[\{fx, fy, fz\}, \{gx, gy, gz\}, \cdots]$	将一些参数方程图形绘制在一起

例 2 – 17. 画出螺旋线的图形.

输入:

ParametricPlot3D$[\{8\ Cos[t], 8\ Sin[t], t\}, \{t, 0, 8\ Pi\}, PlotStyle \rightarrow Thickness[0.01]]$

输出结果如图 2 - 14 所示.

例 2 -18. 下面是一个画出三维空间曲面"球"的例子.

输入:

ParametricPlot3D[{3 Cos[u] Cos[v] ,3 Cos[u] Sin[v] ,3 Sin[u] },
    {u,0,2 Pi} , {v,0,Pi} ,Boxed –> False,AspectRatio –> 1 ,Axes –> None]

输出结果如图 2 - 15.

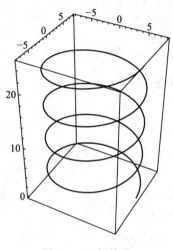

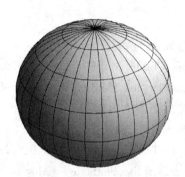

图 2 - 14　螺旋线　　　　　图 2 - 15　例 2 - 18 的结果

此外,在 Mathematica 系统中可以绘制等值线图,函数为 ContourPlot,等值线实际上是把物体表面上位于相同高度上的点连在一起。下面是函数使用的格式:

ContourPlot[f[x,y] , {x,xmin,xmax} , {y,ymin,ymax} ,选项]

例 2 -19. 作出 $z = x^2 + y^2$ 在区域[-4,4] × [-4,4]的等值线图.

输入:

ContourPlot[x^2 + y^2, {x, -4,4} , {y, -4,4}]

输出结果如图 2 - 16.

下面,我们给一个有趣的例子作为本节的结束.

例 2 -20. 计算机屏幕的欺骗性[4]. 取不同的 n 和步长 Δx,用散点图画图法作 $y = \sin nx, x \in [0,6.28]$ 的图. 例如,取 $n = 1,2,3,40,50$, $\Delta x = 0.02,0.004\ 12$, $0.004\ 26,0.005\ 12,0.006\ 8,0.007,0.009$. 观察所得结果并进行分析. 再利用非描点法画图,即线型为" - "作图,比较前后所得结果并给出解释. 这里只给出两种情形.

101

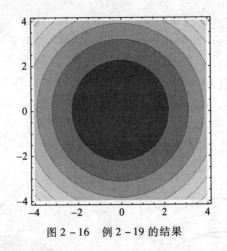

图 2 – 16   例 2 – 19 的结果

输入：

list = Table[Sin[50x], {x,0,6.28,0.00412}];

ListPlot[list,PlotStyle –> AbsolutePointSize[3]]

输出结果见图 2 – 17(a).

输入：

list = Table[Sin[50x], {x,0,6.28,0.00512}];

ListPlot[list,PlotStyle –> AbsolutePointSize[3]]

输出结果见图 2 – 17(b).

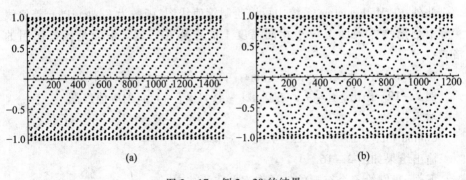

图 2 – 17   例 2 – 20 的结果

第三节   Mathematica 微积分基本计算

Mathematica 软件包含了微积分基本运算的内建函数,可以用于求极限、导数与微分、积分等.

一、求极限

1. 一元函数求极限

用 Mathematica 软件计算函数极限 $\lim\limits_{x \to x_0} f(x)$ 的一般形式如表 2-15 所示.

表 2-15 一元函数求极限

函数	含义
Limit[fx, x -> x0]	求 $x \to x_0$ 时 $f(x)$ 的极限
Limit[fx, x -> x0, Direction -> 1]	求 $x \to x_0$ 时 $f(x)$ 的左极限
Limit[fx, x -> x0, Direction -> -1]	求 $x \to x_0$ 时 $f(x)$ 的右极限
Limit[fx, x -> Infinity]	求 $x \to \infty$ 时 $f(x)$ 的极限

例 2-21. 求极限 $\lim\limits_{x \to 0} \dfrac{\sin x - x \cos x}{\sin^3 x}$.

输入：

Limit[(Sin[x] - x Cos[x])/Sin[x]^3, x -> 0]

输出：$\dfrac{1}{3}$

例 2-22. 在区间 $(1, +\infty)$ 内求 $f(x) = \dfrac{2(x-2)(x+3)}{x-1}$ 的渐近线.

输入：

f[x_] := (2 (x - 2) (x + 3))/(x - 1)

a = Limit[f[x]/x, x -> + Infinity]

b = Limit[f[x] - a x, x -> + Infinity]

Plot[{ f[x], a x + b }, { x, 1, 20 }, PlotStyle -> { { RGBColor[0, 0, 1], Thickness
[0.005] },

{ RGBColor[1, 0, 0], Thickness[0.005] } }]

输出：

2

4

例 2-23. 求极限 $\lim\limits_{x \to \infty} \dfrac{\sqrt{x^2 + 2}}{3x - 6}$.

输入：

Limit[Sqrt[x^2 + 2]/(3 x - 6), x -> Infinity]

103

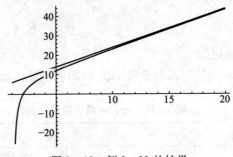

图 2 – 18　例 2 – 22 的结果

输出：$\dfrac{1}{3}$

2. 二元函数求极限

对于二元函数的极限，Mathematica 软件只能用来计算二次极限.

例 2 – 24. 求极限$\lim\limits_{x\to 0}\lim\limits_{y\to x}\dfrac{xy}{x^2+y^2}$.

输入：

Limit[Limit[x y/(x^2 + y^2) , y -> x] , x -> 0]

输出：$\dfrac{1}{2}$

【提示】在求以上二次极限的 Mathematica 语句中，使用了 Limit 函数的嵌套，先是将函数在 $y\to x$ 时求极限，然后再求当 $x\to 0$ 时的极限.

二、导数与微分

Mathematica 软件能方便地计算任何函数的任意阶（偏）导数（微分）.

1. 一元函数求导数与微分

一元函数 $y=f(x)$ 求导数与微分的 Mathematica 语句格式与意义如表 2 – 16 所示.

表 2 – 16　一元函数求导数与微分的函数

函数	含义
D[fx , x]	计算 $f(x)$ 的一阶导数 $\dfrac{\mathrm{d}f(x)}{\mathrm{d}x}$
D[fx , {x , n}]	计算 $f(x)$ 的 n 阶导数 $\dfrac{\mathrm{d}^n f(x)}{\mathrm{d}x^n}$
Dt[fx]	计算 $f(x)$ 的全微分
Dt[fx , x] , Dt[fx , {x , n}]	分别与 D[fx , x] , D[fx , {x , n}] 含义相同

例 2 – 25. 求 $y = e^x \sin x$ 的一阶与二阶导数.

输入：

D[Exp[x] Sin[x], x]

D[Exp[x] Sin[x], {x, 2}]

输出：

$e^x Cos[x] + e^x Sin[x]$

$2 e^x Cos[x]$

例 2 – 26. 求 $y = \sin 2x^2 \sin 3x^3$ 的微分与导数, 注意 D 函数与 Dt 函数的区别.

输入：

Dt[Sin[2 x^2] Sin[3 x^3]]

Dt[Sin[2 x^2] Sin[3 x^3], x]

D[Sin[2 x^2] Sin[3 x^3], x]

输出：

$9x^2 Cos[3 x^3] Dt[x] Sin[2 x^2] + 4 x Cos[2 x^2] Dt[x] Sin[3 x^3]$

$9x^2 Cos[3 x^3] Sin[2 x^2] + 4 x Cos[2 x^2] Sin[3 x^3]$

$9x^2 Cos[3 x^3] Sin[2 x^2] + 4 x Cos[2 x^2] Sin[3 x^3]$

【提示】这里 Dt[x] 表示 dx.

2. 隐函数以及由参数方程所确定的函数求导数

Mathematica 软件中没有直接对隐函数求导的函数命令, 可通过求导函数 D 和方程求解函数 Solve 来获得隐函数的导数, 见例 2 – 27.

例 2 – 27. 求由方程 $e^y + xy - e = 0$ 所确定的隐函数的导数.

输入：

D[Exp[y[x]] + x * y[x] – E, x]   (* 把 y 写成 x 的函数 *)

Solve[D[Exp[y[x]] + x * y[x] – E, x] == 0, y'[x]]

输出：

$y[x] + e^{y[x]} y'[x] + xy'[x]$

$$\left\{\left\{y'[x] \to -\frac{y[x]}{e^{y[x]} + x}\right\}\right\}$$

接下来, 我们通过在 Mathematica 中自定义函数

$$ParametricD[y\_, x\_, t\_] := D[y, t] / D[x, t]$$

来实现参数方程求导, 实际上也可以直接利用求导函数 D 相除来得到.

例 2 – 28. 求由参数方程 $\begin{cases} x = \ln(1 + t^2), \\ y = t - \arctan t \end{cases}$ 所确定的函数的导数.

输入：

ParametricD[y_,x_,t_]: = D[y,t]/D[x,t]

ParametricD[t – ArcTan[t],Log[1 + t^2],t]

输出：

$$\frac{(1+t^2)\left(1-\dfrac{1}{1+t^2}\right)}{2t}.$$

3. 多元函数求偏导数与全微分

对于二元以及二元以上多元函数求偏导数与全微分的 Mathematica 语句格式与意义如表 2 – 17 所示.

表 2 – 17　多元函数求偏导数与全微分的函数

函数	含义
D[fun,x]	计算偏导数 $\dfrac{\partial}{\partial x}f$
D[fun,{x,n}]	计算 n 阶偏导数 $\dfrac{\partial^n}{\partial x^n}f$
D[fun,x1,x2,…,xn]	计算混合偏导数 $\dfrac{\partial^n}{\partial x_1 \partial x_2 \cdots \partial x_n}f$
Dt[fun]	计算全微分 df

例 2 – 29. 求二元函数 $f(x,y) = x^2 y + y^2$ 对变量 x,y 的一阶和二阶偏导数.

输入：

f[x_,y_]: = x^2 y + y^2;

D[f[x,y],x]

D[f[x,y],y]

D[f[x,y],{x,2}]

D[f[x,y],{y,2}]

D[f[x,y],x,y]

输出：

2xy

$x^2 + 2y$

2y

2

2x

例 2 – 30. 求 $y = \sin(x+y)\cos(x-y)$ 的全微分.

输入 Mathematica 语句：

Dt[Sin[x + y] Cos[x - y]]

输出：

　　Cos[x - y] Cos[x + y](Dt[x] + Dt[y]) - (Dt[x] - Dt[y]) Sin[x - y] Sin[x + y]

【提示】这里 Dt[x]表示 dx,Dt[y]表示 dy.

三、积分

1. 不定积分和定积分

Mathematica 求解不定积分 $\int f(x)\,\mathrm{d}x$ 的一般形式为"Integrate[f,x]",求解定积分的一般形式为"Integrate[f,{x,min,max}]",也就是在求解不定积分的命令中加入积分限.

例 2 – 31. 求不定积分 $\int \sin x\cos x\,\mathrm{d}x$.

输入：

Integrate[Sin[x] Cos[x],x]

输出：

$$-\frac{1}{2}\mathrm{Cos}\,[\,x\,]^2$$

【提示】Mathematica 求出的不定积分中不带常数 C. 另外,需要强调的是,并不是所有的不定积分都能求出来.例如,Mathematica 对不定积分 $\int \sin(\sin x)\,\mathrm{d}x$ 就无能为力,输入 Integrate[Sin[Sin[x]],x],观察其输出结果.此时,可以采用数值积分的方法 NIntegrate[Sin[Sin[x]],x].

例 2 – 32. 求定积分 $\int_{-4}^{4} x^2 \mathrm{e}^{ax}\mathrm{d}x$.

输入：

Integrate[x^2 Exp[a x],{x, - 4,4}]

输出：

$$\frac{4(-4a\mathrm{Cosh}[4a] + (1 + 8a^2)\mathrm{Sinh}[4a])}{a^3}$$

例 2 – 33. 求积分 $\int_0^{+\infty} \dfrac{1}{\sqrt{x(x+1)^3}}\mathrm{d}x$.

输入：

Integrate[1/Sqrt[x (x + 1)^3],{x,0,Infinity}]

输出：2

2. 重积分

类似于一元函数的积分,多变量函数的重积分可利用 Integrate 函数来完成,命令格式见表 2 − 18.

表 2 − 18　计算重积分的函数

函数	含义
Integrate[f,{ x,a,b },{ y,y₁(x),y₂(x)}]	计算二重积分 $\int_a^b dx \int_{y_1(x)}^{y_2(x)} f(x,y)\,dy$
NIntegrate[f,{ x,a,b },{ y,y₁(x),y₂(x)}]	计算二重积分 $\int_a^b dx \int_{y_1(x)}^{y_2(x)} f(x,y)\,dy$ 的数值解

【提示】用 Mathematica 求二重积分时,首先将二重积分按照其积分区域转化为二次积分,然后求解,表 2 − 18 中只给出了先对 y、后对 x 的积分. 类似地,也可以求先对 x、后对 y 的积分. 另外,求解三重积分时,也同样要先将三重积分转化为三次积分,然后求解。

例 2 − 34. 输入：

Integrate[x y,{x,1,2},{y,1,x}]

输出：

$$\frac{9}{8}$$

【提示】用函数 Integrate 计算积分时,若结果比较复杂,则可以用函数"NIntegrate"替换"Integrate",则可直接得到积分的数值结果.

例 2 − 35. 计算三重积分 $\iiint_\Omega \sqrt{x^2 + z^2}\,dzdydx$,其中 Ω 是由曲面 $x^2 + z^2 = y$ 和平面 $y = 4$ 所围成的闭区域. 请用 Mathematica 语句按 y,z,x 顺序和 z,y,x 的顺序计算,观察 Integrate 和 NIntegrate 的结果.

输入：

Integrate[Sqrt[x^2 + z^2],{x, − 2,2},{z, − Sqrt[4 − x^2],Sqrt[4 − x^2]},
{y,x^2 + z^2,4}]

NIntegrate[Sqrt[x^2 + z^2], {x, -2,2}, {z, -Sqrt[4 - x^2], Sqrt[4 - x^2]}, {y, x^2 + z^2,4}]

Integrate[Sqrt[x^2 + z^2], {x, -2,2}, {y,x^2,4}, {z, -Sqrt[y - x^2], Sqrt[y - x^2]}]

NIntegrate[Sqrt[x^2 + z^2], {x, -2,2}, {y,x^2,4}, {z, -Sqrt[y - x^2], Sqrt[y - x^2]}]

输出：

$$\frac{128\pi}{15}$$

26.8083

$$2 \quad 4 \quad \sqrt{x^2 y} \qquad \sqrt{x^2 \ z^2} \quad z \quad y \quad x$$

$$2 \quad x^2 \quad \sqrt{x^2 y}$$

26.8083

四、微分方程

Mathematica 中可以用函数 DSlove[ ] 求解线性和非线性微分方程,以及联立的微分方程组. 在没有给定方程初值的条件下,得到的解包括 C[1], C[2] 等待定系数. 未知函数用 y[x] 表示,其微分用 y'[x],y"[x] 等表示. 表 2-19 给出了微分方程(组)的求解函数.

表 2-19 微分方程(组)的求解函数

函数	含义
DSolve[equation,y[x],x]	求解微分方程 equation 的解 y[x]
DSolve[{equation1,equation2,…},{y1,y2,…},x]	求解微分方程组的解

例 2-36. 求解以下微分方程的通解.

(1) $y' = 2y$;   (2) $y' + 2y + 1 = 0$;   (3) $y'' + 2y' + y = 0$.

输入：
  DSolve[y'[x] == 2 y[x],y[x],x]
  DSolve[y'[x] + 2 y[x] + 1 == 0,y[x],x]
  DSolve[y"[x] + 2 y'[x] + y[x] == 0,y[x],x]

输出：

$$\{\{y[x] \to e^{2x} C[1]\}\}$$

$$\{\{y[x]\rightarrow -\frac{1}{2}+e^{-2x}C[1]\}\}$$

$$\{\{y[x]\rightarrow e^{-x}C[1]+e^{-x}xC[2]\}\}$$

【提示】当给定一个微分方程的初值条件时,则可以确定一个待定系数.

输入:

DSolve[{y'[x]==2y[x],y[0]==5},y[x],x]

DSolve[{y"[x]+2y'[x]+y[x]==0,y'[0]==0},y[x],x]

输出:

$$\{\{y[x]\rightarrow 5e^{2x}\}\}$$

$$\{\{y[x]\rightarrow e^{-x}(1+x)C[1]\}\}$$

五、无穷级数

Mathematica 软件可用于无穷级数的计算,幂级数和傅里叶级数是两类主要的无穷级数.本节重点介绍的是基本运算,对于傅里叶级数展开,需要用到过程编程,这里不作介绍.

1. 函数的幂级数展开

Mathematica 中幂级数展开的函数为 Series. 函数 Series 的一般格式如表 2 – 20 所示.

表 2 – 20　幂级数展开的函数

函数	含义
Series[expr,{x,x0,n}]	计算 expr 在 x = x0 点直到 (x – x0)^n 的幂级数展开式
Series[expr,{x,x0,n},{y,y0,m}]	计算 expr 先对 x 在 x = x0 点展开到 n 阶,再对 y 在 y = y0 点展开到 m 阶的幂级数展开式

【提示】(1) 用 Series 展开后,展开项中含有佩亚诺(Peano)余项 O[x – x0]^n;(2) Series 在处理多元函数幂级数时,是从最后一个变量到第一个变量逐个展开的.

例 2 – 37. 计算函数 e^x 在 $x = -1$ 处的 3 阶幂级数展开式.

输入:

Series[Exp[x],{x, – 1,3}]

输出:

$$\frac{1}{e} + \frac{x+1}{e} + \frac{(x+1)^2}{2e} + \frac{(x+1)^3}{6e} + O[x+1]^4$$

例 2 - 38. 计算函数 $\tan x$ 的 5 阶麦克劳林级数展开式.

输入:

Series[Tan[x],{ x,0,5 }]

输出:

$$x + \frac{x^3}{3} + \frac{2x^5}{15} + O[x]^6$$

例 2 - 39. 计算函数 $f(x) = \dfrac{1}{x^2 + 4x + 3}$ 关于 $x-1$ 的 6 阶幂级数展开式.

输入:

Series[1/(x^2 + 4 x + 3),{ x,1,6 }]

输出:

$$\frac{1}{8} - \frac{3(x-1)}{32} + \frac{7(x-1)^2}{128} - \frac{15(x-1)^3}{512} + \frac{31(x-1)^4}{2048} - \frac{63(x-1)^5}{8192} +$$

$$\frac{127(x-1)^6}{32768} + O[x-1]^7$$

例 2 - 40. 计算函数 $f(x,y) = \ln(1+x+y)$ 在点 $(0,0)$ 处先对 x 展开 3 阶, 再对 y 展开成 3 阶的幂级数展开式.

输入:

Series[Log[1 + x + y],{ x,0,3 },{ y,0,3 }]

输出:

$$(y - \frac{y^2}{2} + \frac{y^3}{3} + O[y]^4) + (1 - y + y^2 - y^3 + O[y]^4)x + (-\frac{1}{2} + y - \frac{3y^2}{2} +$$

$$2y^3 + O[y]^4)x^2 + (\frac{1}{3} - y + 2y^2 - \frac{10y^3}{3} + O[y]^4)x^3 + O[x]^4$$

2. 幂级数求和

Mathematica 软件可用于幂级数的求和,求和函数为 Sum,其基本格式如表 2 - 21 所示.

表 2 - 21　幂级数求和函数

函数	含义
Sum[fn,{ n,n1,n2 }]	求以 fn 为通项的幂级数从第 n1 项到第 n2 项的有限项之和.
Sum[fn,{ n,n0,Infinity }]	求以 fn 为通项的幂级数在其收敛域内的和

例 2 – 41. 求幂级数 $\sum_{n=0}^{\infty} \dfrac{x^n}{n!}$，$\sum_{n=0}^{\infty} (-1)^n \dfrac{x^n}{n!}$ 的和函数.

输入：

Sum[x^n/n!,{n,0,Infinity}]

Sum[(-1)^n x^n/n!,{n,0,Infinity}]

输出：

e^x

e^{-x}

例 2 – 42. 求幂级数 $\sum_{n=1}^{\infty} (-1)^n \dfrac{x^n}{n}$，$\sum_{n=0}^{\infty} \dfrac{x^n}{n+1}$ 的和函数.

输入：

Sum[(-1)^n x^n/n,{n,1,Infinity}]

Sum[x^n/(n+1),{n,0,Infinity}]

输出：

$-\mathrm{Log}[1+x]$

$-\dfrac{\mathrm{Log}[1-x]}{x}$

第四节　Mathematica 过程编程

　　简单地说，在 Mathematica 中，一个用分号隔开的表达式序列成为一个复合表达式，它也称为一个过程. 运行 Mathematica 的一个复合表达式就是依次执行过程中的每个表达式. 本节简单介绍 Mathematica 过程编程中需用到的关系运算符的含义、条件控制结构与循环结构.

一、关系运算与逻辑运算符

Mathematica 软件中的关系运算符与逻辑运算符见表 2 – 22.

表 2 – 22　关系运算符与逻辑运算符

关系运算符	含义	逻辑运算符	含义
>	大于	!	非
<	小于	&&	且
>=	大于等于	||	或
<=	小于等于	Xor	异或
==	等于		
! =	不等于		

二、条件控制结构

1. If 结构

If 结构的一般形式为：

If[conditon, t, f]

当逻辑表达式的值为 True 时，计算表达式 t，当逻辑表达式的值为 False 时，转向计算表达式 f.

另外还有格式 If[conditon, t, f, u] 与 If[conditon, t]，详细介绍参见 Mathematica 软件的帮助.

2. Which 结构

Which 结构的一般形式为：

Which[$test_1$, $value_1$, $test_2$, $value_2$, $\cdots$]

依次计算条件 $test_i$，计算对应第一个条件为 True 的表达式的值，作为整个结构的值. 如果所有条件的值都为 False，则整个结构的值为 Null，用 True 作为 Which 的最后一个条件时，可用于处理其他情况.

3. Switch 结构

Switch 结构的一般形式为：

Switch[expr, $form_1$, $value_1$, $form_2$, $value_2$, $\cdots$]

计算表达式 expr，然后依次与 $form_i$ 比较，若与 $form_i$ 匹配，则计算 $value_i$ 并返回其值.

三、循环控制结构

Mathematica 中共有三种描述循环的结构，分别是 Do，While，For 循环.

1. Do 结构

Do 结构的一般形式为：

Do[expr, {i, imin, imax, di}]

表达式 expr 以 i 为变量，上述语句表示当变量 i 以步长 di 从 imin 到 imax 变化时，依次计算表达式 expr 的值. 其他格式参考软件的帮助.

例 2 - 43. 输入：

t = x; Do[t = 1/(1 + k t), {k, 2, 6, 2}];

t

输出：

$$\cfrac{1}{1 + \cfrac{6}{1 + \cfrac{4}{1 + 2x}}}$$

2. While 结构

While(当型)结构的一般形式：

While[test, body]

当条件 test 为真时则对循环体表达式 body 求值，重复对条件判断和对循环体求值过程直到条件非真时停止. 当条件的值为非真非假时，循环结构不能做任何工作. 使用 While 结构的时候需特别注意，条件 test 设置不当可能造成循环体的表达式一次也不做，也可能永无止境地做下去.

例 2 - 44. 输入：

n = 49; While[(n = Floor[n/3])! = 0, Print[n]]

输出：

  16

  5

  1

3. For 结构

For 结构的一般形式：

For[start, test, incr, body]

上述语句的含义是：执行初始值 start，然后重复计算 incr, body，直到条件 test 失效(不真)，其中 incr 为修正循环变量，body 是循环体.

例 2 - 45. 输入：

For[i = 1; t = x, i^2 < 10, i + + , t = t^2 + 1; Print[t]]

输出：

  $1 + x^2$

  $1 + (1 + x^2)^2$

  $1 + (1 + (1 + x^2)^2)^2$

以上是对 Mathematica 软件的简单介绍，它为下面的基础性实验奠定基础.

第五节　Mathematica 数学实验

实验一　变量与函数

【实验目的】

1. 熟悉 Mathematica 帮助系统.

2. 熟练应用 Mathematica 的计算器功能以及常用的数学函数.

3. 掌握变量的定义,变量的操作.

4. 掌握函数的定义以及运算.

【实验内容】

1. Mathematica 软件的帮助系统应用.

2. 计算 $(15 + 30 \times 3.4 - 52.6) \div 4.2$ 的值.

3. 已知 $x_1 = \pi, x_2 = 2, y = \dfrac{x_1 x_2}{3x_1 + x_2^3} - 1$,求 y 和 $|y|$.

4. 输入:

x = Sqrt[3]

y = Sin[ArcTan[x]]

N[y,20]

观察输出结果.

5. 定义函数 $y = \arctan x$,求 $y|_{x=1}$ 的值.

6. 定义函数 $f(x) = \sin x \tan x e^x$,求 $f(1)$,$f(2.1)$ 的值.

7. 定义分段函数

$$f(x) = \begin{cases} x, & x < 1, \\ 1 + \dfrac{1}{x}, & x \geqslant 1. \end{cases}$$

求 $f(-1)$,$f(4)$ 的值.

【操作提示】

在输入每个例子的参考程序之前,为避免当前程序中使用的变量受之前赋值的影响,请先使用命令 Clear["Global' * "]清除掉之前所有的变量赋值.

1. 在 Mathematica 软件启动后,按 Shift + F1 键或点击"帮助"菜单项"帮助浏览",调出帮助菜单,输入想要了解的一些函数功能的函数名即可阅读学习。

2. 参考程序:

   $(15 + 30 * 3.4 + 52.6)/4.2$

3. 参考程序:

   x1 = Pi

   x2 = 2

   y = x1 * x2/(3 x1 + x2^3) - 1

   N[y]

   y1 = Abs[y]

N[y1]

4. 略.

5. 参考程序：

y = ArcTan[x];

y/. x −> 1

6. 参考程序：

f[x_]: = Sin[x] Tan[x] Exp[x];

f[1]

f[2.1]

7. 参考程序：

f[x_]: = x/; x < 1; f[x_] = 1 + 1/x/; x >= 1

f[−1]

f[4]

实验二　微积分基本运算

【实验目的】

1. 掌握用 Mathematica 进行基本运算:多项式及其代数运算,方程(组)求根.

2. 掌握用 Mathematica 进行微积分基本运算:求极限,求导数(微分),求积分,泰勒级数展开,微分方程.

【实验内容】

1. 用 Mathematica 进行以下多项式操作:

(1) 将多项式 $x^{10} - 1$ 进行分解;

(2) 展开多项式 $(1 - x)^{11}$;

(3) 化简多项式 $(2 + 2x)^3 (4 + 3x)^4 (6 + 4x)^5$.

2. 设多项式 $p_1 = 2x^2 - x - 1, p_2 = x + 1$,求 $p_1 + p_2, p_1 - p_2, p_1 \times p_2, p_1 \div p_2$.

3. 求方程 $x^4 + 2x - 1 = 0$ 的根.

4. 求方程组 $\begin{cases} 3x + 5y = 1, \\ 6x - 7y = 9 \end{cases}$ 的根.

5. 求下列极限:

(1) $\lim\limits_{x \to 0} \dfrac{\sin^2(4\tan 3x)}{1 - \cos 5x}$;

(2) $\lim\limits_{x \to \infty} \left(\dfrac{2x + 3}{2x + 1} \right)^{5x + 1}$.

6. 求下列导数和微分：

（1）求函数 $f(x) = \sin ax\cos bx$ 的一阶导数 $\dfrac{df}{dx}$，并求 $\dfrac{df}{dx}\bigg|_{x=\frac{1}{a+b}}$；

（2）求函数 $y = x^{10} + 2(x-10)^9$ 的 11 阶导数；

（3）求函数 $y = x^n$ 对 x 的微分 dy；

（4）求出方程 $x^2 + Cy^2 = 0$（其中 C 为常数）所确定隐函数的导数 $\dfrac{dy}{dx}$；

（5）求由参数方程 $\begin{cases} x = \cos t \\ y = \sin t \end{cases}$ 所确定的函数的导数；

（6）求 $y = \sin ax\cos bx$ 的 15 阶导数；

（7）设 $z = \mathrm{e}^{ax}\sin(bx + cy)$，求 $\dfrac{\partial z}{\partial x}$，$\dfrac{\partial^2 z}{\partial y \partial x}$.

7. 求下列积分：

（1）$\displaystyle\int \frac{x\mathrm{e}^x}{1+x^2}dx$；　　（2）$\displaystyle\int \frac{4\sin x + 3\cos x}{\sin x + 2\cos x}dx$；

（3）$\displaystyle\int_0^{\frac{\pi}{2}} \cos^5 x\sin 2x\,dx$；　　（4）$\displaystyle\int_0^1 \frac{dx}{(x^2 - x + 1)^{3/2}}$.

8. 求积分 $\displaystyle\int_{-\infty}^1 \frac{1}{\sqrt{2\pi}}\mathrm{e}^{-x^2/2}dx$.

9. 求 $y = \mathrm{e}^{x^2}$ 在 $x = 0$ 的 9 阶泰勒公式.

10. 分两种情况求解微分方程 $\dfrac{dy}{dx} = 2y + 25x\sin x$：

（1）未给初值条件；　　（2）给定初值条件 $y(0) = -4$.

【操作提示】

在输入每个例子的参考程序之前，为避免当前程序中使用的变量受之前赋值的影响，请先使用命令 Clear["Global'*"] 清除掉之前所有的变量赋值.

1.（1）参考程序：

Factor[x^10 - 1]

Expand[(1 - x)^11]

Simplify[Expand[(2 + 2 x)^3 (4 + 3 x)^4 (6 + 4 x)^5]]

2. 参考程序：

p1 = 2 x^2 - x - 1;

p2 = x + 1;

p1 + p2

$$p1 - p2$$

$$p1 * p2$$

$$p1/p2$$

3. 参考程序：

Solve[x^4 + 2 x - 1 == 0, x]

4. 参考程序：

Solve[{3 x + 5 y == 1, 6 x - 7 y == 9}, {x, y}]

5. (1) 参考程序：

Limit[Sin[4 Tan[3 x]]^2/(1 - Cos[5 x]), x -> 0]

(2) 参考程序：

Limit[((2 x + 3)/(2 x + 1))^(5 x + 1), x -> Infinity]

6. (1) 参考程序：

diff[x_] = D[Sin[a x] Cos[b x], x]

% /. x -> 1/(a + b) 或 diff[1/(a + b)]

(2) 参考程序：

D[x^10 + 2(x - 10)^9, {x, 11}]

(3) 参考程序：

SetAttributes[n, Constant] ;

Dt[x^n]

(4) 参考程序：

ImplyD[f_, x_, y_] : = Solve[D[f, x] == 0, y '[x]]

ImplyD[x^2 + C * y[x]^2, x, y]

(5) 参考程序：

ParametricD[y_, x_, t_] : = D[y, t]/D[x, t]

ParametricD[Sin[t], Cos[t], t]

(6) 参考程序：

y = Sin[a x] Cos[b x] ;

D[y, {x, 15}]

(7) 参考程序：

z = Exp[a x] Sin[b x + c y] ;

D[z, x]

D[z, y, x]

7. (1) 参考程序：

y = x Exp[x]/(1 + x^2) ;

118

Integrate[y,x]

（2）参考程序：

y = (4 Sin[x] + 3 Cos[x])/(Sin[x] + 2 Cos[x]);

Integrate[y,x]

（3）参考程序：

y = Cos[x]^5 Sin[2 x];

Integrate[y,{x,0,Pi/2}]

（4）参考程序：

y = 1/(x^2 − x + 1)^(3/2);

Integrate[y,{x,0,1}]

8. 参考程序：

y = E^(−x^2/2)/Sqrt[2 * Pi];

NIntegrate[y,{x,−Infinity,1}]

9. 参考程序：

Series[Exp[x^2],{x,0,9}]

10. 参考程序：

DSolve[y'[x] == 2 y[x] + 25 x * Sin[x],y[x],x];

Simplify[%]

DSolve[{y'[x] == 2 y[x] + 25 x * Sin[x],y[0] == −4},y[x],x];

Simplify[%]

实验三　Mathematica 作图

【实验目的】

1. 掌握用 Mathematica 作二维图形,熟练作图函数 Plot,ParametricPlot 等的应用,对图形中曲线能做简单地修饰.

2. 掌握用 Mathematica 作三维图形,对于一些二元函数能做出其等高线图等,熟练函数 Plot3D,ParametricPlot 的用法.

【实验内容】

1. 用 Mathematica 软件作出以下函数的图形：

（1）$y = x^3, x \in [−5,5]$；　　　　（2）$y = \dfrac{1}{x}, x \in [−20,20]$.

2. 作出如下分段函数的图形：

$$f(x) = \begin{cases} x^2 \sin \dfrac{1}{x}, & x \neq 0, \\ 0, & x = 0, \end{cases}, x \in [-0.5, 0.5].$$

3. 在一张图中画出函数 $y = x^n$ 的图形(其中 $n = 2, 3, 4, 5$).

4. 同时作出 $\sin x, \dfrac{1}{2} \sin 2x, \dfrac{1}{3} \sin 3x$ 的图形.

5. 作出以下参数方程所描述的图形:

$(1) \begin{cases} x = 4\cos t \\ y = 3\sin t \end{cases} (0 \leqslant t \leqslant 2\pi);$ $\qquad (2) \begin{cases} x = 3\cos^3 t \\ y = 3\sin^3 t \end{cases} (0 \leqslant t \leqslant 2\pi).$

6. 作出以下极坐标方程所描述的图形:

(1) $r = 4\cos 3\theta$; $\qquad\qquad\qquad (2)$ $r = 4(1 + \cos\theta)$.

7. 作出函数 $z = \sin(\pi\sqrt{x^2 + y^2})$ 的图形.

8. 作出以下三维图形:

(1) 椭球面: $\begin{cases} x = R_1 \cos u \cos v, \\ y = R_2 \cos u \sin v, \\ z = R_3 \sin u, \end{cases}$ $u \in \left(-\dfrac{\pi}{2}, \dfrac{\pi}{2}\right), v \in (0, 2\pi), R_1, R_2, R_3$ 自定;

(2) 环面: $\begin{cases} x = (R + r\cos u)\cos v, \\ y = (R + r\cos u)\sin v, \\ z = r\sin u; \end{cases}$ $u \in (0, 2\pi), v \in (0, 2\pi), R, r$ 自定.

【操作提示】

在输入每个例子的参考程序之前,为避免当前程序中使用的变量受之前赋值的影响,请先使用命令 Clear["Global'*"] 清除掉之前所有的变量赋值.

1. 参考程序:

```
Plot[x^3, {x, -5, 5}]
Plot[1/x, {x, -20, 20}]
```

【提示】注意观察这两个函数的单调性,奇偶性,尤其从第二个语句中可以看出对有奇点的函数, Mathematica 会挑选合适的坐标标度.

2. 参考程序:

```
h[x_] : = x^2 Sin[1/x]/; x! = 0; h[x_] : = 0/; x = 0
Plot[h[x], {x, -10, 10}]
```

3. 参考程序:

```
Plot[{x^2, x^3, x^4, x^5}, {x, -1, 1}]
```

4. 参考程序：

Plot[{Sin[x],1/2 Sin[2 x],1/3 Sin[3 x]},{x,0,2 Pi}]

5.（1）参考程序：

ParametricPlot[{4 Cos[t],3 Sin[t]},{t,0,2 Pi}]

（2）参考程序：

ParametricPlot[{3 Cos[t]^3,3 Sin[t]^3},{t,0,2 Pi}]

6.（1）参考程序：

r[t_]:=4 Cos[3 t];

ParametricPlot[{r[t] Cos[t],r[t] Sin[t]},{t,0,2 Pi}]

（2）参考程序：

r[t_]:=4（1+Cos[t]）;

ParametricPlot[{r[t] Cos[t],r[t] Sin[t]},{t,0,2 Pi}]

7. 参考程序：

z=Sin[Pi Sqrt[x^2+y^2]];

Plot3D[z,{x,−1,1},{y,−1,1},PlotPoints−>30,Lighting−>True]

或者

Plot3D[Sin[Pi Sqrt[x^2+y^2]],{x,−1,1},{y,−1,1},PlotPoints−>30,Lighting−>True]

8.（1）参考程序：

ParametricPlot3D[{4 Cos[u] Cos[v],3 Cos[u] Sin[v],2 Sin[u]},{u,−Pi/2,Pi/2},{v,0,2 Pi}]

（2）参考程序：

ParametricPlot3D[{（4+2 Cos[u]）Cos[v],（4+2 Cos[u]）Sin[v],2 Sin[u]},{u,0,2 Pi},{v,0,2 Pi}]

实验四　Mathematica 过程编程

【实验目的】

1. 掌握 Mathematica 语言中 If,Which 等选择结构的用法.

2. 掌握 Mathematica 语言中 Do,For,While 等循环结构的用法

【实验内容】

1. 已知 Which 语句定义分段函数

$$f(x) = \begin{cases} \cos x, & x < 0, \\ x^2, & 0 \leqslant x < 1, \\ 1, & x \geqslant 1. \end{cases}$$

求 $f(-0.5)$，$f(0.5)$ 的值，并在区间 $[-5,5]$ 作 $f(x)$ 的图像.

2. 设 $f(x)$ 以 2π 为周期，在 $[-\pi,\pi]$ 上的表达式为

$$f(x) = \begin{cases} 0, & -\pi \leqslant x < 0, \\ x, & 0 \leqslant x < \pi, \end{cases}$$

将函数 $f(x)$ 分解成简谐运动的叠加形式.

【提示】本题目的求解过程可以从以下两个方面展开：

（1）由 $a_0 = \dfrac{\pi}{2}$，$a_n = \dfrac{(-1)^n - 1}{n^2 \pi}$，$b_n = \dfrac{(-1)^{n+1}}{n}$ 可写出 $f(x)$ 的傅里叶展开式；

（2）作函数的傅里叶级数的前 n 项和，并依次作出 $n = 1,6,11,16,21,26,$ $31,36,41,46$ 时，傅里叶级数前 n 项和的图形.

3. 设 $g(x)$ 是以 2π 为周期的函数，在 $[-\pi,\pi]$ 的表达式是

$$g(x) = \begin{cases} -1, & -\pi \leqslant x < 0, \\ 1, & 0 \leqslant x < \pi. \end{cases}$$

试将 $g(x)$ 分解成简谐运动的叠加.

4. 输入：

t = x; Do[t = 1/(1 + k t^2), {k,3,7,3}]; t

观察其输出结果.

【操作提示】

在输入每个例子的参考程序之前，为避免当前程序中使用的变量受之前赋值的影响，请先使用命令 Clear["Global'*"] 清除掉之前所有的变量赋值.

1. 参考程序：

y[x_] := Which[x < 0, Cos[x], 0 <= x < 1, x^2, x >= 1, 1]

y[-0.5]

y[0.5]

Plot[y[x], {x, -5,5}]

2. 参考程序：

a[n_] := ((-1)^n - 1)/(n^2 * Pi)

b[n_] := (-1)^(n+1)/n

f[x_] := Which[x < -2 Pi, 0, -2 Pi <= x < -Pi, x + 2 Pi, -Pi <= x < 0, 0, 0

<= x < Pi,x,Pi <= x < 2 Pi,0,x >= 2 Pi,x - 2 Pi];

For[i = 1,i < 30,i + = 5,fr1[x_]: = Pi/4 + Sum[a[n] * Cos[n * x] + b[n] * Sin[n * x],{n,1,i}]];

Plot[{fr1[x],f[x]},{x,-3 * Pi,3 * Pi},PlotRange -> {-0.4,3.2},

PlotStyle -> {RGBColor[1,0,0],RGBColor[0,0,1]}]

3. 参考程序:

g[x_]: = Which[x < -2 Pi,-1,-2 Pi <= x < -Pi,1,-Pi <= x < 0,-1,

0 <= x < Pi,1,Pi <= x <= 2 Pi,-1,x >= 2 Pi,1]

t1 = Plot[g[x],{x,-3 Pi,3 Pi},PlotStyle -> {RGBColor[0,1,1]}];

For[i = 1,i <= 30,i + = 5,bn = (1 - (-1)^n) * 2/n/Pi;g[x_] = Sum[bn * Sin[n * x],{n,1,i}]];

t2 = Plot[g[x],{x,-3 Pi,3 Pi},PlotStyle -> {RGBColor[1,0.3,0.5]}];

Show[t1,t2]

4. 参考结果略.

参考文献

[1] [美]期蒂芬·沃尔夫雷姆. Mathematica 全书. 赫孝良,周义仓,译. 4 版:西安:西安交通大学出版社,2002.

[2] 徐安农. Mathematica 数学实验. 2 版. 北京:电子工业出版社,2009.

[3] 张韵华,王新茂. Mathematica 7 实用教程. 安徽:中国科学技术大学出版社,2011.

[4] 齐东旭. 数与形的关联和转化(1):作图问题. 数学通报,2000,7: 33 - 38.

[5] 同济大学应用数学系. 高等数学. 6 版. 北京:高等教育出版社,2007.

第三章 数学优化软件 LINGO 及其实验

第一节 LINGO 软件入门

一、LINGO 简介

LINGO 是美国 Lindo 系统公司开发的一套专门用于求解最优化问题的软件包. LINGO 用于非线性规划以及线性和非线性方程组的求解等. 其允许决策变量是整数(即整数规划,包括 0-1 整数规划),方便灵活,而且执行速度非常快. LINGO 是建立和求解线性、非线性和整数最优化模型更快更简单更有效率的综合工具. LINGO 提供强大的语言和快速的求解引擎来阐述和求解最优化模型. 应用的范围包含生产线规划、运输、财务金融、投资分配、资本预算、混合排程、库存管理、资源配置等.

二、LINGO 的基本功能介绍

1. LINGO 快速入门

在 Windows 下运行 LINGO 系统时,会得到下面的窗口,见图 3-1. 外层是主框架窗口,包含了所有菜单命令和工具条,其他所有的窗口将被包含在主窗口之内. 在主窗口内的标题为 LINGO Model - LINGO1 的窗口是 LINGO 的默认模型窗口,建立的模型都要在该窗口内编码实现. 下面以两个例子作简单的使用介绍.

图 3-1 LINGO 软件的默认窗口界面

例 3 – 1. 在 LINGO 软件中求解线性规划问题:

$$z = \min(2x_1 + 3x_2),$$

s. t.

$$x_1 + x_2 \geqslant 350,$$
$$x_1 \geqslant 100,$$
$$2x_1 + x_2 \leqslant 600,$$
$$x_1 \geqslant 0, x_2 \geqslant 0.$$

这里"s. t."表示"使得",即求目标函数在"s. t."之后的条件成立下的最小值,以及取最小值时变量 x_1, x_2 的值. 在模型窗口中输入如下代码:

min = 2 * x1 + 3 * x2;

x1 + x2 > = 350;

x1 > = 100;

2 * x1 + x2 <= 600;

【提示】LINGO 中解优化模型时默认所有变量为非负,所以上述程序中不需要输入最后一个约束条件 $x_1 \geqslant 0, x_2 \geqslant 0$. 若需要改变变量的这种默认设置,则需用限定变量取值范围的函数 @ free、@ bin、@ bnd 和 @ gin.

然后点击工具条上的按钮 ,则将得到 LINGO 的结果报告窗口(Solution Report – LINGO1). 在该结果报告窗口中,列出了下列信息.

Global optimal solution found.

Objective value: 800.000 0

Total solver iterations: 2

Variable	Value	Reduced Cost
X1	250.000 0	0.000 000
X2	100.000 0	0.000 000
Row	Slack or Surplus	Dual Price
1	800.000 0	– 1.000 000
2	0.000 000	– 4.000 000
3	150.000 0	0.000 000
4	0.000 000	1.000 000

第一行"Global optimal solution found."表示找到了全局最优解;第二行"Objective value"表示目标函数的最优值(最小值)$z = 800$;第三行的"Total solver iterations"表示单纯形法总的迭代次数为 2 次. 接下来是两个列表,一是变量情况

列表,另一是松弛变量列表.在第一个列表中,"Variable"表示变量,此问题有两个变量 x1 与 x2;"value"表示变量的取值(即问题的最优解),这里变量 x1 = 250,x2 = 100;"Reduced Cost"的含义是:基变量的 Reduced Cost 值为 0;对于非基变量,相应的 Reduced Cost 值表示当该非基变量增加一个单位时(其他非基变量保持不变)目标函数减少(max 问题)或增加(min 问题)的量.本例中两个变量都是基变量,其值均为 0. Slack or Surplus 表示约束条件接近等号成立的程度.在约束条件是 <= 中,通常叫做松弛变量;在约束条件是 >= 中,通常叫做过剩变量.如果所求解使得约束条件取等号,则 Slack or Surplus 为 0,该约束称为紧约束(或有效约束).若某个约束条件 Slack or Surplus 为负数时,一般得不到可行解,同时表明问题中某个约束条件是错的,不一定是负数对应的约束条件错了."Dual Price"给出约束的影子价格(也称为对偶价格)的值:第 2、3、4 行(约束)对应的影子价格分别为 −4.000 000,0.000 000,1.000 000. −4.000 000 表示当该约束右端增加 1 个单位时,目标函数将增加 4 个单位(对于 min 问题而言);0.000 000 则表明该约束在最优解处是紧约束;1.000 000 表示当该约束右端增加 1 个单位时,目标函数将减少 1 个单位(对于 min 问题而言).同学们可以根据上述解释尝试改变约束条件,重新计算并观察所得结果.

【提示】LINGO 中将目标函数自动看作第 1 行,从第 2 行开始才是真正的约束行.LINGO 中不区分大小写字母,变量(和行名)可以使用不超过 32 个字符表示,且必须以字母开头.

例 3 −2. 产销不平衡的运输问题.

表 3 −1 给出了 6 个产地及 8 个销售地的某物资供应量与需求量及从各产地到各销售地的单位物资运价,试用 LINGO 软件求出最优运输方案.

表 3 −1　某物资产销量及单位运价

单位运价 产地　　销地	B_1	B_2	B_3	B_4	B_5	B_6	B_7	B_8	供应量
A_1	6	2	6	7	4	2	5	9	60
A_2	4	9	5	3	8	5	8	2	55
A_3	5	2	1	9	7	4	3	3	51
A_4	7	6	7	3	9	2	7	1	43
A_5	2	3	9	5	7	2	6	5	41
A_6	5	5	2	2	8	1	4	3	52
需求量	35	37	23	32	41	32	43	38	

首先,建立该最优调运方案的数学模型. 设 $\mathrm{cost}(i,j)$ 表示第 A_i 工厂到第 B_j 用户的产品单位运价,$\mathrm{quantity}(i,j)$ 表示第 A_i 工厂到第 B_j 用户的产品数量,$\mathrm{demand}(j)$ 表示第 B_j 用户需求量,$\mathrm{supply}(i)$ 表示第 A_i 工厂产量,z 表示最小运费. 则最优调运方案的数学模型为

$$z = \min\left(\sum_{i=1}^{6} \sum_{j=1}^{8} \mathrm{cost}(i,j) \cdot \mathrm{quantity}(i,j) \right),$$

s. t.

$$\sum_{i=1}^{6} \mathrm{quantity}(i,j) = \mathrm{demand}(j), j = 1, \cdots, 8;$$

$$\sum_{j=1}^{8} \mathrm{quantity}(i,j) \leqslant \mathrm{supply}(i), i = 1, \cdots, 6;$$

$$\mathrm{quantity}(i,j) \geqslant 0, i = 1, \cdots, 6; j = 1, \cdots, 8;$$

然后,使用 LINGO 软件编制程序如下:

```
model:
! 6 产地 8 销售地运输问题;
sets:
    warelocations/1..6/:supply;
    sellers/1..8/:demand;
    links(warelocations,sellers):cost,quantity;
endsets
! 目标函数;
    min = @ sum(links:cost * quantity);
! 需求约束;
    @ for(sellers(J):
      @ sum(warelocations(I):quantity(I,J)) = demand(J));
! 产量约束;
    @ for(warelocations(I):
      @ sum(sellers(J):quantity(I,J)) <= supply(I));
! 这里是数据;
data:
    supply = 60 55 51 43 41 52;
    demand = 35 37 23 32 41 32 43 38;
    cost = 6 2 6 7 4 2 9 5
           4 9 5 3 8 5 8 2
```

```
5 2 1 9 7 4 3 3
7 6 7 3 9 2 7 1
2 3 9 5 7 2 6 5
5 5 2 2 8 1 4 3;
```
enddata

end

点击工具条上的按钮 运行程序,即得最小运费为 $z = 668$,最优调运方案如表 3 – 2.

【提示】LINGO 中模型以"model:"开始,以"end"结束.对简单的模型,这两个语句也可以省略,如本节第一个例题所示.LINGO 模型是由一系列语句组成,每个语句以分号";"结束.LINGO 中以感叹号"!"开始的是说明语句,说明语句也需要以分号";"结束.

表 3 – 2　最优调运方案

运量 销地 产地	B_1	B_2	B_3	B_4	B_5	B_6	B_7	B_8	实际供应量
A_1	0	19	0	0	41	0	0	0	60
A_2	2	0	0	32	0	0	0	0	34
A_3	0	10	0	0	0	0	41	0	51
A_4	0	0	0	0	0	5	0	38	43
A_5	33	8	0	0	0	0	0	0	41
A_6	0	0	23	0	0	27	2	0	52
需求量	35	37	23	32	41	32	43	38	

2. LINGO 程序说明

下面以例 3 – 2 中程序为例简单介绍 LINGO 的程序模式.

2.1　程序开始和结束

LINGO 程序必须以关键字"model:"开头,以关键字"end"结束.

2.2　程序中的集

集是 LINGO 模型的一个可选部分,有原始集(primitive set)和派生集(derived set)两种类型的集. 在使用集之前必须事先定义,集的定义以关键字"sets:"开始,以"endsets"结束.例如例 3 – 2 中集的定义如下:

sets:

      warelocations/1..6/:supply;

      sellers/1..8/:demand;

      links(warelocations,sellers):cost,quantity;

   endsets

"warelocations/1..6/:supply;"表示定义了一个产地原始集,它有 6 个成员,而"supply"是该集的属性变量,所以属性"supply"是一个 6 维的变量.类似地,"sellers/1..8/:demand;"则是定义了一个销售地原始集,含义与产地集一样."links(warelocations,sellers):cost,quantity;"则是定义了父集为 warelocations 与 sellers 的派生集 links,其集成员列表省略表示该派生集的成员为两个父集成员的所有可能组合,表现在它的两个属性变量 cost 与 quantity 均是 6×8 的二维数组(矩阵).从派生集 links 可以看出这种集定义方式便利,即它的所有属性均具有该派生集一样的结构.

下面简要叙述下原始集、派生集的定义方式.

定义一个原始集时,必须声明:集的名字、集的成员(可选)、集成员的属性(可选).定义一个原始集的基本语法为

      sets:

      setname[/member_list/][:attribute_list];

      endsets

【提示】用"[ ]"表示该部分内容是可选的,当输入其中的内容时,"[ ]"实际上是不需要输入的.

setname 是原始集的名字,它的命名最好具有较强的可读性.集名字必须严格符合标准命名规则:以拉丁字母或下划线"_"为首字符,其后由拉丁字母"A—Z"、下划线、阿拉伯数字"0,1,…,9"组成的总长度不超过 32 个字符的字符串,且不区分大小写.该命名规则同样适用于集成员名和属性名等的命名.

Member_list 是集成员列表,attribute_list 是集成员的属性列表.如果集成员放在集定义中,那么对它们可采取显式罗列和隐式罗列两种方式.如果集成员不放在集定义中,那么可以在随后的数据部分定义它们.

例 3 – 3. 定义一个名为 workers 的原始集,它有 5 个成员 Wang、Wen、Le、Zhang 和 Yang,属性有 sex、age、Degree.LINGO 定义如下:

      sets:

      workers/Wang,Wen Le,Zhang Yang /:sex,age,Degree;

      endsets

定义一个名为 Project 的原始集,它有 10 个编号为 team1 到 team10 的成员,

属性有 sex、age、Degree. LINGO 定义如下：

　　sets：

　　　　Project/team1..team10/：sex，age，Degree；

　　endsets

　　若上述 workers 集的成员不放在集定义中，则可以在后面的数据部分定义. LINGO 定义如下：

　　! 集部分；性别属性 sex，1 表示男性，0 表示女性；年龄属性 age；学位属性，1 表示博士学位，2 表示硕士学位，3 表示学士学位，0 表示其他学位.

　　sets：

　　　　workers：sex，age，Degree；

　　endsets

　　! 数据部分；

　　data：

　　workers：sex，age，Degree = Wang　1　17　1

　　　　　　　　　　　　　　　Wen　1　16　2

　　　　　　　　　　　　　　　Le　 1　18　2

　　　　　　　　　　　　　　　Zhang 0　15　1

　　　　　　　　　　　　　　　Yang　1　16　1；

　　enddata

　　显式罗列集成员时，必须为每个成员输入一个不同的名字，中间用空格或逗号隔开，允许混合使用空格和逗号.集成员无论用何种字符串标记，它的索引都是从 1 开始连续计数. 在 attribute_list 可以指定一个或多个集成员的属性，属性之间必须用逗号隔开. 隐式罗列集成员时，不必罗列出每个集成员，例如例 3-3 中的 team1 是集的第一个成员名，team10 是集的最后一个成员名，LINGO 软件将自动产生中间的 team2 至 team9 成员. LINGO 也接受一些特定的首成员名和末成员名，用于创建一些特殊的集，见表 3-3 所示.

表 3-3　集成员的定义

隐式成员列表格式	示例	所产生集成员
1..n	1..5	1，2，3，4，5
StringM..StringN	Car2..Car14	Car2，Car3，Car4，…，Car14
DayM..DayN	Mon..Fri	Mon，Tue，Wed，Thu，Fri
MonthM..MonthN	Oct..Jan	Oct，Nov，Dec，Jan
MonthYearM..MonthYearN	Oct2001..Jan2002	Oct2001，Nov2001，Dec2001，Jan2002

一个派生集是用一个或多个其他集(称为父集)来定义的,即它的成员来自于其他已存在的集的组合.定义一个派生集时,也必须声明:集的名字、父集的名字、集成员(可选)、集成员的属性(可选).定义一个派生集的基本语法如下:

sets:

setname (parent_set_list)[/member_list/][:attribute_list];

endsets

setname 是集的名字,parent_set_list 是已定义的集(父集)的列表,多个时必须用逗号隔开.如果没有指定成员列表,那么 LINGO 会自动创建父集成员的所有组合作为派生集的成员.派生集的父集既可以是原始集,也可以是其他的派生集.例如,例 3 - 2 中则定义了一个派生集 links,它的成员则是 6 个 warelocations 与 8 个 sellers 的组合,共 48 个成员.

在介绍例 3 - 2 的程序主体前,我们先介绍下 LINGO 软件中的基本运算与基本函数.

2.3 基本运算符

(1) 算术运算符

与其他软件类似,LINGO 提供了 5 种二元运算符:^(乘方),*(乘),/(除),+(加),-(减).LINGO 中的一元算术运算符是取相反数 " - ",它是唯一的一元算术运算符.这些运算符的优先级由高到低为 - (取反),^(乘方),*(乘),/(除),+(加),-(减),其中 *(乘)与/(除)的运算级相同,+(加)与-(减)的运算级相同.运算次序按优先级高低来执行,同级运算符按从左到右的次序运算,可以用圆括号"( )"来改变运算次序.

(2) 逻辑运算符

在 LINGO 中,逻辑运算符主要用在循环函数的条件表达式中,是用于控制函数中那些集成员被包含或被排斥等.

表 3 - 4   LINGO 的逻辑运算符

逻辑运算符	含义
#not#	否定当前值的逻辑值,#not#是一个一元运算符
#eq#	若两个运算对象相等,则为 true;否则为 flase
#ne#	若两个运算对象不相等,则为 true;否则为 flase
#gt#	若左边严格大于右边,则为 true;否则为 flase
#ge#	若左边大于或等于右边,则为 true;否则为 flase
#lt#	若左边严格小于右边,则为 true;否则为 flase

逻辑运算符	含义
#le#	若左边小于或等于右边,则为 true;否则为 flase
#and#	仅当左右两边都为 true 时,结果为 true;否则为 flase
#or#	仅当左右两边都为 false 时,结果为 false;否则为 true

　　#not#运算符的优先级最高,其次是#eq#,#ne#,#gt#,#ge#,#lt#,#le#等运算符,最低为运算符#and#和#or#.但处于同一优先级的运算符按从左到右的次序运算,"()"可以改变运算次序,其中#eq#,#ne#,#gt#,#ge#,#lt#,#le#优先级相同,#and#和#or#优先级相同.

　　(3)关系运算符

　　LINGO 有三种关系运算符:"="、"<="和">=".LINGO 不支持严格小于和严格大于关系运算符,即"<"还是表示小于等于关系,">"还是表示大于等于关系.然而,如果需要严格小于和严格大于关系,比如要表达 C 严格小于 D,可以用表示为

$$C + \varepsilon <= D,$$

这里 ε 是一个小的正数,ε 的值依赖于具体模型对 C 和 D 的要求.

　　【提示】在算术运算符、逻辑运算符和关系运算符中,它们的优先级由高到低依次为算术运算符、逻辑运算符、关系运算符,但其中#not#与"-"(取反)是所有运算符中优先级别最高的.

　　2.4　LINGO 中的基本函数

　　(1)数学函数

　　LINGO 提供了一些标准数学函数,部分标准数学函数见表 3-5.

表 3-5　LINGO 部分标准数学函数

函数	含义
@ abs(x)	返回 x 的绝对值
@ sin (x)	返回 x 的正弦值,x 采用弧度制
@ cos (x)	返回 x 的余弦值
@ tan(x)	返回 x 的正切值
@ exp(x)	返回常数 e 的 x 次方
@ log(x)	返回 x 的自然对数

函数	含义
@lgm(x)	返回 x 的 T 函数的自然对数
@sign(x)	如果 x < 0 返回 -1;否则,返回 1
@floor(x)	返回 x 的整数部分. 当 x >= 0 时,返回不超过 x 的最大整数;当 x < 0 时,返回不低于 x 最大整数.
@smax(x1,x2,…,xn)	返回 x1,x2,…,xn 中的最大值
@smin(x1,x2,…,xn)	返回 x1,x2,…,xn 中的最小值
@mod(X,Y)	计算 X 关于 Y 的模

（2）变量界定函数

LINGO 中有 4 种变量界定函数（见表 3 - 6），它们能实现对变量取值范围的附加限制.

表 3 - 6 变量界定函数

函数	含义
@bin(x)	限制 x 为 0 或 1
@bnd(L,x,U)	限制 L ≤ x ≤ U
@free(x)	取消对变量 x 的默认下界为 0 的限制,即 x 可以取任意实数
@gin(x)	限制 x 为整数

【提示】在缺省情况下,LINGO 默认变量是非负的,也就是说下界为 0,上界为 + ∞. @free 取消了下界为 0 的限制,使变量也可以取负值. @bnd 用于设定一个变量的上下界,它也可以取消默认下界为 0 的约束.

（3）集循环函数

LINGO 有 5 种集循环函数,它们是@for,@sum,@min,@max 和@prod.

集循环函数@for 是一种单纯地实现循环的函数,其基本语句为：

@for(setname[(set_index_list)[| conditional_qualifier]] : expression_list);

setname 是函数@for 所作用的集；set_index_list 是集成员的索引列表；conditional_qualifier 是用来控制循环函数的作用范围,相当于 C 语言程序设计循环结构中的表达式,当 conditional_qualifier 结果为真,则对该集成员执行 expression_list 操作,否则跳过继续执行下一次循环. expression_list 则相当于 C 语言中循环

133

体,对于@for 函数它可以包含多个表达式,其间用逗号隔开. expression_list 所引用的属性均属于 setname 集.

集循环函数@ sum 是通过循环实现求和,其基本语句为:

@ sum(setname[(set_index_list)][|conditional_qualifier]]: expression_list) ;

该语句的含义与循环函数@ for 类似,不同的是 expression_list 只能有一个表达式.

集循环函数@ min 与@ max 是通过循环分别求出满足条件的最小值与最大值,其基本语句分别为:

@ min(setname[(set_index_list)][|conditional_qualifier]]: expression_list) ;

和

@ max(setname[(set_index_list)][|conditional_qualifier]]: expression_list) ;

上述语句的含义与循环函数@ for 类似,不同的是 expression_list 只能有一个表达式.

集循环函数@ prod 是通过循环实现连乘,其基本语句为:

@ prod(setname[(set_index_list)][|conditional_qualifier]]: expression_list) ;

该语句的含义与循环函数@ for 类似,不同的是 expression_list 只能有一个表达式.

例 3 - 4. @ prod,@ min 和@ max 的使用举例,@ for 和@ sum 的使用见例 3 - 2 的程序.

```
model:
sets:
    number/1..10/:x;
endsets
p1 = @ prod( number(I) | @ mod(I,2):I);
p2 = @ min( number(I) | I #ge# 5:I);
p3 = @ max( number(I) |I #le# 6:I^2);
end
```

执行上述程序后,可得:P1 = 945.000 0,P2 = 5.000 000,P3 = 36.000 00.

(4) 辅助函数

LINGO 中的 @ if 函数的基本语句格式为

$$@ if(logical\_condition, result1, result2).$$

当逻辑表达式 logical_condition 为真时,@ if 函数返回值为 result1,否则返回值为 result2.

LINGO 中的@ warn 警告提示函数的基本语句格式为

$$@ \operatorname{warn}('\text{text}',\text{logical\_condition}).$$

当@ warn 中的逻辑条件 logical_condition 为真,则产生一个内容为'text'的信息框.

2.5 例 3 – 2 的程序主体部分

例 3 – 2 的程序主体部分如下:

! 目标函数;

min = @ sum(links:cost * quantity);

! 需求约束;

@ for(sellers(J):@ sum(warelocations(I):quantity(I,J)) = demand(J));

! 产量约束;

@ for(warelocations(I):@ sum(sellers(J):quantity(I,J)) <= supply(I));

其中,

(1) "@ sum(links:cost * quantity);"表示对集 links 的所有成员关于 cost * quantity 求和,即实现和式 $\sum\limits_{i=1}^{6}\sum\limits_{j=1}^{8}\operatorname{cost}(i,j)*\operatorname{quantity}(i,j)$.

(2) "@ for(sellers(J):@ sum(warelocations(I):quantity(I,J)) = demand (J));"表示对销售地集进行循环,每一次循环中对产地集关于属性 quantity 求和(即对 quantity 关于列 J 求和),且要求该和等于需求量 demand(J). 实际上,它对应于约束

$$\sum_{i=1}^{6}\operatorname{quantity}(i,j) = \operatorname{demand}(j), \quad j = 1,\cdots,8.$$

(3) "@ for(warelocations(I):@ sum(sellers(J):quantity(I,J)) <= supply (I));"表示对产地集进行循环,每一次循环中对销售地集关于属性 quantity 求和(即对 quantity 关于行 I 求和),且要求该和小于等于供应量 supply(I). 实际上,它对应于约束

$$\sum_{j=1}^{8}\operatorname{quantity}(i,j) \leq \operatorname{supply}(i), \quad i = 1,\cdots,6.$$

【提示】@ for 用来产生对变量类型的约束,不过@ for 函数每次只允许输入一个约束,也就是一个约束对应一个@ for 函数语句.

2.6 例 3 – 2 程序的数据部分

data:

    supply = 60 55 51 43 41 52;

    demand = 35 37 23 32 41 32 43 38;

    cost = 6 2 6 7 4 2 9 5

```
4 9 5 3 8 5 8 2
5 2 1 9 7 4 3 3
7 6 7 3 9 2 7 1
2 3 9 5 7 2 6 5
5 5 2 2 8 1 4 3；
```
enddata

LINGO 中的程序实行数据与执行主体分离,这种特点非常方便修改数据,这部分以关键字"data:"开始,以关键字"enddata"结束.

"supply = 60 55 51 43 41 52;"表示对变量 supply 的 6 个分量进行赋值,执行结果为:supply(1) = 60,supply(2) = 55,supply(3) = 51,supply(4) = 43,supply(5) = 41,supply(6) = 52.

对 demand 的赋值形式与结果与 supply 完全一样,对 cost 的赋值也类似,不同的是以回车换行区分不同的行. 实际上,cost 是按从左到右、从上到下(即先行后列)接受赋值的,因此本例中若取消换行,所得到 cost 的赋值也一样. 为直观起见,我们将 cost 的赋值结果列出:

$cost(1,1) = 6, cost(1,2) = 2, cost(1,3) = 6, \cdots, cost(1,8) = 5,$

$cost(2,1) = 4, cost(2,2) = 9, cost(2,3) = 5, \cdots, cost(2,8) = 2,$

$cost(3,1) = 5, cost(3,2) = 2, cost(3,3) = 1, \cdots, cost(3,8) = 3,$

$cost(4,1) = 7, cost(4,2) = 6, cost(4,3) = 7, \cdots, cost(4,8) = 1,$

$cost(5,1) = 2, cost(5,2) = 3, cost(5,3) = 9, \cdots, cost(5,8) = 5,$

$cost(6,1) = 5, cost(6,2) = 5, cost(6,3) = 2, \cdots, cost(6,8) = 3.$

总之,LINGO 软件具有强大的优化模型求解能力,使用方便灵活,本书内容仅供初学者作为参考.

第二节　LINGO 数学实验

实验一　用 LINGO 求解线性规划与整数规划问题

【实验目的】

1. 熟悉 LINGO 软件的优化功能和常用函数的使用.
2. 掌握利用 LINGO 软件求解一般的线性规划模型与整数规划模型.
3. 会对 LINGO 的运行结果进行分析.

【实验内容】

1. 调运问题的 LINGO 求解[4].

某公司在大连和广州设有两个工厂生产某种高科技产品,在上海和天津设有两个销售公司负责对南京、济南、南昌和青岛四个城市供应该产品.因大连和青岛距离较近,公司允许大连生产厂可以向青岛直接供货.广州厂的产量为600,大连厂的产量为 400;南京、济南、南昌与青岛各地的需求量分别是 200、150、350 和 300.各厂的产量、各地需求量、线路网络及相应各城市之间每单位产品的运费均标在图 3－2 中,单位为百元.问题:如何调运这种高科技产品使得公司的运费最小?

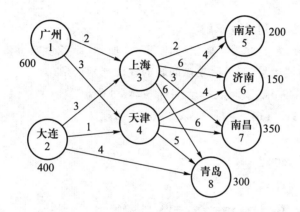

图 3－2　公司运输网络

2. 求解下述整数规划问题:

$$z = \max(3x_1 + 2x_2),$$

s.t.　x_1, x_2 为整数,

$$2x_1 + 3x_2 \leq 15,$$

$$x_1 + 0.5x_2 \leq 5.5,$$

$$x_1, x_2 \geq 0.$$

3. 工作安排问题[4].

有四项工作 A, B, C, D 要求甲、乙、丙、丁四个人去完成,每人完成每项工作所需时间如表 3－7 所示.问题:应安排何人去完成何种工作,使得每人必须做且只能做一项工作,且使得花费的总时间最少?

表 3 - 7　每人完成每项工作所需时间表

	A	B	C	D
甲	6	10	5	12
乙	5	8	7	10
丙	4	5	10	7
丁	7	6	11	5

【操作提示】

1. 调运问题的 LINGO 求解.

首先,根据题意建立数学模型. 如图 3 - 2 所示,给各个城市编号,并设 x_{ij} 表示从 i 运到 j 的调运量,则可建立该问题的线性规划模型:

$$z = \min \left(\begin{array}{l} 2x_{13} + 3x_{14} + 3x_{23} + x_{24} + 4x_{28} + 2x_{35} + 6x_{36} \\ + 3x_{37} + 6x_{38} + 4x_{45} + 4x_{46} + 6x_{47} + 5x_{48} \end{array} \right)$$

s. t.

$$x_{13} + x_{14} \leqslant 600,$$

$$x_{23} + x_{24} + x_{28} \leqslant 400,$$

$$x_{13} + x_{23} - x_{35} - x_{36} - x_{37} - x_{38} = 0,$$

$$x_{14} + x_{24} - x_{45} - x_{46} - x_{47} - x_{48} = 0,$$

$$x_{35} + x_{45} = 200,$$

$$x_{36} + x_{46} = 150,$$

$$x_{37} + x_{47} = 350,$$

$$x_{38} + x_{48} + x_{28} = 300,$$

$$x_{ij} \geqslant 0, \ \forall \, i, j.$$

其次,编写 LINGO 程序. 参考程序如下:

```
min = 2 * x13 + 3 * x14 + 3 * x23 + x24 + 4 * x28 + 2 * x35 + 6 * x36 + 3 *
x37 + 6 * x38 + 4 * x45 + 4 * x46 + 6 * x47 + 5 * x48;
x13 + x14 <= 600;
x23 + x24 + x28 <= 400;
x13 + x23 - x35 - x36 - x37 - x38 = 0;
```

$x14 + x24 - x45 - x46 - x47 - x48 = 0;$

$x35 + x45 = 200;$

$x36 + x46 = 150;$

$x37 + x47 = 350;$

$x38 + x48 + x28 = 300;$

注:请详细叙述建立本题线性规划模型的思路,分析计算结果,并进一步尝试写出如例 3 - 2 那样的 LINGO 程序.

2. 求解整数规划问题.

LINGO 参考程序为:

$\max = 3 * x1 + 2 * x2;$

$2 * x1 + 3 * x2 <= 15;$

$x1 + 0.5 * x2 <= 5.5;$

! 限定 x1,x2 为整数;

@ gin(x1);

@ gin(x2);

注:若去掉最后的两条限定 x1 和 x2 为整数的语句,观察得到的结果.

3. 工作安排问题.

设第 i 个人完成第 j 项工作需要的平均时间为 t_{ij},$x_{ij} = 0$,$x_{ij} = 1$ 分别表示第 i 个人没有做第 j 项工作和第 i 个人做第 j 项工作,则可建立如下数学模型:

$$z = \min \sum_{i=1}^{4} \sum_{j=1}^{4} t_{ij} x_{ij},$$

s.t.

$$\sum_{i=1}^{4} x_{ij} = 1, j = 1,2,3,4,$$

$$\sum_{j=1}^{4} x_{ij} = 1, i = 1,2,3,4,$$

$$x_{ij} = 0,1, i,j = 1,2,3,4.$$

LINGO 的参考程序为:

```
model:
! 四个人,四项工作的分配问题;
sets:
workers/1..4/;
jobs/1..4/;
links(workers,jobs):t,x;
```

endsets

！目标函数；

min = @ sum(links：t * x)；

！每个人只能做一项工作；

@ for(workers(I)：@ sum(jobs(J)：x(I,J)) = 1)；

！每项工作只能有一个人做；

@ for(jobs(J)：@ sum(workers(I)：x(I,J)) = 1)；

data：

t = 6   10   5   12

    5   8   7   10

    4   5   10   7

    7   6   11   5；

enddata

end

注：请完成建立该问题数学模型的详细过程，并对结果进行分析.

实验二　用 LINGO 求解非线性规划与动态规划问题

【实验目的】

1. 熟悉 LINGO 软件的程序语言编程模式.

2. 掌握利用 LINGO 软件求解非线性规划与动态规划问题.

3. 会根据计算结果对问题进行分析，并得出结论.

【实验内容】

1. 求解二次规划问题：

$$z = \min[(x - 3)^2 + (y - 2.8)^2],$$

s. t.

$$\begin{cases} x^2 + y^2 \geqslant 8, \\ x + y \geqslant 1, \\ x > 0, y > 0. \end{cases}$$

2. 最短路线问题[4].

如图 3 - 3 所示，给定一个路线网络，两点之间连线上的数字表示两点间的距离，试求一条由 A 到 E 距离最短的路线.

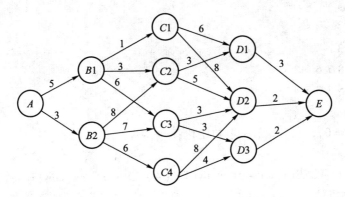

图 3 – 3 路线网络图

【操作提示】

1. 求解二次规划问题的参考程序：

model：

$min = (x - 3)^2 + (y - 2.8)^2$；

$x^2 + y^2 > 8$；

$x + y > 1$；

$x > 0$；

$y > 0$；

end

2. 最短路线问题.

LINGO 的参考程序为：

model：

sets：

! 集 PLACES 表示点，赋值 DIS(i) 表示城市 A 到其他城市的最短距离；

PLACES/A,B1,B2,C1,C2,C3,C4,D1,D2,D3,E/:DIS；

ROADS(PLACES,PLACES)/

A,B1 A,B2

B1,C1 B1,C2 B1,C3 B2,C2 B2,C3 B2,C4

C1,D1 C1,D2 C2,D1 C2,D2 C3,D2 C3,D3 C4,D2 C4,D3

D1,E D2,E D3,E/:V；

! 集合 ROADS(PLACES,PLACES) 表示两地之间有连通路线，$V(i,j)$ 表示两地之间的距离；

endsets

data：

V = 5 3

1 3 6 8 7 6

6 8 3 5 3 3 8 4

3 2 2；

DIS　= 0，，，，，，，，，，，　；! 初始化；

enddata

@ for(PLACES(i) | i #gt# @ INDEX(A) : DIS(i) = @ min(ROADS(j,i) : V(j,i) + DIS(j)))；

　end

　计算结果为：从 A 到 E 最短路程为 14，行走路线则为 $A \to B1 \to C2 \to D1 \to E$．

　注：请完成该问题的数学建模，并理解 LINGO 程序．

参考文献

　　[1] 袁新生，邵大宏，郁时炼. LINGO 和 Excel 在数学建模中的应用. 北京：科学出版社，2007.

　　[2] 姜启源，谢金星，叶俊. 数学模型. 3 版. 北京：高等教育出版社，2003.

　　[3] 谢金星，薛毅. 优化建模与 LINDO/LINGO 软件. 北京：清华大学出版社，2005.

　　[4] 龙子泉，陆菊春. 管理运筹学. 武汉：武汉大学出版社，2002.

第四章 数学建模与建模案例

第一节 数学建模概论

一、数学建模

数学建模,专家给它下的定义是:"通过对实际问题的抽象、简化,确定变量和参数,并应用某些'规律'建立起变量、参数间的确定的数学问题(也可称为一个数学模型),然后求解该数学问题,解释验证所得到的解,从而确定能否用于解决问题多次循环、不断深化的过程."简而言之,数学建模就是建立数学模型来解决各种实际问题的过程.

数学模型是联系实际问题与数学的桥梁,是各种应用问题严密化、精确化、科学化的途径,是发现问题、解决问题和探索新真理的工具.很多像牛顿一样伟大的科学家都是建立和应用数学模型的大师,他们将各个不同的科学领域同数学有机地结合起来,在不同的学科中取得了巨大的成就.如力学中的牛顿定律,电磁学中的麦克斯韦方程组,化学中的门捷列夫周期表,生物学中的孟德尔遗传定律等都是经典学科中应用数学模型的光辉范例.

数学建模过程可以概括地分为三部分:1)利用适当的数学语言和方法,对实际问题的内在规律进行研究,分清问题的主要因素和次要因素,恰当地抛弃次要因素,提出合理的假设,并用数字、图表或者公式、符号表示出来.2)用各种数学和计算机手段求解模型.3)对模型的求解结果进行检验,其中包括:从实际角度出发研究其可行性以及合理性;放宽建模的约束条件,研究其应用的广泛性;通过改变波动参数观察模型的稳定性,等等.

面对一个实际问题,首先需要对问题进行重述与分析.数学建模是在已知条件及已有的知识体系基础上的再创造过程.要解决一个问题,就要了解实际问题的背景知识,明确所解决问题的目的要求,合理收集有关数据,查阅前人的相关工作,然后来寻求解决问题的方法.

然后需要进行合理假设和符号说明.实际问题众多因素之间往往有主次之分,如果面面俱到,无所不包,模型就会非常复杂,不易求解.因此可通过合理假设将问题理想化、简单化、清晰化,抓住主要因素,暂不考虑次要因素,在相对简单的情况下,理清变量之间的关系,以便于进行数学描述.合理假设包括简化问题假设及对所研究对象进行近似,使之满足建模所用数学方法必须的前提条件.对于一个假设,最重要的是要看它是否符合实际情况.此外,为了使论文容易被他人读懂,应对论文中所用到的变量符号给予必要的说明.

接着需要建立数学模型及对模型进行求解.这是整个数学建模过程中最关键的一个环节.通过对实际问题进行深入的分析,采用适当的数学语言与方法对问题进行描述.由于对一个实际问题建模可用的数学方法一般不是唯一的,因此不同的人对同一个实际问题建立的数学模型可能会有所不同.不同的模型要用到不同的数学工具求解.可以使用各种数学方法、编写计算机程序或运用计算机软件对模型进行求解.模型的求解应包括求解过程的公式推导、算法步骤及计算结果.

最后还需要模型进行检验、改进推广及优缺点分析.对模型求解的结果是否具有实际意义或满足实际要求,需要进行适用性分析和实际可行性检验,如果结果与实际不符,就可能需要对模型的假设进行修改、补充,然后重新建模.有时还需要对模型的求解结果进行数学上的分析,如误差分析与灵敏度分析等.即模型的求解不会因算法,初值步长的不同而有大的差异,模型结果不应该由于原始数据或参数的微小波动而有很大的变化等.由于在建立数学模型时可能会基于一些特定的条件及忽略一些次要因素以简化实际问题,在模型的改进中可根据实际情况放宽假设约束,来考虑模型的适应性变动.另外,还可探讨模型在其他领域的实际问题中是否有使用价值;也可对模型及其求解从创造性、精确性、适用广度、计算时间特性等方面进行评价,以表明对问题的本质有清醒的认识.

以上是对数学建模过程的一个粗略介绍.建立数学模型来解决实际问题,是各行各业大量需要的.其过程也是创作科研论文的过程.大学生们走上工作岗位后,面对的类似问题会有很多.具备运用和驾驭所学知识对实际问题建模求解的能力,是大学生自我设计的目标之一.同学们积极选修数学建模课程,关注和参与全国大学生数学建模竞赛,将自己置身于艰苦而又是愉快的科学研究的磨炼之中,从而体会到在追逐一个事物的过程中所获得的乐趣远比事物本身的乐趣大得多.

二、全国大学生数学建模竞赛

当今世界经济发展迅速,新问题、新科技不断涌现,人们每天都面临新的状况.培养大学生具有洞察力、想象力、创造力,使大学生在走出校门从事实际工作时,善于运用所学的知识及数学的思维方法来分析和解决实际问题,从而取得经济效益和社会效益,是大学教育改革的目的之一,大学生数学建模竞赛正日益成为达到这种目的的一个有效的途径.

大学生数学建模竞赛起源于美国,始于1985年,目的是鼓励大学生运用所学的数学以及其他各方面的知识去参与解决实际问题的全过程,以促进应用型人才的培养.我国大学生数学建模竞赛起步也较早,1989年在几位教师的组织和推动下,国内几所大学的学生开始参加美国的数学建模竞赛.经过两三年的参与,师生们都认为这项竞赛有利于学生的全面发展,也是推动数学建模教学在高校迅速发展的好形式.1992年由中国工业与应用数学学会组织了我国10个城市的大学生数学模型联赛.教育部领导及时发现并扶植、培育了这一新生事物,决定从1994年起由教育部高教司和中国工业与应用数学学会共同主办全国大学生数学建模竞赛,目前为国家教育部倡导的大学生四大学科竞赛之一,每年举行一次.

随着参赛院校和队数的逐年增加,全国大学生数学建模竞赛的影响越来越大,目前已成为全国高校中规模最大的校外科技活动。参赛校数从1992年的79所增加到2011年的1 251所;参赛队数从1992年的314队增加到2011年的19 490队,58 000多名大学生。同时,还出现了学生自发组织的专业和地区性竞赛,例如数学中国网络挑战赛,苏北数学建模联赛,华东数学建模邀请赛,华中数学建模邀请赛,东北数学建模联赛及电工数学建模竞赛等。2002年全国组委会与我国最大的出版社之一——高等教育出版社签订协议并获得赞助,将全国大学生数学建模竞赛命名为"高教社杯全国大学生数学建模竞赛"。

大学生数学建模竞赛,为大学生们创造了一个让其直接面对多种多样的实际问题,引导他们解放思想闯入那些未知的全新领域的机会,是一个使更多学生能够认识到数学的重要性和其真正用处的好方法,是一项非常有意义的科技活动.数学对于学生的培养,不应只是数学定理、数学公式,更重要的是培养学生一种科学严谨的思维方法,使其依据自己所学到的知识,能够不断创新,不断地找出解决问题的新途径.经历了数学建模培训参赛的过程后,大学生们收获了许多书本上学不到的东西.越来越多的大学生想获得参赛的机会,以培养自己的团队合作精神、锻炼自己的科学研究能力.

1. 竞赛时间与形式

全国大学生数学建模竞赛使用全国统一的竞赛题目,采取通讯竞赛方式,以相对集中的形式进行.竞赛一般在每年9月上中旬某个周末(周五8:00至下周一8:00,连续72小时)举行.竞赛不分专业,但分本科、专科两组:本科组竞赛所有大学生均可参加,专科组竞赛只有专科生(高职、高专生)可以参加,研究生不得参加.竞赛是真正的团体赛,大学生以队为单位参赛,每队3人(须属于同一所学校),专业不限,在规定的三天时间内分工合作,共同完成一份答卷.每个参赛队有一个指导教师或教练组,在赛前负责辅导和参赛的组织工作,但在竞赛期间必须回避参赛队员,不得进行指导或参与讨论.每次的赛题只有两个题,都是来自实际的问题或有强烈实际背景的问题,没有固定的范围,可能涉及各个非常不同的学科、领域.每个参赛队从这两个赛题中任意选做一个题(一般本科组从A,B题中选一题,专科组从C,D题中选一题).竞赛开始后,赛题会公布在指定的网址供参赛队下载,参赛队在规定时间内完成答卷,并准时交卷.竞赛期间参赛队员可以使用各种图书资料、计算机和软件,在互联网上浏览,但不得与队外任何人(包括在网上)讨论.

2. 竞赛内容[1]

竞赛题目一般来源于工程技术和管理科学等方面经过适当简化加工的实际问题,不要求参赛者预先掌握深入的专门知识,只需要学过高等学校的数学课程.题目有较大的灵活性供参赛者发挥其创造能力.参赛者应根据题目要求,完成一篇包括模型的假设、建立和求解、计算方法的设计和计算机实现、结果的分析和检验、模型的改进等方面的论文(即答卷).

3. 竞赛评奖办法

全国大学生数学建模竞赛章程规定,竞赛评奖以假设的合理性、建模的创造性、结果的正确性和文字表述的清晰程度为主要标准.一般先由各赛区组委会聘请专家组成评阅委员会,评选本赛区的一等奖、二等奖(也可增设三等奖),各赛区组委会再按全国组委会规定的数量将本赛区的优秀答卷送全国组委会,赛区组委会在确定报送全国评阅论文时,原则上每个组别(本科组、专科组)每所学校报送全国评阅论文的数量不能超过10篇,其中申报一等奖的不能超过5篇.从2011年起,每个赛区送全国评阅论文的数量与报名队数的关系如下:

报名队数不超过200个队的赛区,送全国评阅论文的比例为12%;

报名队数超过200但不超过500个队的赛区,送全国评阅论文的比例为10%;

报名队数超过500但不超过800个队的赛区,送全国评阅论文的比例为8%;

报名队数超过800个队的赛区,送全国评阅论文的比例为5%.

赛区组委会报送全国评阅论文的数量不能超过全国组委会分配给赛区的数量上限,其中申报一、二等奖的数量各占一半.

全国组委会聘请专家组成全国评阅委员会,按统一标准从各赛区送交的优秀答卷中评选出全国一等奖、二等奖.部分获全国一等奖的特别优秀论文将在专业杂志上发表.而所有参赛的队员和指导教师(教练组)都能得到一份获奖证书.

4. 竞赛的特点

（1）广泛性和团队性

全国大学生数学建模竞赛是面向全国大学生的群众性科技活动.竞赛题目有较大的灵活性,对数学知识要求不深,一般没有事先设定的标准答案,但留有充分余地供参赛者发挥其聪明才智和创造精神.由于竞赛是由三名大学生组成一队,在三天时间内分工合作,共同完成一篇论文,因而也培养了学生的合作精神.所以,这项活动的开展有利于学生知识、能力和素质的全面培养,既丰富、活跃了广大同学的课外生活,也为优秀学生脱颖而出创造了条件.

（2）竞赛的开放性和答案的非唯一性

数学建模竞赛没有严格意义下的赛场,也没有唯一不变的解答,同一个考题,可以有不同的意见,有不同的答案,只要言之有理.爱因斯坦曾经说过:"想象力比知识更重要,因为知识是有限的,而想象力概括着世界的一切,推动着进步,并且是知识的源泉."

同一个考题的几篇优秀论文甚至连答数都不一样,却同样都优秀;优秀论文甚至被专家的评阅意见指出一大堆毛病,却仍不失为优秀.在这里,正确和错误是相对的,优秀和不优秀也是相对的.这在纯数学竞赛中是不可思议的.但既然数学建模赛是考察解决实际问题的能力,那就一切都以解决实际问题的过程为准.解决实际问题需要查资料,需要使用计算机,需要课题组的人相互交流和讨论,因此数学建模竞赛也就允许使用这些"非生命的资源".同样,实际问题的解决,常常没有绝对的正确与错误,也没有绝对的优秀,数学建模竞赛就是这样,但这并不是说数学建模竞赛就没有是非和好坏的标准.论文中各种不同意见、不同答案可以并存,只要能够言之成理.但如果像解答纯数学题那样去做,只有数学公式和计算,而不讲清实际问题怎么变成数学公式,也不让计算结果再接受实际检验,即使答案正确,论文也很难评上好的等级.这是因为,它不是数学竞赛,而是数学建模竞赛,它看重的是三个步骤:

1）建立模型:实际问题→数学问题;

2）数学解答:数学问题→数学解;

3）模型检验:数学解→实际问题的解决.

如果你只重视中间一个步骤(一般初参赛的时候容易犯这个错误),而对第一和第三这两个步骤不予重视,那就违背了数学建模竞赛的宗旨,当然就不能得到好的成绩了.为什么要叫数学建模竞赛?就是因为它赛的是建立数学模型,而不只是比赛解答数学模型.一般也把它叫做数学模型赛,这也没有什么不对.但"模型"是"建模"的结果,而"建模"是建立模型的过程.竞赛的宗旨更强调的是建立数学模型这个过程,认为过程比结果更重要.所以,在竞赛中允许将未能最后完成的建模过程、未能最后实现的想法写成论文,参加评卷.虽然你的模型还没能最后建立起来,但只要想法有价值,已经开始了的建模过程有合理性,就仍然是有可取之处的论文.这充分体现了竞赛对建模过程的重视.从这点上说,把它称为"数学建模竞赛"比"数学模型竞赛"更贴切些.何况,它的英文名称 MCM 中的最后一个 M 是 Modeling 而不是 Model. 如果用 Model,是名词,是指建立起来的模型.而 Modeling 是由动词 Model 变成的动名词,是指建立模型的过程,因此翻译成建模也更恰当些.(注:关于"模型"与"建模"的区别,这里采用的是北京理工大学叶其孝教授的观点.)

三、数学建模能力培养

对参加者来说,数学建模是一种综合的训练,在相当程度上模拟了大学生毕业以后的工作环境.参加数学建模教学的学生不要求预先掌握深入的专门知识,只需要学过普通高校的数学课程;更重要的是要靠学生自己动脑子,自己查找文献资料,同队成员讨论研究,齐心协力完成建模论文.因此,它对学生的能力培养是多方面的.叶其孝教授将之归纳为:应用数学进行分析、推理、证明和计算的能力;"双向翻译"(即用数学语言表达实际问题,用普通人能理解的语言表达数学的结果)的能力;应用计算机及相应数学软件的能力;应变能力(即独立查找文献,消化和应用的能力);组织、协调、管理,特别是及时妥协的能力;交流表达的能力;写作的能力;创造性、想象力、联想力和洞察力.它还可以培养学生坚强的意志,培养自律、"慎独"的优秀品质,培养正确的数学观.从某种意义上讲,数学建模是培养现代化高科技人才的重要途径.

基于叶其孝教授的观点,将数学学建模教学在培养学生能力方面的作用总结如下:

(1)培养应用数学进行分析、推理、证明和计算的能力.培养学生认识到数学分析方法在解决实际科学与工程问题的重要性,充分理解数学思想与方法,在数学建模过程中能灵活地、创造性地使用数学思想与方法进行严格地推理、证明与计算.

(2)培养学生"双向翻译"(即用数学语言表达实际问题,用普通人能理解的语言表达数学的结果)的能力."双向翻译"即指用数学语言表达实际问题,用普通人能理解的语言表达数学的结果.学生不但要把经过一定抽象和简化的实际问题用数学的语言表达出来,即形成数学模型,而且能用大众化的语言表达数学模型的求解结果,在此基础上提出解决某一问题的方案或建议.

(3)培养学生应用计算机及相应数学软件的能力.当今,"高科技本质上是数学技术"的观点离不开数学建模和现代计算机技术.因此,培养学生熟练使用计算机和相应的各种科学计算软件包(但不限于科学计算软件),以及培养学生利用计算机及互联网查找文献资料的能力是数学建模教学中主要任务之一.

（4）培养学生自主学习能力.这里,我们将叶其孝教授归纳的"应变能力"、"交流表达能力"归结为学生的自主学习能力.在数学建模教学中,我们不但要培养学生从海量文献中查找所需文献的能力,还要培养学生独立地或与同学一起讨论消化文献中的思想和方法,并应用到所解决的实际问题中去.

（5）培养学生的团队精神.数学建模教学一般采取小组教学形式,特别是数学建模竞赛,更是强调3位同学共同完成.所以,它特别能培养学生们的组织、协调、合作等团队精神,这就是叶其孝教授所说的"组织、协调、管理,特别是及时妥协的能力".

（6）培养学生的想象力、洞察力与创造力.面对错综复杂的实际问题,要求学生具有好的想象和洞察力,能快速地理解问题的科学含义,剔除问题的冗余信息,抓住问题的本质并成功地转化数学模型,从而利用现有的数学方法创造性地解决问题,或创造性地提出新方法来解决问题.

（7）培养学生的科技论文写作能力.数学建模教学要求学生以小组形式将所解决的问题写成论文提交,要求论文符合科技论文的写作规范,在正文中提及或直接引用的材料或原始数据,应注明出处,并将相应的出版物列举在参考文献中.

由于数学建模是以解决实际问题和培养学生应用数学的能力为目的的,它的教学内容和方式是多种多样的.从教材来看,有的强调实际问题,有的强调数学方法,有的强调分析解决问题的过程;从教学方式来看,有的以练为主,有的以讲为主,有的在数学实验室中让学生探索,有的带领学生到企事业中去合作解决真正的实际问题.当前,数学建模教学及其各种活动发展异常迅速,成为当代数学教育改革的主要方向之一.

四、数学建模论文的撰写方法

当参加数学建模竞赛时,竞赛论文是评价小组工作的唯一依据.而竞赛要求在三天时间内完成建模的所有工作,包括论文写作.因此论文写作的时间是非常紧迫的,在赛前有意识地进行论文写作的训练,是非常必要的.一方面可增强良好地掌握时间节奏的能力;另一方面也可以熟悉建模论文各部分内容的写作方法.

在写作论文时,建模小组的各成员应齐心协力,既要各司其职,又要通力合作.要做到这一点,必须将整个建模工作加以分解,理清各部分工作的并行或先后顺序关系以及在整个工作中的地位和作用.负责各部分工作的成员,应将自己的工作完整地记录下来.小组内应有一个主笔人,负责对文章的整体把握,其工作包括拟制写作提纲和论文的最后写作.提纲写出来后,应先在小组内讨论、修改和确定,然后再开始正式写作.论文写出来后,小组内其他成员必须参与论文的检查和修改工作,这一方面是因为每个成员可以检查一下自己的工作是否被准确地表达出来了;另一方面因为习惯性思维,主笔人一般不容易检查出自己的错误.

数学建模竞赛章程规定,对论文的评价应"以假设的合理性、建模的创造性、结果的正确性和文字表述的清晰性"为主要标准.所以,在论文中应努力反映出这些特点.

下面我们简单介绍数学建模论文的主要组成部分及各部分内容的撰写方法[2]:

1. 题目

论文题目是一篇论文给出的涉及论文范围及水平的第一个重要信息.要求简短精练、高度概括、准确得体、恰如其分.既要准确表达论文内容,恰当反映所研究的范围和深度,又要尽可能概括、精练.

2. 摘要

摘要是论文内容不加注释和评论的简短陈述,其作用是使读者不阅读论文全文既能获得必要的信息.在数学建模论文中,摘要是非常重要的一部分.数学建模论文的摘要应包含以下内容:所研究的实际问题、建立的模型、求解模型的方法、获得的基本结果以及对模型的检验或推广.论文摘要需要概括、简练的语言反映这些内容,尤其要突出论文的优点,如巧妙的建模方法、快速有效的算法、合理的推广等.一般科技论文的摘要要求不列举例证,不出现图、表和数学公式,不自我评价,且字数200以内.前几年,全国大学生数学建模竞赛要求摘要字数应在300字以内.但从2001年开始,为了提高论文评选效率,要求将论文第一页全用作摘要,对字数已无明确限制,且在摘要中也可适当出现反映结果的图、表和数学公式.

3. 问题重述

数学建模比赛要求解决给定的问题,所以论文中应叙述给定问题.撰写这部分内容时,不要照抄原题,应把握问题的实质,再用较精练的语言叙述问题.

4. 模型假设

建模时,要根据问题的特征和建模目的,抓住问题的本质,忽略次要因素,对问题进行必要的简化,做出一些合理的假设.模型假设部分要求用精练、准确的语言列出问题中所给出的假设,以及为了解决问题所做的必要、合理的假设.假设作得不合理或太简单,会导致错误的或无用的模型;假设做得过分详尽,试图把复杂对象的众多因素都考虑进去,会使工作很难或无法继续下去,因此常常需要在合理与简化之间作出恰当的折中.

5. 分析与建立模型

根据假设,用数学的语言、符号描述对象的内在规律,得到一个数学结构.建模时应尽量采用简单的数学工具,使建立的模型易于被人理解.在撰写这一部分时,对所用的变量、符号、计量单位应作解释,特定的变量和参数应在整篇文章中保持一致.为使模型易懂,可借助于适当的图形、表格来描述问题或数据.

6. 模型求解

使用各种数学方法或软件包求解数学模型.此部分应包括求解过程的公式推导、算法步骤及计算结果.为求解而编写的计算机程序应放在附录部分.有时需要对求解结果进行数学上的分析,如结果的误差分析、模型对数据的稳定性或灵敏度分析等.

7. 模型检验

把求解和分析结果翻译回到实际问题,与实际的现象、数据比较,检验模型的合理性和适用性.如果结果与实际不符,问题常出在模型假设上,应该修改、补充假设,重新建模.这一步对于模型是否真的有用十分关键.

8. 模型推广

将该问题的模型推广到解决更多的类似问题,或讨论给出该模型的更一般情况下的解法,或指出可能的深化、推广及进一步研究的建议.

9. 参考文献

在正文中提及或直接引用的材料或原始数据,应注明出处,并将相应的出版物列举在参考文献中.需标明出版物名称、页码、著者姓名、出版日期、出版单位等.

参考文献按正文中的引用次序列出,其中书籍的表述方式为:

[编号] 作者,书名,出版地:出版社,出版年.

参考文献中期刊杂志论文的表述方式为:

[编号] 作者,论文名,杂志名,卷期号:起止页码,出版年.

参考文献中网上资源的表述方式为:

[编号] 作者,资源标题,网址,访问时间(年月日).

10. 附录

附录是正文的补充,与正文有关而又不便于编入正文的内容都收集在这里.包括:计算机程序,比较重要但数据量较大的中间结果等.为便于阅读,应在源程序中加入足够的注释和说明语句.

五、数学建模的网络资源

互联网上有许多关于数学建模的网站和数学建模教学的精品课程网站,现将部分网址(来源于数学建模官网)罗列如下:

数学建模的官网:http://www.mcm.edu.cn/

国际数学建模教学与应用学会:http://www.ictma.net/

美国大学生数学建模竞赛:http://www.comap.com/undergraduate/contests/

Mathmodels.org:http://www.mathmodels.org/

中国数学建模网(国防科技大学):http://www.shumo.com/home/

数学中国(内蒙古大学):http://www.madio.net/

苏北数学建模联赛(中国矿业大学):http://www.cumcm.net/

华中农业大学数学实践教学平台:http://math.hzau.edu.cn/

西北工业大学数学建模基地:http://lxy.nwpu.edu.cn/mcm/

湖南大学数学建模网:http://www.hnumath.cn/

MATLAB中文论坛:http://www.ilovematlab.cn/forum.php

中南大学数学建模网:http://mcm.csu.edu.cn/

MATLAB技术论坛:http://www.matlabsky.com/

参考文献

[1] http://www.mcm.edu.cn/index_cn.html.

[2] 赵静,但琦.数学建模与数学实验.2版.北京:高等教育出版社,2003.

[3] 徐全智,杨晋浩.数学建模.北京:高等教育出版社,2003.

第二节　数学建模案例

案例1　人口增长的微分方程模型

一、问题的提出

由于粮食生产技术的发展与社会工业化进程的加快,加上日益发达的医学科技使得死亡率大大降低,世界人口出现快速增长,统计数据见表4-1.由表4-1可见,世界人口每增加10亿的时间由需约100年缩短为需约12年.2011年10月31日,菲律宾婴儿丹妮卡·卡马乔的诞生象征着世界人口突破70亿.

152

表 4 - 1　世界人口统计数据及每增加 10 亿所需时间

年份	1830	1930	1960	1974	1987	1999	2011
人口（亿）	10	20	30	40	50	60	70
所需年期	100	30	14	13	12	12	

长期以来,人类的繁殖一直在自发地进行着,只是由于人口数量的迅速膨胀和环境质量的急剧恶化,人们才开始研究人类和自然的关系、人口数量的变化规律,研究如何预测人口的增长和如何进行人口控制等问题.认识人口数量的变化规律,建立人口模型,作出较准确的预报,是有效控制人口增长的前提[1].

在此,我们首先介绍文献[1]中两个最基本的人口模型及其解法,然后通过加上常数项提出修正模型,利用非线性最小二乘方法求解修正模型的参数.对于两个基本的人口模型及其修正模型,利用表 4 - 2 给出的近两个世纪的美国人口统计数据和表 4 - 3 给出的中国人口统计数据作检验.

表 4 - 2　美国人口统计数据（单位：百万）

年份	1790	1800	1810	1820	1830	1840	1850	1860	1870	1880	1890
人口	3.9	5.3	7.2	9.6	12.9	17.1	23.2	31.4	38.6	50.2	62.9
年份	1900	1910	1920	1930	1940	1950	1960	1970	1980	1990	2000
人口	76.0	92.0	106.5	123.2	131.7	150.7	179.3	204.0	226.5	251.4	281.4

表 4 - 3　中国人口统计数据（单位：百万）

年份	1949	1950	1951	1955	1960	1965	1970	1971	1972	1973
人口	541.67	551.96	563	614.65	662.07	725.38	829.92	852.29	871.77	892.11
年份	1974	1975	1976	1977	1978	1979	1980	1981	1982	1983
人口	908.59	924.2	937.17	949.74	962.59	975.42	987.05	1 000.72	1 016.54	1 030.08
年份	1984	1985	1986	1987	1988	1989	1990	1991	1992	1993
人口	1 043.57	1 058.51	1 075.07	1 093	1 110.26	1 127.04	1 143.33	1 158.23	1 171.71	1 185.17
年份	1994	1995	1996	1997	1998	1999	2000	2001	2002	2003
人口	1 198.5	1 211.21	1 223.89	1 236.26	1 247.61	1 257.86	1 267.43	1 276.27	1 284.53	1 292.27
年份	2004	2005	2006	2007	2008	2009	2010			
人口	1 299.88	1 307.56	1 314.48	1 321.29	1 328.02	1 334.5	1 340.91			

二、问题的分析与两个基本的人口增长模型

假设人口的年增长率为 r，当前人口数为 x_0，k 年后人口为 x_k，则得到众所周知的最简单的人口增长模型

$$x_k = x_0 (1 + r)^k, k = 1, 2, \cdots.\tag{1}$$

显然，这个公式的基本假设条件是年增长率 r 保持不变.

早期的科学家由于受当时的科学技术条件限制，他们从自身地域出发，通过观察和推测，发展出早期的人口统计学理论和模型. 例如，英国人口学家和政治经济学家托马斯·马尔萨斯（Thomas Malthus，1766—1834），通过调查英国一百多年的人口统计资料，得出了人口增长率不变的假设，并据此建立了著名的人口指数增长模型.

1. 人口指数增长模型[1]

记时刻 t 的人口为 $x(t)$，当考察一个国家或一个较大地区的人口时，$x(t)$ 是一个很大的整数. 为了利用微积分这一数学工具，将 $x(t)$ 视为连续、可微函数. 记初始时刻 $t = 0$ 的人口为 m，假设人口增长率为常数 r，即单位时间内 $x(t)$ 的增量等于 r 乘以 $x(t)$. 考虑 t 到 $t + \Delta t$ 时间内人口的增量，显然有

$$x(t + \Delta t) - x(t) = rx(t)\Delta t.$$

令 $\Delta t \to 0$，取极限，得到 $x(t)$ 满足的微分方程

$$\begin{cases} \dfrac{\mathrm{d}x}{\mathrm{d}t} = rx, \\ x(0) = m, \end{cases}\tag{2}$$

由方程（2）很容易解出

$$x(t) = me^{rt},\tag{3}$$

其中当 $r > 0$ 时（3）式表示人口将按指数规律随时间无限增长. 因此，（3）式称为人口指数增长模型，也称为马尔萨斯人口模型.

由微分学的理论知，当 $|r| < 1$ 时，$e^r \approx 1 + r$. 这样将 t 以年为单位离散化，由公式（3）就得到了前面所讨论的公式（1），即

$$x(t) = m(1 + r)^t, t = 1, 2, \cdots.$$

由此可见，公式（1）只是人口指数增长模型（3）的离散近似形式.

显然，人口指数增长模型（3）中的 m, r 是待定参数，它们需要通过已知人口统计数据来确定. 下面，介绍确定参数 m, r 的方法.

首先，式（3）两边取对数得

$$\ln x(t) = \ln m + rt.$$

记

$$y = \ln x(t), a = \ln m, \tag{4}$$

则(3)线性化为

$$y = a + rt. \tag{5}$$

根据表 4 - 2 中数据以及(4)和(5)式,应用线性最小二乘方法(线型回归分析)则可求出参数 a,r 的值,也即求出 m,r 的值.

2. 人口阻滞增长模型(逻辑斯谛模型)[1]

注意到,自然资源、环境条件等因素对人口的增长起着阻滞作用,并且随着人口的增加,阻滞作用越来越大.所谓人口阻滞增长模型就是考虑到这个因素,对人口指数增长模型的基本假设进行修改后得到的.考虑阻滞作用体现在对人口增长率 r 的影响上,使得增长率 r 随着人口数量 x 的增加而下降.因此,可将 r 表示为 x 的函数 $r(x)$,根据分析,它应该是单调递减的.于是,方程(2)改写为

$$\begin{cases} \dfrac{\mathrm{d}x}{\mathrm{d}t} = r(x)x, \\ x(0) = m. \end{cases} \tag{6}$$

简单起见,不妨设 $r(x)$ 为 x 的线性减函数,即

$$r(x) = r - sx, r > 0, s > 0. \tag{7}$$

这里 r 称为固有增长率,表示人口很少时(理论上是 $x = 0$)的增长率.为了确定系数 s 的意义,引入自然资源和环境条件所能容纳的最大人口数量 M,称为人口容量.当 $x = M$ 时人口不再增长,即增长率 $r(M) = 0$,代入(8)式得 $s = \dfrac{r}{M}$.于是,将(7)写成下述形式:

$$r(x) = r\left(1 - \frac{x}{M}\right), \tag{8}$$

对(8)式的另一种解释是:增长率 $r(x)$ 与人口尚未实现部分的比例 $(M - x)/M$ 成正比,比例系数为固有增长率 r.

将(8)式代入方程(6)得

$$\begin{cases} \dfrac{\mathrm{d}x}{\mathrm{d}t} = rx\left(1 - \frac{x}{M}\right), \\ x(0) = m, \end{cases} \tag{9}$$

方程(9)右端因子 rx 体现人口自身的增长趋势,因子 $\left(1 - \dfrac{x}{M}\right)$ 则体现了资源和环境对人口增长的阻滞作用.显然 x 越大,前一因子越大,后一因子越小,人口增长是两个因子共同作用的结果.方程(9)称为人口阻滞增长模型,也称为逻辑斯谛

模型.用分离变量法解方程(9)得

$$x(t) = \frac{M}{1 + \left(\dfrac{M}{m} - 1\right)e^{-rt}}. \tag{10}$$

由于模型(10)不能线性化,因此不能运用线性回归分析理论进行参数估计,我们不用(10)式,而将方程(9)表示为

$$\frac{dx/dt}{x} = r - sx, s = \frac{r}{M}. \tag{11}$$

令 $y = \dfrac{dx/dt}{x}$,则(11)式线性化为

$$y = r - sx. \tag{12}$$

由表4-2可以直接得到 x 的数据,而 y 的数据可根据表4-2中数据运用数值微分的方法算出.在此基础上,应用线性回归分析的理论即可估计出模型(12)中的参数 r 和 s,从而确定出模型(10)中参数 r 和 M 的估计值.此时,可取 $m = x(0)$,例如,根据表4-2中的数据,即取 $m = 3.9$.

三、模型的改进与 MATLAB 解法

1. 人口指数增长模型的改进

实际上,利用表4-2中美国人口统计数据对人口指数增长模型(3)进行检验时,发现预测的效果不太好.为此,我们提出如下改进模型:

$$x(t) = me^{rt} + c. \tag{13}$$

这里,m, r, c 是待定参数.为估计出参数 m, r, c 的值,构造非线性函数

$$F(m, r, c) = \sum_{i=1}^{n} (x_i - me^{rt_i} - c)^2, \tag{14}$$

其中 x_i 为 t_i 年的实际人口数量,t_i 为年.参数估计问题归结为:求 m, r, c,使得非线性函数 F 达到最小的非线性最小二乘问题.该非线性最小二乘问题,可通过 MATLAB 软件中 lsqnonlin 函数和 fminsearch 函数实现.

通过 lsqnonlin 函数的实现方式:

Step 1. 编写 m 文件函数 popfun.m 如下:

```
function F = popfun(x)
y = [3.9  5.3  7.2  9.6  12.9  17.1  23.2  31.4  38.6  50.2  62.9...
     76.0  92.0  106.5  123.2  131.7  150.7  179.3  204.0...
     226.5  251.4];%2000 年的数据作为检验模型的预测效果
k = 0:1:length(y) - 1;
```

$F = y(k+1) - x(1) * \exp(x(2) * k) - x(3);$

Step 2. 在命令窗口输入下述命令运行：

$p = \text{lsqnonlin}('\,\text{popfun}\,', [1,1,1])$

运行结果为：

$p =$

$3.5163e + 001 \quad 1.0627e - 001 - 3.8290e + 001$

上述结果表明, 参数 m 的估计值为 $3.5163e + 001$, r 的估计值为 $1.0627e - 001$, 参数 c 的估计值为 $-3.8290e + 001$.

通过 fminsearch 函数的实现方式：

Step 1. 编写 m 文件函数 nonlinpopfun. m 如下：

```
function F = nonlinpopfun( x )
y = [3.9  5.3  7.2  9.6  12.9  17.1  23.2  31.4  38.6  50.2  62.9...
     76.0  92.0  106.5  123.2  131.7  150.7  179.3  204.0...
     226.5  251.4]; %2000 年的数据作为检验模型的预测效果
F = 0;
for k = 0:1:length( y ) - 1
    t = k;
    F = F + ( y( k + 1 ) - x( 1 ) * exp( x( 2 ) * t ) - x( 3 ) )^2;
end
```

Step 2. 在命令窗口输入下述命令运行, 计算结果与 lsqnonlin 函数的计算结果相同.

$p = \text{fminsearch}('\,\text{nonlinpopfun}\,', [1,1,1])$

2. 人口阻滞增长模型的改进

实际上, 利用表 4-2 中美国人口统计数据对人口指数增长模型 (3) 进行检验时, 发现预测的效果不太好. 为此, 我们提出如下改进模型：

$$x(t) = \frac{M}{1 + \left(\dfrac{M}{m} - 1\right)\mathrm{e}^{-rt}} + c, \tag{15}$$

这里取 $m = x(0)$, 所以 M, r, c 是需要估计的参数. 为估计出参数 M, r, c 的值, 构造非线性函数

$$F(M,r,c) = \sum_{i=1}^{n}\left(x_i - \frac{M}{1 + \left(\dfrac{M}{m} - 1\right)\mathrm{e}^{-rt_i}} - c \right)^2, \tag{16}$$

其中 x_i 为 t_i 年的实际人口数量, t_i 为年. 参数估计问题归结为：求 M, r, c, 使得非线性函数 F 达到最小的非线性最小二乘问题. 该非线性最小二乘问题可通

过 MATLAB 软件中 lsqnonlin 函数实现(略). 不同的是,为得到合理的计算结果,需对增长率参数的取值范围限制在 $[0,1]$ 上. 调用的格式为 p = lsqnonlin('popfun2',[1,1,1],[0,0,-inf],[inf,1,inf]),其中 popfun2 是如 popfun 的 m 文件函数名,且计算结果为 p = [3.2328e+002 2.7229e-001 4.8041e+000].

进一步,我们将 m 也作为待确定的参数,利用上述方法来估计它的值,其中 lsqnonlin 函数的调用方法为 p = lsqnonlin('popfun2',[1,1,1],[0,0,-inf],[inf,1,inf]),此时函数 popfun2 只需做一点微调,此时计算结果为 p = [5.9565e+002 1.6997e-001 -1.5225e+001 1.5635e+001].

四、模型的检验

1. 根据表 4-2 中 1860 年至 1990 年的数据及人口增长的指数模型(3),得到美国人口预测的数学模型

$$x = 6.0450e^{0.2022t}, \tag{17}$$

其中 x 的单位为百万人,t 的单位为 10 年.

2. 利用(12)式,并且仅利用表 4-2 中 1860 年至 1990 年的数据,得到美国人口阻滞增长的数学模型

$$x = \frac{392.0886}{1 + 101.5355e^{-0.2557t}}, \tag{18}$$

其中 x 的单位为百万人,t 的单位为 10 年.

3. 同理,利用表 4-2 中 1860 年至 1990 年的数据,根据修正模型及其 MATLAB 解法,得到美国人口预测的修正的指数模型

$$x = 35.163e^{0.10627t} - 38.290. \tag{19}$$

4. 同理,利用表 4-2 中 1860 年至 1990 年的数据,根据修正模型及其 MATLAB 解法,得到美国人口预测的修正的阻滞增长模型分别为

$$x(t) = \frac{323.28}{1 + \left(\frac{323.28}{3.9} - 1\right)e^{-0.27229t}} + 4.8041 \tag{20}$$

与

$$x(t) = \frac{595.65}{1 + \left(\frac{323.28}{15.635} - 1\right)e^{-0.16997t}} - 15.225. \tag{21}$$

应用模型(17)-(21)对美国近两个世纪人口的增长进行模拟计算,并与实际人口相比较,结果见表 4-4 和图 4-1.

158

表 4 - 4 预测模型计算人口与实际人口比较

年份	1790	1800	1810	1820	1830	1840	1850	1860	1870	1880	1890
实际人口	3.9	5.3	7.2	9.6	12.9	17.1	23.2	31.4	38.6	50.2	62.9
模型(17) 计算人口	6.0	7.4	9.1	11.1	13.6	16.60	20.30	24.90	30.5	37.3	45.7
模型(18) 计算人口	3.9	5.0	6.5	8.3	10.7	13.7	17.5	22.3	28.3	35.8	45.0
模型(19) 计算人口	-3.13	0.82	5.20	10.08	15.50	21.53	28.24	35.70	43.99	53.22	63.48
模型(20) 计算人口	8.70	9.91	11.47	13.50	16.12	19.51	23.84	29.34	36.27	44.90	55.48
模型(21) 计算人口	0.41	3.22	6.51	10.36	14.86	20.11	26.20	33.25	41.38	50.70	61.35

年份	1900	1910	1920	1930	1940	1950	1960	1970	1980	1990	2000
实际人口	76.0	92.0	106.5	123.2	131.7	150.7	179.3	204.0	226.5	251.4	281.4
模型(17) 计算人口	55.9	68.4	83.7	102.5	125.5	153.6	188.0	230.1	281.7	344.8	422.1
模型(18) 计算人口	56.2	69.7	85.5	103.9	124.5	147.2	171.3	196.2	221.2	245.3	266.2
模型(19) 计算人口	74.89	87.58	101.69	117.39	134.84	154.25	175.84	199.85	226.55	256.24	289.27
模型(20) 计算人口	68.23	83.26	100.55	119.85	140.72	162.50	184.43	205.71	225.64	243.68	259.54
模型(21) 计算人口	73.42	87.02	102.23	119.09	137.59	157.68	179.26	202.14	226.09	250.83	276.02

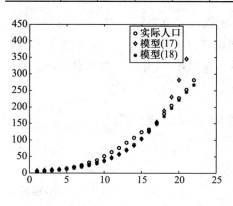
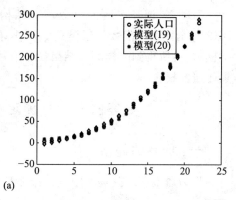

(a)

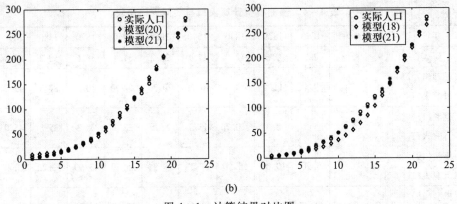

(b)

图 4-1　计算结果对比图

五、模型评价

由表 4-4 和图 4-1(a)可见,预测模型(17)基本上能够描述 19 世纪以前美国人口的增长.但是进入 20 世纪后,美国人口的增长明显变慢,运用预测模型(17)进行预报就不合适了.用预测模型(18)对美国近两个世纪人口的增长进行模拟计算,除了 19 世纪中叶到 20 世纪中叶的拟合效果不很好外,其余部分拟合的都不错.因此,预测模型(18)比预测模型(17)更好.显然,从表 4-4 和图 4-1中可以看出,改进后的模型均比之前的模型效果好,特别是模型(21)为最优.另外,请读者根据表 4-3 中的数据预测中国人口的发展趋势(留作习题).

参考文献

[1] 姜启源,谢金星,叶俊.数学模型.3 版.北京:高等教育出版社,2003.

习题 1. 根据表 4-3 中的统计数据,建立中国人口增长的数学模型,并对未来中国人口发展趋势作预测.

习题 2. 调查本地人口数理与结构数据与某些社会经济发展数据(例如 2012 年全国大学生数学建模夏令营 A 题),建立人口预测与社会经济发展的数学模型,将所得到的模型和结果撰写成数学建模论文,并为当地政府提供一份简短的研究报告.

案例 2　pH 测定中的回归分析模型

一、问题的提出

作为居室和公共场所空气污染主要方式之一,氨浓度超标可对人体健康造成诸多危害,目前氨浓度的快速测定已成为一个重要的实践课题.测量氨气有多种方法,但普遍存在所需专门化测量仪器成本过高,且氨气的检测管法易受到空气中有机胺和酸蒸汽的干扰等缺陷.下面基于一种简单快捷的检测方法研究氨浓度的快速测定问题,依据实验测量数据建立相关回归分析模型.

1. pH 测定的原理及方法

现在介绍一种简单快捷准确且成本少的检测方法,即利用实验室现有的仪器制造氨的电化学传感器原型,原理是用微量盐酸溶液吸收空气中的氨气,观测微量盐酸溶液 pH 的变化,达到测量空气中氨气浓度的目的.实验过程如下:

(1)试剂:混合磷酸盐标准缓冲溶液(PBS,pH6.85,28℃):0.025 mol/L;邻苯二甲酸氢钾标准缓冲溶液(KHP,pH4.01,28℃):0.05 mol/L;盐酸标准溶液(GR):0.02 mol/L,0.01 mol/L,0.005 mol/L,0.002 mol/L,0.001 mol/L;氨气:由氨水(GR)用蒸馏法制备,经装有固体 KOH 的干燥塔干燥后收集.

(2)仪器:pHS-3C 型精密 pH 计(上海雷磁仪器厂),201 型 pH 复合电极(杭州),微量进样器(10 μL、50 μL)(上海安亭微量进样器厂),注射器:(1 mL)(江西金山医疗器械有限责任公司).

(3)实验方法:酸度计预热 30 min 以上至稳定,用标准缓冲溶液标定酸度计.测量待测盐酸溶液和悬挂一定量盐酸液滴的 pH.连接试验装置,用注射器注入适当体积的纯氨气,测定并记录悬挂液滴 pH 随时间的变化.

2. 实验数据情况

现在对三种不同的情况进行测定:

(1)不同浓度的盐酸对在 0.5 mL 氨气中悬挂液滴的 pH 的影响.所采用的盐酸浓度分别是 0.001 mol/L,0.002 mol/L,0.005 mol/L,0.01 mol/L,0.02 mol/L,每1/3 min 进行一次 pH 测定,直至 pH 趋向于稳定.

(2)不同盐酸体积在 0.5 mL 氨气中悬挂液滴 pH 的影响.所采用的盐酸体积分别 10 μL,15 μL,15 μL(复查),20 μL,20 μL(复查),25 μL,30 μL,40 μL,每 1/3 min 进行一次 pH 测定,直至 pH 趋向于稳定.

(3)测定不同氨气体积对固定盐酸浓度 2.0 mM 体积 15 μL 悬挂液滴 pH 的影响.所采用的氨气体积分别是 0.1 mL,0.2 mL,0.3 mL,0.5 mL,0.7 mL,1.0 mL,每 1/3 min 进行一次 pH 测定,直至 pH 趋向于稳定.

现在需要根据所测得的三组数据采用数学模型的方法进行分析,试图得到 pH 随时间的变化规律.

二、问题的分析与假设

首先,对实验数据进行分析,主要实验数据如表 4-5.

表 4-5 不同条件下 pH 随时间 t 变化的数据

时间: min	pH随时间t变化数据/不同HCl浓度 与0.5 mL氨气反应					pH随时间t变化数据/不同HCl体积 与0.5 mL氨气反应					
	pH1/ 0.001 mol/L	pH2/ 0.002 mol/L	pH3/ 0.005 mol/L	pH4/ 0.01 mol/L	pH5/ 0.02 mol/L	pH6/ 10 μL	pH7/ 15 μL	pH8/ 15 μL	pH9/ 20 μL	pH10/ 20 μL	pH11/ 25 μL
0	3.05	2.76	2.4	2.1	1.78	3.1	2.74	2.77	2.7	2.75	2.74
0.333 3	3.13	2.8	2.4	2.13	1.78	3.9	2.8	2.84	2.8	2.78	2.77
0.666 7	3.18	2.85	2.4	2.14	1.79	4.3	2.87	2.9	2.8	2.84	2.8
1	3.26	2.9	2.4	2.16	1.8	4.7	2.97	2.97	2.9	2.93	2.84
1.333 3	3.37	2.96	2.4	2.17	1.8	5.2	3.09	3.08	2.9	3.01	2.9
1.666 7	3.51	3.05	2.5	2.18	1.81	5.8	3.23	3.2	3	3.09	2.97
2	3.66	3.13	2.5	2.19	1.82	6.3	3.4	3.36	3.1	3.2	3.1
2.333 3	3.86	3.22	2.5	2.2	1.82	6.9	3.58	3.59	3.2	3.31	3.2
2.666 7	4.06	3.33	2.6	2.21	1.83	7.5	3.82	3.84	3.3	3.41	3.28
3	4.32	3.45	2.6	2.22	1.84	8.1	4.1	4.16	3.4	3.56	3.37
3.333 3	4.62	3.58	2.6	2.24	1.84	8.5	4.53	4.56	3.5	3.69	3.49
3.666 7	5.08	3.75	2.6	2.25	1.85	8.9	5.07	5.04	3.6	3.84	3.59
4	5.55	3.93	2.7	2.26	1.86	9	5.83	5.7	3.8	4.05	3.59
4.333 3	6.1	4.13	2.7	2.27	1.86	9.1	6.77	6.7	3.9	4.26	3.71

时间/min	pH随时间 t 变化数据/不同 HCl 浓度 与 0.5 mL 氨气反应					pH随时间 t 变化数据/不同 HCl 体积 与 0.5 mL 氨气反应					
	pH1/0.001 mol/L	pH2/0.002 mol/L	pH3/0.005 mol/L	pH4/0.01 mol/L	pH5/0.02 mol/L	pH6/10 μL	pH7/15 μL	pH8/15 μL	pH9/20 μL	pH10/20 μL	pH11/25 μL
4.666 7	6.73	4.41	2.7	2.28	1.87	9.2	7.66	7.48	4.1	4.5	3.85
5	7.3	4.7	2.8	2.3	1.88	9.2	8.35	8.05	4.3	4.83	4
5.333 3	7.83	5.06	2.8	2.31	1.88	9.3	8.79	8.52	4.5	5.22	4.16
5.666 7	8.36	5.56	2.8	2.32	1.89	9.3	9.03	8.78	4.8	5.66	4.35
6	8.7	6.09	2.9	2.33	1.89	9.3	9.18	8.97	5	6.25	4.54
6.333 3	8.92	6.64	2.9	2.34	1.9	9.3	9.28	9.12	5.4	6.76	4.75
6.666 7	9.11	7.33	2.9	2.36	1.9	9.4	9.35	9.2	5.8	7.3	5.06
7	9.19	7.87	3	2.37	1.91	9.4	9.41	9.26	6.3	7.85	5.37
7.333 3	9.26	8.29	3	2.39	1.91	9.4	9.46	9.32	6.8	8.26	5.75
7.666 7	9.34	8.58	3.1	2.41	1.92	9.4	9.49	9.36	7.4	8.58	6.24
8	9.37	8.74	3.1	2.42	1.92	9.4	9.52	9.42	7.8	8.84	6.7
8.333 3	9.41	8.85	3.3	2.43	1.92	9.4	9.55	9.44	8.3	9	7.15
8.666 7	9.45	8.94	3.3	2.45	1.93	9.4	9.57	9.46	8.6	9.1	7.62
9	9.48	9	3.4	2.46	1.93	9.4	9.59	9.48	8.8	9.2	8.02
9.333 3	9.5	9.06	3.6	2.47	1.94	9.4	9.61	9.5	8.9	9.25	8.38

时间/min	pH1/0.001 mol/L	pH2/0.002 mol/L	pH3/0.005 mol/L	pH4/0.01 mol/L	pH5/0.02 mol/L	pH6/10 μL	pH7/15 μL	pH8/15 μL	pH9/20 μL	pH10/20 μL	pH11/25 μL
	pH 随时间 t 变化数据/不同 HCl 浓度 与 0.5 mL 氨气反应					pH 随时间 t 变化数据/不同 HCl 体积 与 0.5 mL 氨气反应					
9.666 7	9.52	9.1	3.8	2.49	1.94	9.4	9.63	9.51	9	9.31	8.65
10	9.54	9.14	4.1	2.5	1.95	9.4	9.64	9.53	9.1	9.35	8.82
10.333	9.56	9.17	4.3	2.52	1.95	9.4	9.66	9.54	9.1	9.39	8.94
10.667	9.58	9.2	4.6	2.53	1.96	9.4	9.67	9.55	9.2	9.42	9.03
11	9.59	9.23	4.9	2.55	1.96	9.4	9.68	9.56	9.2	9.46	9.09
11.333	9.6	9.25	5.1	2.57	1.96	9.4	9.69	9.57	9.3	9.48	9.14
11.667	9.61	9.27	5.4	2.58	1.97	9.4	9.7	9.58	9.3	9.51	9.2
12	9.62	9.29	5.6	2.6	1.97	9.4	9.7	9.59	9.3	9.53	9.23
12.333	9.63	9.3	5.8	2.62	1.98		9.71	9.6	9.4	9.54	9.27
12.667	9.64	9.32	6.1	2.64	1.98		9.71	9.6	9.4	9.56	9.3
13	9.64	9.33	6.5	2.66	1.99		9.72	9.61	9.4	9.58	9.33
13.333	9.65	9.34	7.1	2.68	1.99		9.72	9.61	9.4	9.59	9.35
13.667	9.66	9.35	7.7	2.7	1.99		9.73	9.61	9.4	9.61	9.38
14	9.66	9.36	8.1	2.73	2		9.73	9.61	9.4	9.62	9.4
14.333	9.67	9.37	8.3	2.75	2		9.73	9.61	9.4	9.63	9.42

pH 随时间 t 变化数据/不同 HCl 浓度 与 0.5 mL 氨气反应　　pH 随时间 t 变化数据/不同 HCl 体积 与 0.5 mL 氨气反应

时间：min	pH1/ 0.001 mol/L	pH2/ 0.002 mol/L	pH3/ 0.005 mol/L	pH4/ 0.01 mol/L	pH5/ 0.02 mol/L	pH6/ 10 μL	pH7/ 15 μL	pH8/ 15 μL	pH9/ 20 μL	pH10/ 20 μL	pH11/ 25 μL
14.667	9.67	9.38	8.5	2.78	2.01		9.73	9.62	9.5	9.64	9.44
15	9.67	9.39	8.6	2.8	2.01		9.74	9.62	9.5	9.65	9.45
15.333	9.68	9.4	8.6	2.84	2.02		9.74	9.62	9.5	9.66	9.47
15.667	9.68	9.4	8.7	2.87	2.02		9.74	9.62	9.5	9.67	9.48
16	9.68	9.41	8.8	2.9	2.02		9.74	9.62	9.5	9.68	9.5
16.333	9.68	9.41	8.8	2.94	2.03		9.75	9.62	9.5	9.69	9.51
16.667	9.69	9.42	8.8	2.98	2.03		9.75		9.5	9.7	9.52
17	9.69	9.42	8.9	3.03	2.04		9.75		9.5	9.7	9.53
17.333	9.69	9.43	8.9	3.08	2.04		9.75		9.5	9.71	9.54
17.667	9.69	9.43	8.9	3.14	2.04		9.75		9.5	9.71	9.55
18	9.69	9.43	8.9	3.2	2.05		9.75		9.5	9.72	9.56
18.333	9.69	9.44	9	3.3	2.05		9.75		9.5	9.72	9.57
18.667		9.44	9	3.4	2.06				9.5	9.73	9.58
19		9.44	9	3.53	2.06				9.6	9.73	9.58
19.333		9.44	9	3.7	2.07				9.6	9.74	9.59

时间/min	pH 随时间 t 变化数据/不同 HCl 浓度 与 0.5 mL 氨气反应					pH 随时间 t 变化数据/不同 HCl 体积 与 0.5 mL 氨气反应					
	pH1/0.001 mol/L	pH2/0.002 mol/L	pH3/0.005 mol/L	pH4/0.01 mol/L	pH5/0.02 mol/L	pH6/10 μL	pH7/15 μL	pH8/15 μL	pH9/20 μL	pH10/20 μL	pH11/25 μL
19.667		9.45	9	3.89	2.07					9.74	9.6
20		9.45	9	4.09	2.08				9.6	9.75	9.6
20.333			9.1	4.32	2.08				9.6	9.75	9.61
20.667			9.1	4.55	2.09				9.6	9.75	9.62
21			9.1	4.79	2.09				9.6	9.76	9.62
21.333			9.1	5.03	2.1				9.6	9.76	9.63
21.667			9.1	5.27	2.1				9.6	9.76	9.63
22			9.1	5.54	2.11				9.6	9.76	9.64
22.333			9.1	5.72	2.11				9.6	9.77	9.64
22.667			9.1	5.87	2.12				9.6	9.77	9.65
23			9.1	6.04	2.12				9.6	9.77	9.65
23.333			9.1	6.34	2.13				9.6	9.77	9.65
23.667			9.1	6.56	2.13				9.6	9.77	9.66
24			9.1	6.91	2.14				9.6	9.77	9.66
24.333			9.1	7.56	2.14						9.66

	pH 随时间 t 变化数据/不同 HCl 浓度 与 0.5 mL 氨气反应					pH 随时间 t 变化数据/不同 HCl 体积 与 0.5 mL 氨气反应					
时间: min	pH1/ 0.001 mol/L	pH2/ 0.002 mol/L	pH3/ 0.005 mol/L	pH4/ 0.01 mol/L	pH5/ 0.02 mol/L	pH6/ 10 μL	pH7/ 15 μL	pH8/ 15 μL	pH9/ 20 μL	pH10/ 20 μL	pH11/ 25 μL
24.667			9.2	7.98	2.15						9.67
25			9.2	8.18	2.15						9.67
25.333			9.2	8.32	2.16						9.67
25.667			9.2	8.41	2.16						9.67
26			9.2	8.48	2.17						9.67
26.333			9.2	8.55	2.17						9.68
26.667			9.2	8.59	2.18						9.68
27			9.2	8.63	2.19						9.68
27.333			9.2	8.67	2.19						9.68
27.667			9.2	8.7	2.2						9.68
28			9.2	8.73	2.2						9.68
28.333			9.2	8.75	2.21						
28.667			9.2	8.77	2.22						
29			9.2	8.8	2.22						
29.333			9.2	8.82	2.23						
29.667			9.2	8.83	2.23						

时间:/min	pH 随时间 t 变化数据/不同 HCl 浓度 与 0.5 mL 氨气反应					pH 随时间 t 变化数据/不同 HCl 体积 与 0.5 mL 氨气反应					
	pH1/ 0.001 mol/L	pH2/ 0.002 mol/L	pH3/ 0.005 mol/L	pH4/ 0.01 mol/L	pH5/ 0.02 mol/L	pH6/ 10 μL	pH7/ 15 μL	pH8/ 15 μL	pH9/ 20 μL	pH10/ 20 μL	pH11/ 25 μL
30			9.2	8.85	2.24						
30.333			9.2	8.86	2.25						
30.667			9.2	8.88	2.25						
31			9.2	8.89	2.26						
31.333			9.2	8.9	2.27						
31.667				8.91	2.27						
32				8.93	2.28						
32.333				8.94	2.29						
32.667				8.95	2.3						
33				8.95	2.3						
33.333				8.96	2.31						
33.667				8.97	2.32						
34				8.98	2.33						
34.333				8.99	2.34						
34.667				8.99	2.34						
35				9	2.35						

在实验中,pH 主要受到盐酸(HCl)和氨气(NH₃)这两个因素的影响,盐酸是一种酸性液体,而氨气是一种碱性气体,盐酸和氨气放在一起会发生化学反应生成氯化氨(NH₄Cl),氯化氨呈弱碱性,所以趋于稳定状态的 pH 都在 8 ~ 10 之间.另外,盐酸的浓度、盐酸的体积以及氨气的体积都会直接影响 pH 的变化.

根据表 4 - 5 实验数据可得 pH 时间 t 变化的曲线形状如图 4 - 2 与图 4 - 3.

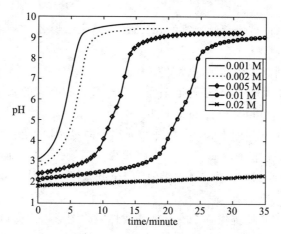

图 4 - 2   pH 随时间 t 变化/不同浓度 HCl 与 0.5 mL 氨气反应

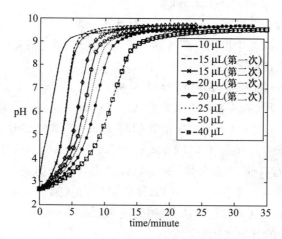

图 4 - 3   pH 随时间 t 变化/不同体积 HCl 与 0.5 mL 氨气反应

由上面的图示分析可以比较清楚地看出各种情况下 pH 的变化趋势,但是我们无法得出 pH 变化的准确规律,所以很难得到一个恰当的数学模型.在下文中,我们采用逻辑斯谛模型来处理所测数据,通过对逻辑斯谛模型的线性回归与非线性回归来得出模型中的具体参数,从而得出回归模型.

169

三、数学模型的建立与求解

1. 逻辑斯谛模型

设逻辑斯谛模型为

$$y(t) = \frac{1}{a + be^{-ct}}, \tag{22}$$

其中 t 表示时间, $y(t)$ 表示所测定的 pH, a,b,c 是未知参数,表示影响 pH 变化的因素.

2. 非线性回归具体实现的 MATLAB 命令

在 MATLAB 软件中,非线性回归[5]的命令是 nlinfit,它的基本格式为:

[beta, r, J] = nlinfit(x, y,'model',beta0)

其中,输入数据 x,y 分别为 $n \times m$ 矩阵和 n 维列向量,对一元非线性回归,x 为 n 维列向量;model 是事先用 m 文件定义的非线性函数;beta0 是回归系数的初值. beta 是估计出来的回归系数,r(残差),J(Jacobi 矩阵)是估计预测误差需要的数据.

另外,MATLAB 还提供一个交互式非线性回归图形用户窗口,可直接在输入 nlintool 运行即可弹出该窗口,也可以通过以下命令调用:

nlintool(x, y,'model',beta0, alpha)

其中,前面各参数含义同前,alpha 为显著性水平,缺省时为 0.05.命令将产生一个交互式的画面,画面中由拟合曲线和 y 的置信区间,通过左下方的 Export 下拉式菜单,可以输出回归系数等.

3. 运用 Excel 和 MATLAB 进行回归分析

在我们的科学实验中要处理较大的数据量,因此,我们首先需要有一种方法能直接将数据导入 MATLAB. 在这里我们将 Excel 和 MATLAB 进行链接,使得 Excel 中的数据能直接导入 MATLAB 进行计算,MATLAB 中的计算结果也能直接导入 Excel 进行存储,下面使用 Excel Link[6]解决这个问题.

Excel Link 作为一个插件,它将 Excel 和 MATLAB 基于 Windows 环境进行了集成. 只要将 Excel 和 MATLAB 进行链接,就可以在 Excel 工作表和宏编辑工具中实现 MATLAB 的计算和图形功能.

装载 Excel Link 步骤:

第一步,启动 Excel;

第二步,打开"工具"菜单,选择"加载宏"命令,单击"浏览";

第三步,选择 MATLAB 目录下 toolbox/exlink 中的 excllink. xla;

第四步,选中其中的"Excel Link 2. 2. 1 for use with MATLAB"选项,点确定

即可使 Excel 与 MATLAB 建立链接.

完成上述步骤后,Excel 即与 MATLAB 建立了链接,接下来我们对问题进行回归分析.

(1) 建立采用非线性模型 $y = \dfrac{1}{a + be^{-cx}}$ 的 m 文件 ph1. m,即

    function y = ph1(beta,x)

    y = 1. / (beta(1) + beta(2). * exp(- beta(3). * (x)));

(2) 输入数据. 选定所要分析的数据,这里我们以 pH 测定过程中不同盐酸体积在 0.5 mL 氨气中悬挂液滴 pH 的影响,以其中复查盐酸体积为 15 μL 时所测得 pH 数据(数据详见表 4 – 5)为例进行计算.

输入 x 的值:在 Excel 软件中选定测定的时间数据作为 x 的值,点击工具栏中的 putmatrix 选项就会出现对话框,在对话框中填入 x,然后点击确定即将时间数据赋值给了 MATLAB 变量 x.

输入 y 的值:选定盐酸体积为 15 μL(复查)时所测的 pH 数据作为 y 的值,按上面同样的方法进行操作即可.

输入回归系数 beta0 的初值.

在逻辑斯谛模型 $y = \dfrac{1}{a + be^{-cx}}$ 中,我们取 a 的初值 a_0 为 $x \to \infty$ 时的 y 值,取 b 的初值 b_0 为 $x \to 0$ 时的 y 值,取 c 的初值 c_0 为 pH 之差的平均值,在这里 $c_0 \to 0$,计算公式如下:

$$a_0 = \frac{1}{y}\Big|_{x \to \infty}, \quad b_0 = \left(\frac{1}{y} - a \right)\Big|_{x \to 0}, \quad c_0 \to 0. \tag{23}$$

所以,在这里我们取 a_0 为所测 pH 最后一个数据的倒数,b_0 为所测 pH 值第一个数据的倒数减去 a_0,c_0 为 0,计算得

$$a_0 = 0.103\,95, \quad b_0 = 0.257\,061, \quad c_0 = 0.$$

按这种方法计算得到初值 beta0 以后放在 Excel 中,同样选定 beta0 的值,点击 putmatrix,在对话框中输入 beta0,然后点击确定即可.

(3) 求回归系数并作图.

点击工具栏中的 evalstring 选项,就会出现对话框,在对话框中输入

    [beta,r,J] = nlinfit(x',y','ph1',beta0);

    yyy = ph1(beta,x);

    plot(x,yyy,'r',x,y,'k +')

点击工具栏中 getmatrix 选项就会出现对话框,在对话框中输入 beta 点击确定,即可得到参数 a,b,c 的值分别为 0.102 477,0.535 931,0.571 229. 则得回归模

型为

$$y = \frac{1}{0.102\,477 + 0.535\,931\,4\mathrm{e}^{-0.571\,229x}}. \tag{24}$$

利用模型(24)作图并与实验数据对比,如图4-4所示.

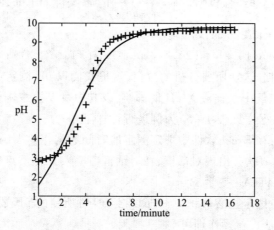

图4-4 pH(pH8在表1)随时间t变化/15 μL HCl 与0.5 mL 氨气
+表示实验数据,-表示回归曲线

按上述同样方法,对其他几组数据进行回归分析,得到下述结果.

① 不同浓度的盐酸对在0.5 mL 氨气中悬挂液滴的 pH 的影响.例如盐酸浓度为0.02 mol/L 时(具体数据见表1),回归系数的初值与计算结果分别为:

beta0:	0.105 82	0.256 499	0
beta:	0.103 57	0.531 413	0.395 716

非线性回归模型为

$$y = \frac{1}{0.103\,57 + 0.531\,413\mathrm{e}^{-0.395\,716x}}. \tag{25}$$

② 不同盐酸体积对在0.5 mL 氨气中悬挂液滴 pH 的影响.例如盐酸体积为20 μL(复查数据)时,回归系数的初值与计算结果分别为:

beta0:	0.102 354	0.257 338	0
beta:	0.101 237	0.522 451	0.393 867

非线性回归模型为

$$y = \frac{1}{0.102\,37 + 0.522\,451\mathrm{e}^{-0.393\,867x}}, \tag{26}$$

且模型(26)与实验数据的对比图形如图4-5所示.

172

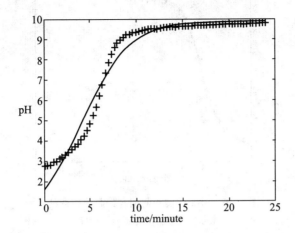

图 4 – 5　pH(pH10 在表 4 – 5)随时间 t 变化/20 μL(复查数据)HCl 与 0.5 mL 氨气
+表示实验数据，–表示回归曲线

四、模型的评价与改进

从以上回归分析结果可知,模型准确度还是比较高的,但是对有些数据点(尤其是前部数据)的回归效果还不理想.

为了提高回归模型的准确性,我们采用

$$y(t) = \frac{1}{a + b\mathrm{e}^{-ct}} + d \qquad (27)$$

回归模型进行分析.

1. 选择 pH8 那一栏数据分析,可得 pH(pH8 在表 4 – 5)随时间 t 变化(15 μLHCl 与 0.5 mL 氨气)的回归分析结果为 $a = 0.149\,6$, $b = 31.833\,7$, $c = 1.297\,1$, $d = 2.868\,9$,所得回归模型为

$$y(t) = \frac{1}{0.149\,6 + 31.833\,7\mathrm{e}^{-1.297\,1t}} + 2.868\,9. \qquad (28)$$

2. 选择 pH10 那一栏数据分析,可得 pH(pH10 在表 4 – 5)随时间 t 变化(20 μL(复查)HCl 与 0.5 mL 氨气)的回归分析模型为

$$y(t) = \frac{1}{0.147\,4 + 25.233\,6\mathrm{e}^{-0.861\,6t}} + 2.901\,5 \qquad (29)$$

公式(28)和(29)相应回归曲线与实验数据的比较结果如图 4 – 6 和图 4 – 7 所示.

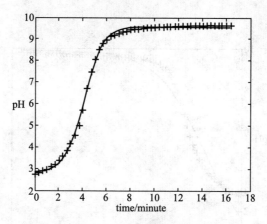

图 4 - 6　pH8 栏实验数据与回归分析曲线

+表示实验数据，－表示回归曲线

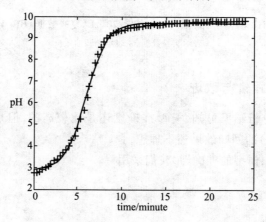

图 4 - 7　pH10 栏实验数据与回归分析曲线

+表示实验数据，－表示回归曲线

参考文献

[1] XU X, FRANK E. Logistic regression and boosting for labeled bags of instances. Lecture Notes in Computer Science,2004,56(3):272-281.

[2] 程毛林.逻辑斯蒂曲线的几个推广模型与应用.运筹与管理,2003,12(3).

[3] 姜启源.数学模型.2 版.北京:高等教育出版社,1993.

[4] FRIEDMAN F,HASTIE T,TIBSHIRANI R. Additive Logistic Regression:a Statistical View of Boosting. 1998.

[5] 赵静,但琦.数学建模与数学实验.北京:高等教育出版社,2000.

[6] 陈丽安. MATLAB 与 Excel 间的数据交换. 电脑学习, 2001, 2.

[7] 洪伟, 吴承祯, 闫淑君. 对种群增长模型的改进. 应用与环境生物学报, 2004, 10.

习题 1. 某种合成纤维的强度与其拉伸倍数有关. 表 4 – 6 是 24 个纤维样品的强度与相应的拉伸倍数的实测记录, 试求这两个变量间的经验公式.

表 4 – 6

编号	1	2	3	4	5	6	7	8	9	10	11	12
拉伸倍数 x	1.9	2.0	2.1	2.5	2.7	2.7	3.5	3.5	4.0	4.0	4.5	4.6
强度 y(Mpa)	1.4	1.3	1.8	2.5	2.8	2.5	3.0	2.7	4.0	3.5	4.2	3.5
编号	13	14	15	16	17	18	19	20	21	22	23	24
拉伸倍数 x	5.0	5.2	6.0	6.3	6.5	7.1	8.0	8.0	8.9	9.0	9.5	10.0
强度 y(Mpa)	5.5	5.0	5.5	6.4	6.0	5.3	6.5	7.0	8.5	8.0	8.1	8.1

案例 3 钢管订购和运输

一、问题重述和分析

本案例选自 2000 年全国大学生数学建模竞赛 B 题[1].

该问题是要铺设一条从 A_1 到 A_{15}(即 $A_1 \rightarrow A_2 \rightarrow \cdots \rightarrow A_{15}$)的天然气的主管道, 如图 4 – 8 所示, 经筛选后可以生产这种主管道的钢厂有 $S_1, S_2, \cdots, S_7$. 图中粗

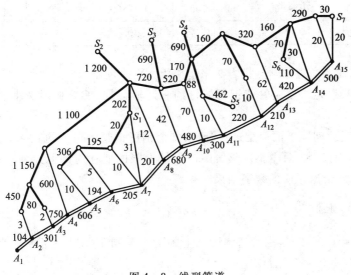

图 4 – 8 线型管道

线表示铁路,单细线表示公路,双细线表示要铺设的管道(假设沿管道或者原来有公路,或者建有施工公路),圆圈表示火车站,每段铁路、公路和管道旁的阿拉伯数字表示里程(单位 km).

这里,称 1 km 主管道为 1 单位钢管.一个钢厂如果承担制造这种钢管,则至少需要生产 500 个单位.钢厂 S_i 在指定期限内能生产该钢管的最大生产数量为 S_i 个单位,钢厂出厂每个单位销价为 p_i 万元,具体数据见表 4 – 7.

表 4 – 7　产量与单价

i	1	2	3	4	5	6	7
S_i	800	800	1 000	2 000	2 000	2 000	3 000
p_i	160	155	155	160	155	150	160

在 1 000 km 里程以内,1 单位钢管的铁路运价见表 4 – 8.1 000 km 以上每增加 1 至 100 km 运价增加 5 万元.公路运输费用为 1 单位管道每公里 0.1 万元(不足整千米的按整千米计算).管道可由铁路、公路运往管道全线进行铺设.

表 4 – 8　单位钢管的铁路运价

里程(km)	≤300	301 ~ 350	351 ~ 400	401 ~ 450	451 ~ 500
运价(万元)	20	23	26	29	32
里程(km)	501 ~ 600	601 ~ 700	701 ~ 800	801 ~ 900	901 ~ 1 000
运价(万元)	37	44	50	55	60

现在,需要通过数学建模方法来解决以下两个问题:

问题 1:制定一个主管道钢管的订购和运输计划,使总费用最小,并给出总费用.

问题 2:就问题 1 的模型进行分析,哪个钢厂钢管的销价的变化对购运计划和总费用影响最大,哪个钢厂钢管的产量的上限的变化对购运计划和总费用的影响最大,并给出相应的数字结果.

二、基本假设

1. 在计算运费时,主管道铺设线上的里程等同于普通公路上运费,即 1 单位钢管每公里 0.1 万元;

2. 订购的钢管数量刚好等于需要铺设的钢管数量;

3. 管道运输是指可由铁路、公路或管道铺设线路运往管道全线,不只是运到点 $A_1,A_2,\cdots,A_{15}$;

4. 模型只考虑钢管销价费用和钢管从钢管厂运送到铺设点的运费,而不考虑其他费用,如不计换车、转站的时间和费用,不计装卸费用等;

5. 不计运输时由于运输工具出现故障等意外事故引起工期延误造成损失;

6. 销售价和运输价不受市场价格变化的影响.

三、符号说明

S_i:第 i 钢管厂

s_i:表示 S_i 的最大生产能力

A_j:表示需要铺设管道路径上的车站

x_{ij}:从所有 S_i 运往 A_j 的钢管数

c_{ij}:表示单位钢管从 S_i 地运往 A_j 地的最小费用

p_i:从 S_i 订购钢管的单位价格

Q:订购的所有钢管全部运到 $A_j(j=1,2,\cdots,15)$ 点的总运费

T:当钢管从钢厂 S_i 运到点 A_j 后,钢管向 A_j 的左右两边运输(铺设)管道的运输费用

Z:用于订购和运输的总费用

y_j:运到 A_j 地向左铺设的数目

z_j:运到 A_j 地向右铺设的数目

d:单位钢管 1 千米的公路运输费用

$A_{j,j+1}$:表示 A_j 和 A_{j+1} 之间需要铺设的管道长度

四、模型的建立与求解

问题 1.

1. 模型的建立

钢管的订购和运输方案是直接影响工程费用的主要因素之一,所以需要制定合理的订购计划与选取费用最小的路线来运送钢管,以便总费用最小.因此,本问题实际上是一个要求制定钢管的订购计划与运输方案使得总费用最小的优化问题,这里的总费用是指所订购钢管的销价与运输费用之和.首先利用图论的方法,来确定从钢管生产厂家到施工结点的费用最小路线;然后建立购运费用的优化模型,从中优化出最佳订购计划与运输方案.解决本问题的具体思路为:

(1) 确定将货物从 S_i 地运往 A_j 的最优路线,即费用最小的路线;(2) 求出向每个钢管厂的订购计划,并确定出运输计划;(3) 计算将已经运到 A_j 处的钢管铺

到管道线上的运输费用,不妨假设 A_j 处的钢管只铺到与 A_j 相邻的左右两侧管道上.接下来,按上述思路给出建立数学模型的具体步骤.

Step 1. 确定从 S_i 到 A_j 的最优路径,从而确定出单位钢管从 S_i 到 A_j 的最小运费.

设单位管道从 S_i 到 A_j 的运费为 F_{ij} 万元,其中的最小费用为 c_{ij},则

$$c_{ij} = \min F_{ij}. \tag{30}$$

Step 2. 建立从 S_i 运送 x_{ij} 单位钢管到 A_j 的运费模型.

假设从 S_i 运往 A_j 的钢管用于铺设 A_j 左右两侧的钢管数为 x_{ij} 单位,订购的所有钢管全部运到 $A_j(j=1,2,\cdots,15)$ 处的总运费为 Q,则

$$Q = \sum_{j=1}^{15} \sum_{i=1}^{7} x_{ij} c_{ij}. \tag{31}$$

Step 3. 建立将 A_j 处的钢管铺到相邻两侧的运输费用模型.

对于已经运到 A_j 处的钢管,设它向左运输的量为 y_j,则向左运输的费用(单位:万元)为

$$y_j \times d + (y_j - 1) \times d + (y_j - 2) \times d + \cdots + 1 \times d$$
$$= 0.1 \times (1 + 2 + \cdots + y_j) = 0.05 y_j (y_i + 1);$$

设它向右运输的量为 z_j,同理可得向右运输的费用为 $0.05 z_j(z_j + 1)$.

用 T 表示所有 A_j 处向左右两侧运输管道的费用,得

$$T = 0.05 \sum_{j=1}^{15} \left[(1 + y_j) y_j + (1 + z_j) z_j \right], \tag{32}$$

其中 y_j 与 z_j 满足

$$\begin{cases} \sum_{i=1}^{7} x_{ij} = y_j + z_j, & j = 1,2,\cdots,15, \\ z_j + y_{j+1} = A_{j,j+1}, & j = 1,2,\cdots,14, \end{cases} \tag{33}$$

$A_{j,j+1}$ 表示 A_j 和 A_{j+1} 之间需要铺设的管道长度.

Step 4. 建立订购费用的数学模型.

设 W 表示所订购钢管的总费用,则

$$W = \sum_{i=1}^{7} \sum_{j=1}^{15} p_i x_{ij}. \tag{34}$$

又因为一个钢厂如果承担制造钢管任务,至少需要生产 500 个单位,钢厂 S_i 在指定期限内最大生产量为 s_i 个单位,故有

$$500 \leqslant \sum_{j=2}^{15} x_{ij} \leqslant s_i \text{ 或 } \sum_{j=2}^{15} x_{ij} = 0. \tag{35}$$

用 Z 表示订购和运输的总费用,则由 (31) – (35) 式建立本问题的非线性规划

178

模型:

极小化目标函数

$$Z = W + Q + T = \sum_{i=1}^{7} \sum_{j=1}^{15} (p_i + c_{ij}) x_{ij} + 0.05 \sum_{j=1}^{15} [(1 + y_j) y_j + (1 + z_j) z_j],$$

(36)

使得述约束条件

$$\begin{cases} \sum_{i=1}^{7} x_{ij} = y_j + z_j, j = 1,2,\cdots,15, \\ z_j + y_{j+1} = A_{j,j+1}, j = 1,2,\cdots,14, \\ 500 \leq \sum_{j=2}^{15} x_{ij} \leq s_i \text{ 或 } \sum_{j=2}^{15} x_{ij} = 0, i = 1,2,\cdots,7, \\ x_{ij} \geq 0 \quad i = 1,\cdots,7, j = 1,2,\cdots,15 \end{cases}$$

(37)

成立,其中 $A_{j,j+1}$ 表示 A_j 和 A_{j+1} 之间需要铺设的管道长度.

2. 模型的求解

（1）求解 c_{ij}.

由于钢管从钢厂 S_i 运到运输点 A_j 要通过铁路和公路运输,而铁路运输费用是分段函数,与全程运输总距离有关. 又由于钢厂 S_i 直接与铁路相连,所以可先求出钢厂 S_i 到铁路与公路相交点 b_j 的最短路径. 依据钢管的铁路运价表,算出钢厂 S_i 到铁路与公路相交点 b_j 的最小铁路运输费用,并把费用作为边权赋给从钢厂 S_i 到 b_j 的边. 再将与 b_j 相连的公路、运输点 A_j 及其与之相连的要铺设管道的线路(也是公路)添加到图上,根据单位钢管在公路上的运价规定,得出每一段公路的运费,并把此费用作为边权赋给相应的边. 这样就转换为以单位钢管的运输费用为权的赋权图,再利用 E. W. Dijkstra 的最短路算法计算出一个单位钢管从钢厂运到工地的最少费用系数阵 (c_{ij}),计算结果见表 4 - 9MATLAB 软件的算法程序略.

表 4 - 9　表中对应的值为对应两点间单位钢管的最优路径运输费用

	S_1	S_2	S_3	S_4	S_5	S_6	S_7
A_1	170.7	215.7	230.7	260.7	255.7	265.7	275.7
A_2	160.3	205.3	220.3	250.3	245.3	255.3	265.3
A_3	140.2	190.2	200.2	235.2	225.2	235.2	245.2
A_4	98.6	171.6	181.6	216.6	206.6	216.6	226.6
A_5	38	111	121	156	146	156	166

	S_1	S_2	S_3	S_4	S_5	S_6	S_7
A_6	20.5	95.5	105.5	140.5	130.5	140.5	150.5
A_7	3.1	86	96	131	121	131	141
A_8	21.2	71.2	86.2	116.2	111.2	121.2	131.2
A_9	64.2	114.2	48.2	84.2	79.2	84.2	99.2
A_{10}	92	142	82	62	57	62	76
A_{11}	96	146	86	51	33	51	66
A_{12}	106	156	96	61	51	45	56
A_{13}	121.2	171.2	111.2	76.2	71.2	26.2	38.2
A_{14}	128	178	118	83	73	11	26
A_{15}	142	192	132	97	87	28	2

（2）根据（1）中（c_{ij}）的计算结果，求解非线性规划模型（36）—（37）.

由于不能直接处理约束条件

$$500 \leq \sum_{j=2}^{15} x_{ij} \leq s_i \ \text{或} \ \sum_{j=2}^{15} x_{ij} = 0. \tag{38}$$

因此，将约束条件条件（38）简化为 $\sum_{j=2}^{15} x_{ij} \leq s_i$，得到如下模型：

$$\min Z = \sum_{i=1}^{7} \sum_{j=1}^{15} (p_i + c_{ij}) x_{ij} + 0.05 \sum_{j=1}^{15} \left[(1 + y_j) y_j + (1 + z_j) z_j \right]$$

$$\text{s.t.} \begin{cases} \sum_{i=1}^{7} x_{ij} = y_j + z_j, j = 1,2,\cdots,15, \\ z_j + y_{j+1} = A_{j,j+1}, j = 1,2,\cdots,14, \\ \sum_{j=2}^{15} x_{ij} \leq s_i, i = 1,2,\cdots,7, \\ x_{ij} \geq 0, i = 1,\cdots,7; j = 1,2,\cdots,15. \end{cases}$$

用 LINGO 求解（见本书的附录部分）. 分析结果后发现购运方案中钢厂 S_7 的生产量不足 500 单位，下面我们采用不让钢厂 S_7 生产和要求钢厂 S_7 的产量不小于 500 个单位两种情形进行计算.

情形 1. 不让钢厂 S_7 生产时，所得计算最小总费用为 $Z_1 = 1\ 278\ 632$（万元），且此时其他钢厂的产量都满足条件.

情形 2. 要求钢厂 S_7 的产量不小于 500 个单位时，所得计算最小总费用为

$Z_2 = 1\ 285\ 281$(万元),且此时每个钢厂的产量都满足条件.

比较这两种情况,得最优解为 $\min(Z_1, Z_2) = Z_1 = 1\ 278\ 632$(万元),即订购与运输总费用最小为 $1\ 278\ 632$(万元),且购运计划和铺设方案见表 4 – 10 与表 4 – 11,详细的运输路线略.

表 4 – 10 问题一的购运计划

	订购量	A_2	A_3	A_4	A_5	A_6	A_7	A_8	A_9	A_{10}	A_{11}	A_{12}	A_{13}	A_{14}	A_{15}
S_1	800	0	0	40	295	200	265	0	0	0	0	0	0	0	0
S_2	800	179	0	0	321	0	0	300	0	0	0	0	0	0	0
S_3	1 000	0	0	336	0	0	0	0	664	0	0	0	0	0	0
S_4	0	0	0	0	0	0	0	0	0	0	0	0	0	0	0
S_5	1 015	0	508	92	0	0	0	0	0	0	415	0	0	0	0
S_6	1 556	0	0	0	0	0	0	0	0	351	0	86	333	621	165
S_7	0	0	0	0	0	0	0	0	0	0	0	0	0	0	0

表 4 – 11 问题一的铺设方案

	y	z
A_1	0.000 000	0.000 000
A_2	104.000 0	75.000 00
A_3	226.000 0	282.000 0
A_4	468.000 0	0.000 000
A_5	606.000 0	9.500 000
A_6	184.500 0	15.500 00
A_7	189.500 0	76.000 00
A_8	125.000 0	175.000 0
A_9	505.000 0	159.000 0
A_{10}	321.000 0	30.000 00
A_{11}	270.000 0	145.000 0
A_{12}	75.000 00	11.000 00
A_{13}	199.000 0	134.000 0
A_{14}	286.000 0	335.000 0
A_{15}	165.000 0	0.000 000

问题 2.

针对问题一的求解模型,讨论钢厂钢管的销售价格变化对购运计划和总费用影响及钢厂钢管产量的上限变化对购运计划和总费用的影响.首先给出运输方案变化量与订购变化量的定义.

定义 1 相对于最优方案,新方案中 x_{ij} 变化量的绝对值之和称为运输方案变化量.

定义 2 相对于最优方案,新方案中每个钢厂 S_i 被订购的钢管总量的变化量的绝对值之和称为订购方案变化量.

1. 讨论钢厂钢管的销售价格变化对购运计划和总费用的影响

当钢厂钢管销售价格变化时,会对购运计划和总费用造成影响.为了更好地观察每一个钢厂钢管销售价格所造成的影响,采用逐个对比分析法来解决该问题,即每次只让一个钢厂钢管的销售价格发生相同的变化,其余钢厂钢管的销售价格不发生变化.

我们将各个钢厂单位钢管的销价分别增加 1 万元和减少 1 万元,借助 LINGO 软件得出相应的总费用、运输方案变化量,订购方案变化量,结果见表 4 – 12 与表 4 – 13.

表 4 – 12　各个钢厂单位钢管的销价分别增加 1 万元

钢厂	总费用	总费用变化量	运输方案变化量	订购方案变化量
S_1	1 279 432	800	0	0
S_2	1 279 432	800	0	0
S_3	1 279 632	1 000	0	0
S_4	1 278 632	0	0	0
S_5	1 279 639	1 007	40	30
S_6	1 279 834	1 202	712	712
S_7	1 278 632	0	0	0

表 4 – 13　各个钢厂单位钢管的销价分别减少 1 万元

钢厂	总费用	总费用变化量	运输方案变化量	订购方案变化量
S_1	1 277 832	800	0	0
S_2	1 277 832	800	0	0
S_3	1 277 632	1 000	0	0
S_4	1 278 632	0	0	0
S_5	1 277 263	1 369	712	712
S_6	1 277 068	1 564	40	30
S_7	1 278 632	0	0	0

由上述表格观察分析可得:S_6 钢厂销价变化对总费用影响最大;S_5,S_6 钢厂钢管的销价的变化对购运计划影响显著.

2. 讨论钢厂钢管产量的上限的变化对购运计划和总费用的影响

同样采用逐个对比分析法,即每次只让一个钢厂钢管产量的上限的发生相同的变化,其余钢厂钢管产量的上限不发生变化.将各个钢厂的产量的上限分别增加 100 个单位和减少 100 个单位,分别计算,得到购运计划和总费用变化情况如表 4−14、表 4−15 所示.

表 4−14　各个钢厂钢管的产量的上限分别增加 100 个单位

钢厂	总费用	总费用变化量	运输方案变化量	订购方案变化量
S_1	1 268 332	10 300	218	200
S_2	1 275 132	3 500	404	200
S_3	1 276 132	2 500	1 786	200
S_4	1 278 632	0	0	0
S_5	1 278 632	0	0	0
S_6	1 278 632	0	844	0
S_7	1 278 632	0	0	0

表 4−15　各个钢厂钢管的产量的上限分别减少 100 个单位

钢厂	总费用	总费用变化量	运输方案变化量	订购方案变化量
S_1	1 288 932	10 300	260	200
S_2	1 282 132	3 500	1 244	200
S_3	1 281 132	2 500	200	200
S_4	1 278 632	0	0	0
S_5	1 278 632	0	0	0
S_6	1 278 632	0	0	0
S_7	1 278 632	0	0	0

由上述表格观察分析可得:S_1 钢厂钢管的产量的上限的变化对总费用影响最大,但对购运计划影响较小.

五、模型的评价及改进

由于总费用由订购费用和运输费两部分组成,运输费又由一般线路上的运输费和铺设管道上的运输费组成.利用网络中最短路径的 Dijkstra 算法,得出最小费用路径(最短路径),算出两点之间的最优路径,进而根据非线性规划,借助于 LINGO 软件求解即可求出相应的结果.

1. 优点

(1) 本问题中运用了网络中最短路径的 Dijkstra 算法的思想,若对其进行改进和修改,则可得到新的算法,从而可对含多种权重的网络进行搜索,计算出最优路径.

(2) 本问题构造出的模型算法较简单,模型计算步骤清晰,借助于 LINGO 软件求解,可靠性较高.

2. 缺点

(1) 由于题意中不考虑铁路公路间转运的中转费用,也不限制转运次数,因此在算法设计中存在着考虑不周全的缺陷.

(2) 问题二要求根据问题一的分析,指出哪家钢厂销价的变化对购运计划和总费用影响最大,哪家钢厂钢管产量的上限的变化对购运计划和总费用的影响最大,并给出相应的数字结果.这个问题属于规划问题的灵敏度分析,一般来说,应该对于销价的变化 Δp 和产量上限的变化 Δs 求出相应的总费用的变化 ΔW,但要得到 ΔW 关于 Δp 和 Δs 的函数关系,几乎是不可能的,因此只对每个钢厂进行单独讨论.

3. 模型改进

这个数学模型可以应用于西部开发中"天然气东送"问题,当然,西部开发中"天然气东送"问题远比我们的假设还要复杂得多,但无论如何,他们的本质一样,我们可将本问题运用于时间的变化等范围的推广.本文还可以把问题 1 归结为网络最小费用流问题,建立了线性和非线性最小费用流模型,并运用相应的解法和分支定界法求解,简洁,层次分明.还可对问题 2 进行更为复杂的灵敏度分析,例如同时改变两个量或更多量,然后观察对购运方案的影响.

参考文献

[1] http://www.mcm.edu.cn/index_cn.html.

[2] 甘应爱,田丰等.运筹学.北京:清华大学出版社,1994.

[3] 袁亚湘,孙文瑜.最优化理论与方法.北京:科学出版社,1997.

[4] 徐俊明.图论及其应用.合肥:中国科学技术大学出版社,1997.

[5] 赵静,但琦.数学建模与数学实验.北京:高等教育出版社,2003.

习题 1. 仔细阅读本案例,理解案例中的建模思路和方法,分析其中的优缺点,在此基础上对本案例的建模方法进行改进和丰富.要求:(1) 写出 500 字左右的摘要;(2)利用相关软件实现文中的或者所用的算法,并给出详细的计算结果;(3)需进行更为复杂的灵敏度分析.

习题2. 如果要铺设的管道不是一条线,而是一个树形图,铁路、公路和管道构成网络(图4-9),请就这种更一般的情形给出一种解决办法,制定一个主管道钢管的订购和运输计划,使总费用最小(给出总费用).

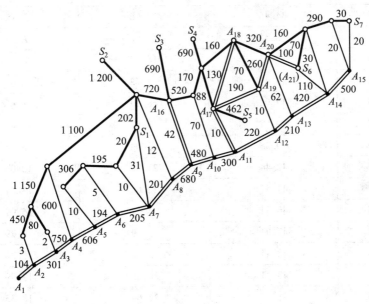

图 4-9

案例4 基于灰色神经网络的农业机械化水平预测

一、问题的提出

目前,我国正处在全面建设小康社会的重要历史时期,推进现代农业建设,是建设新农村的首要内容.大力发展农业机械化是农业现代化的重要组成部分,是农业和农村经济发展的重要保证.农业机械化综合水平是反映我国农业机械化发展水平的一个重要指标,其中主要包括机械化耕地水平、机械化播种水平和机械化收获水平.对我国农业机械化综合水平进行有效的预测,有利于更好把握我国农业机械化的发展进程,为有关部门对农业机械化事业提供更好的政策导向依据.表4-16给出了1986—2005年间我国机械化耕、种、收水平值[6],试建立定量预测模型,对我国农业机械化综合水平发展趋势进行预测.

表 4 - 16　我国机耕、机播、机收水平

年份	机耕水平	机播水平	机收水平
1986	29.25	9.12	3.41
1987	31.24	10.80	3.49
1988	33.29	11.66	5.37
1989	34.46	12.96	5.95
1990	36.52	15.00	7.00
1991	37.55	16.47	7.78
1992	38.49	17.72	9.10
1993	39.02	18.13	9.73
1994	39.57	18.97	10.48
1995	40.33	20.04	11.15
1996	42.44	21.38	12.05
1997	44.57	22.60	13.87
1998	46.31	24.67	15.07
1999	47.93	25.59	16.29
2000	48.41	25.75	18.26
2001	48.31	26.06	17.99
2002	48.67	26.64	18.33
2003	49.39	26.70	19.00
2004	51.94	28.84	20.36
2005	53.42	30.26	22.63

二、问题的分析与假设

首先为弱化数据间的连带关系,提高建模精度,更好反映我国农业机械化水平发展趋势,对表 4 - 16 数据进行滑动平均处理.滑动平均计算公式为

$$x_t = (x_{t-1} + 2x_t + x_{t+1})/4,$$

式中 x_{t-1}, x_t, x_{t+1} 分别表示第 $t-1, t, t+1$ 年当年指标值.

两端点数据分别为 $x_1 = (3x_1 + x_2)/4, x_n = (x_{n-1} + 3x_n)/4$,式中 x_1, x_n 分别表示起始年、终止年指标值.通过调整机耕水平值,分别利用滑动平均法对我国1986—2005 年耕、种、收机械化水平进行平滑处理,再按农业部农业机械化管理司在统计中所采用的机耕、机播、机收以 0.4∶0.3∶0.3 权重计算出 1986—2005

年农业机械化综合水平值,见表 4 – 17,依此为原始序列建立模型.

表 4 – 17　平滑处理后的农业机械化综合水平值

年份	1986	1987	1988	1989	1990	1991	1992	1993	1994	1995
实际值	15.79	16.86	18.27	19.64	21.04	22.31	23.29	24.01	24.70	25.66
年份	1996	1997	1998	1999	2000	2001	2002	2003	2004	2005
实际值	27.07	28.75	30.35	31.62	32.35	32.65	32.98	33.86	35.44	36.81

　　将农业机械化水平值看做一个时间序列来处理,目前对时间序列的预测有很多种方法,从传统的 ARMA 模型到近年来的灰色系统模型、神经网络等.作为一种具有很强非线性问题描述能力的建模工具,神经网络在预测领域得到了广泛的应用,但是神经网络技术也存在着一些固有的缺陷,如网络结构的确定没有统一准则,对样本在数量和质量上有一定要求,易出现过拟合现象,模型泛化能力不佳,等等.灰色理论能有效处理不确定性特征显著且数据样本稀少的系统,从杂乱无章的、有限的、离散的数据中找出数据的规律,其基本原理就是通过系统的原始序列累加生成的点群来确定一条最佳拟合曲线.由于灰色预测具有少量数据建模和累加生成可增加历史数据规律性的特点,而神经网络具有良好的逼近任意非线性函数的优势,因此这两种方法在预测领域特别是预测上述这类时间序列效果较好,且灰色预测模型与神经网络预测优势互补,将两者组合进行预测可以达到提高预测精度的目的.利用灰色预测方法中“累加生成”的优点,削弱原始数据序列中随机扰动因素的影响,使离乱的原始数据中蕴涵的规律充分显露出来,增强数据的规律性,得到便于神经网络学习的具有单调增长规律的新序列,进而建立精度更高的预测模型.

三、数学模型的建立

1. GM(1,1)预测模型

GM(1,1)模型是最常用的一种灰色预测模型.设有原始数据序列

$$X^{(0)} = (x^{(0)}(1), x^{(0)}(2), \cdots, x^{(0)}(n)),$$

将序列进行累加生成 AGO(Accumulating Generation Operation Operator)的递增数列 $X^{(1)} = (x^{(1)}(1), x^{(1)}(2), \cdots, x^{(1)}(n))$,其中 $x^{(1)}(k) = \sum_{i=1}^{k} x^{(0)}(i), k = 1, 2, \cdots, n.$

若 $X^{(1)}$ 数列变化过程为指数曲线,则可建立微分方程 $\dfrac{\mathrm{d}x^{(1)}}{\mathrm{d}t} + aX^{(1)} = b$,转化得差

分方程组 $Y_N = XB$. 用最小二乘法可得方程组的解为 $B = (a/b) = (X^T/X)^{-1}XY_N$,
代入原微分方程, 可得到 $x^{(1)}(n+1) = [x^{(0)}(1) - b/a]e^{-ak} + b/a$, 据此求得 $X^{(1)}$
数列, 再将其累加生成 $x^{(0)}(k) = x^{(1)}(k) - x^{(1)}(k-1)$, 此时的 $X^{(0)}$ 数列便为原
始数列的模拟值, 当 $k \geqslant n$ 时, 便是根据原始数列的预测值.

2. BP 神经网络

BP 神经网络 (Back propagation Neural Network) 是一种单向传播的多层前向
网络. 网络除输入输出节点外, 还有一层或多层的隐含节点, 同层结点中没有任
何耦合. BP 前馈神经网络的学习分为信息的正向输入和误差的反向传播 2 个过
程. 信息正向输入时, 输入信号从输入层经隐含层处理后传向输出层, 如果在输
出层得不到期望的结果, 则将误差反向传播. 反向传播时, 网络根据误差沿路逐
一修改各层神经元的连接权值和阈值, 重复该过程, 直到实际输出与期望输出在
预先所设定的范围之内.

以 3 层网络为例. 假设 m, n, l 分别为网络输入层、隐含层和输出层的节点个
数, W_{ij}^1 为输入单元 i 到隐层单元 j 的权重; W_{jk}^2 为隐层单元 j 到输出单元 k 的权重;
h_j 和 O_k 分别为隐含层第 j 个神经元和输出层第 k 个神经元的输出, 则有

$$h_j = f\left(\sum_{i=1}^m W_{ij}^1 X_i\right), \quad j = 1, 2, \cdots, n, O_k = g\left(\sum_{j=1}^n W_{jk}^2 h_j\right), \quad k = 1, 2, \cdots, m,$$

式中 $f(*), g(*)$ 为激励函数.

任意给定网络初始权值, 网络输出与期望输出都将产生一定误差. 对第 p 个
样本, 定义单个样本误差为

$$E_p = \frac{1}{2} \sum_{j=1}^n (y_{pj} - O_{pj})^2,$$

则网络关于整体样本的误差测度为

$$E = \sum_{p=1}^s E_p,$$

式中 s 为样本的数目. 若误差超过允许范围, 则转向反向传播, 并沿路修改权值
和阈值, 重复该过程, 直至达到网络精度要求或超过预设迭代次数, 学习停止. 为
了使网络获得较好的学习效果, 往往需要对以上标准的 BP 算法进行优化, 比如
使用动态因子和学习因子对迭代权进行修正或是改变训练函数都能明显提高网
络性能, 具体应用时可根据需要选择合适的训练算法.

3. GM – BP 神经网络预测模型 (GM – BPNN)

GM – BPNN 模型首先利用灰色预测方法将原始数据序列进行一次累加生
成, 然后利用 BP 神经网络拟合非线性数据能力的优势对新序列建立预测模型,
最后将预测结果进行累减还原得预测值. 具体算法步骤如下:

Step 1.原始数列的累加生成.首先对原始数据序列 $X^{(0)}$ 进行一次累加生成得序列

$$X^{(1)} = (x^{(1)}(1), x^{(1)}(2), \cdots, x^{(1)}(n)), 其中 x^{(1)}(k) = \sum_{i=1}^{k} x^{(0)}(i), k = 1, 2, \cdots, n.$$

Step 2.建立数据 $X^{(1)}$ 的 BP 神经网络模型.选取学习算法与参数,计算累加序列 $X^{(1)}$ 的预测值 $\hat{X}^{(1)}$.

Step 3.对 $\hat{X}^{(1)}$ 进行"累减还原",得到原始数列的拟合值与预测值

$$\hat{X}^{(0)}(k+1) = \hat{X}^{(1)}(k+1) - \hat{X}^{(1)}(k), \quad k = 1, 2, \cdots.$$

四、模型的求解

1.样本数据的选取

用前四年的数据来预测下一年的数据,因此输入层神经元的个数 $N = 4$,输出层神经元个数 $M = 1$,样本总个数为 $K = L - (N + M) + 1 = 16$,见表 $4-18$.

表 $4-18$ 预处理后的样本数据

样本序号	x_{i-4}	x_{i-3}	x_{i-2}	x_{i-1}	x_i
1	15.79	32.65	50.92	70.56	91.60
2	32.65	50.92	70.56	91.60	113.91
3	50.92	70.56	91.60	113.91	137.20
4	70.56	91.60	113.91	137.20	161.21
5	91.60	113.91	137.20	161.21	185.91
6	113.91	137.20	161.21	185.91	211.57
7	137.20	161.21	185.91	211.57	238.64
8	161.21	185.91	211.57	238.64	267.39
9	185.91	211.57	238.64	267.39	297.74
10	211.57	238.64	267.39	297.74	329.36
11	238.64	267.39	297.74	329.36	361.71
12	267.39	297.74	329.36	361.71	394.36
13	297.74	329.36	361.71	394.36	427.34
14	329.36	361.71	394.36	427.34	461.20
15	361.71	394.36	427.34	461.20	496.64
16	394.36	427.34	461.20	496.64	533.45

2. BP 神经网络结构设计

根据科尔莫戈罗夫定理,一般 1 个 3 层(单隐层)前馈神经网络可以在闭区间内以任意精度逼近任意连续函数.因此这里建立一个三层的 BP 神经网络,即含输入层、输出层和一个隐层.目前,对于隐层节点数的确定,大多数还是以经验公式为依据.本文的模型是采用黄金分割法,公式为

$$A = \begin{cases} m + 0.618(m - n), & m \geq n, \\ n - 0.618(n - m), & m < n, \end{cases}$$

式中,m 为输入层节点数,n 为输出层节点数.在该网络中 $m = 4$,$n = 1$,经计算隐层节点数为 5.85,即为 5 个或 6 个.最后通过试差法,比较各隐层节点下模型的运行性能和估算质量,确定隐层节点的数目为 5 个.网络中间层的神经元采用 S 型正切函数,输出层神经元激活函数采用线性函数.

3. 网络训练

将表 4 – 17 和表 4 – 18 中的样本数据分成两部分,前 13 组数据(1986—2002 年)作为训练样本,后 3 组数据(2003—2005 年)作为检验样本.利用 MAT-LAB 编程对网络进行训练,经过 658 步网络误差达到要求(10^{-3}),网络训练误差变化情况如图 4 – 10 所示.

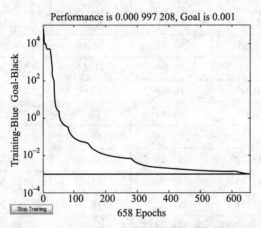

图 4 – 10　BP 神经网络训练误差变化情况

GM – BPNN 模型的对训练样本的拟合结果如图 4 – 11 与表 4 – 19 所示,从图 4 – 11 与表 4 – 19 可看出,训练输出值与实际值非常接近,拟合最大相对误差仅为 0.32%,平均相对误差约为 0.12%,表明 GM – BPNN 模型有很高的建模精度.为了比较 GM – BPNN 模型的预测效果,还建立了 GM(1,1)模型、BP 神经网络预测模型,各模型的拟合误差见图 4 – 12 与表 4 – 19.从图 4 – 12 与表 4 – 19 可见,GM(1,1)灰色模型的拟合最大相对误差达 5.2%,平均相对误差为

2.05%;BP神经网络模型的拟合情况非常好,甚至超过 GM - BPNN 模型,其最大相对误差在 0.05% 以内,平均相对误差在 0.01% 以内。

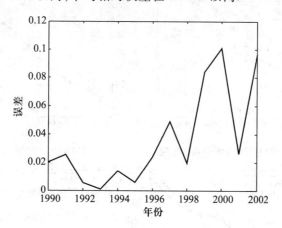

图 4 - 11　GM - BPNN 拟合绝对误差曲线

表 4 - 19　GM - BPNN 与 GM(1,1),BPNN 模型拟合结果比较

年份	实际值	模型拟合值			相对误差(%)		
		GM(1,1)	BPNN	GM - BPNN	GM(1,1)	BPNN	GM - BPNN
1990	21.04	21.14	21.039 9	21.060 2	0.49	0.000 48	0.096 01
1991	22.31	21.98	22.309 9	22.284 7	1.48	0.000 45	0.113 40
1992	23.29	22.85	23.290 7	23.284 4	1.87	0.003 01	0.024 04
1993	24.01	23.75	24.009 2	24.009 0	1.07	0.003 33	0.004 16
1994	24.70	24.69	24.695 8	24.713 8	0.01	0.017 00	0.055 87
1995	25.66	25.67	25.671 9	25.665 7	0.03	0.046 38	0.022 21
1996	27.07	26.68	27.059 1	27.046 0	1.42	0.040 27	0.088 66
1997	28.75	27.74	28.752 4	28.799 0	3.51	0.008 35	0.170 43
1998	30.35	28.84	30.352 3	30.330 5	4.98	0.007 58	0.064 25
1999	31.62	29.98	31.619 4	31.535 9	5.20	0.001 90	0.265 97
2000	32.35	31.16	32.350 4	32.450 8	3.68	0.001 24	0.311 59
2001	32.65	32.39	32.647 8	32.676 2	0.79	0.006 74	0.080 25
2002	32.98	33.67	32.981 2	32.883 6	2.10	0.003 64	0.292 30

191

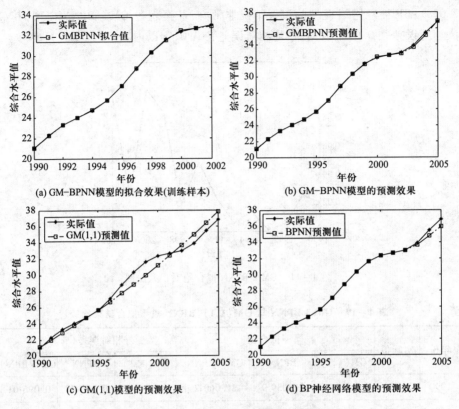

(a) GM-BPNN模型的拟合效果(训练样本)　　(b) GM-BPNN模型的预测效果

(c) GM(1,1)模型的预测效果　　(d) BP神经网络模型的预测效果

图 4－12　不同模型预测结果比较图

4. 模型检验

为验证模型的有效性,用第 14、15、16 号数据作为测试样本,表 4－20 对预测结果进行了具体分析,可以看出,虽然 BP 神经网络的拟合精度可能高于 GM－BPNN模型,但 GM－BPNN 模型的预测精度却远远高于基于 BP 神经网络模型和 GM(1,1)灰色模型,2003 年到 2005 年三年预测值的平均相对误差仅为 0.58%,高于 BP 神经网络模型(1.65%)和 GM(1,1)灰色模型(2.94%),说明 GM－BPNN 模型具有很好的泛化性能。

表 4－20　GM－BPNN 与 GM(1,1)、BPNN 模型预测值比较

年份	实际值	模型拟合值			相对误差(%)		
		GM(1,1)	BPNN	GM－BPNN	GM(1,1)	BPNN	GM－BPNN
2003	33.86	35.00	33.64	33.633 2	3.39	0.65	0.67
2004	35.44	36.39	34.75	35.108 2	2.67	1.95	0.94
2005	36.81	37.83	35.94	36.860 3	2.76	2.36	0.14

五、模型的评价

从表 4-20 可知,传统的 GM(1,1) 模型在预测过程中,由于其模型本身存在的理论缺陷,得到的预测结果的平均相对误差为 2.94%;原始序列若利用 BP 神经网络作为求解的模型,其平均相对误差为 1.65%,预测精度有所提高;而利用基于灰色 BP 神经网络的模型(GM-BPNN)进行预测,由于 GM-BPNN 模型发挥了灰色预测方法中"累加生成"的优点,削弱了原始数据中的随机性,增强了规律性,同时避免了灰色预测方法及模型存在的理论缺陷,其最大相对误差不到 1%,平均相对误差只有 0.58%,预测精度得到极大的改善.以上结果充分说明了 GM-BPNN 预测模型的预测应用于我国农业机械化水平进行预测时精度优于单一的 BP 神经网络模型或 GM(1,1) 模型.

参考文献

[1] 严修红,许伦辉等.基于数据预处理灰色神经网络组合和集成预测.智能系统学报 2007,2(4):94-98.

[2] 王玉涛,夏靖波等.基于神经网络模型的时间序列预测算法及其应用.信息与控制,1998,27(6):413-417.

[3] 徐晟,赵惠芳,郭雪松.我国专利申请量的支持向量机预测模型研究.运筹与管理,2007,5(10):137-141.

[4] 马光思,白燕.基于灰色理论和神经网络建立预测模型的研究与应用.微电子学与计算机,2008,25(1):153-155.

[5] 刘思峰,党耀国,方志耕.灰色系统理论及其应用.北京:科学出版社,1999.

[6] 张睿,高焕文.基于灰色 GM(1,1) 的农业机械化水平预测模型.农业机械学报,2009,40(2):91-95.

[7] 张玉瑞,陈剑波.基于 RBF 神经网络的时间序列预测.计算机工程与应用,2005,44(11):74-76.

[8] 王士同.神经模糊系统及其应用.北京:北京航空航天大学出版社,1998:12-34.

习题 1. 随着社会的发展,旅游业已成为全球经济中发展势头最强劲和规模最大的产业之一.作为现代文明社会标志之一的旅游,也已成为现代人日常生活不可缺少的组成部分.中国是世界上旅游业发展最快的国家之一,具有丰富的旅游资源,因此对旅游需求的合理规划和正确预测,对促进旅游业的发展和文化交流有着十分重要的意义.表 4-21 给出了某省 1995—2004 年的旅游人数.

表 4 – 21　某省 1995—2004 年的旅游人数统计(单位:万人)

年份	1995	1996	1997	1998	1999	2000	2001	2002	2003	2004
人数	100	150	150	160	160	317.7	375	418	394.3	509.2

试根据这些数据分别建立回归预测模型、GM(1,1)预测模型和 BP 神经网络预测模型,并进行模型的检验和比较.

习题 2. 企业自我实现能力即企业充分发挥自身潜能的能力.为了正确地对企业自我实现能力进行综合评价,为企业或有关部门提供数据支持,首先需要建立合理的评价指标体系,它是企业自我实现能力评价模型建立的基础.表 4 – 22 给出了评价企业自我实现能力的一种指标体系.表 4 – 23 给出了我国某省 14 家中小高科技民营企业的相应数据,表中 20 个评价指标由专家评价得出,得分分为 5 个标度:1,0.8,0.6,0.4,0.2,分别对应于很好,好,一般,较差,差,最后一列的综合得分由专家评价法得到.

表 4 – 22　企业自我实现能力评价体系

企业自我实现的能力				
一级指标	探索力	伦理力	经营力	管理力	资源力
二级指标	高峰体验力 I_{15}	外部伦理环境 I_{12}	战斗力 I_9	领导力 I_7	无形资产力 I_4
	创新力 I_{14}	业务往来者伦理 I_{11}	市场力 I_8	结构力 I_6	财力 I_3
	学习力 I_{13}	业务内部伦理 I_{10}		制度力 I_5	物力 I_2
					人力 I_1

表 4 – 23　专家评价数据表

序号	I_1	I_2	I_3	I_4	I_5	I_6	I_7	I_8	I_9	I_{10}	I_{11}	I_{12}	I_{13}	I_{14}	I_{15}	得分
1	0.7	0.8	0.9	1.0	0.7	0.8	0.9	1.0	1.0	0.7	0.6	0.8	0.7	0.9	0.6	0.811 9
2	0.5	0.8	0.9	0.7	1.0	0.7	0.9	0.7	1.0	0.8	0.7	0.7	0.8	0.6	0.775 2
3	0.7	0.9	0.7	0.7	0.8	0.7	0.8	0.8	0.9	0.7	0.7	0.6	0.7	0.8	0.756 7
4	0.6	0.5	0.6	0.7	0.8	0.6	0.7	0.8	0.9	0.7	0.5	0.6	0.6	0.6	0.664 4
5	0.8	0.6	0.7	0.6	0.8	0.7	0.6	0.8	1.0	0.9	0.8	0.7	0.6	0.9	0.749 5
6	0.4	0.7	0.8	0.7	0.7	0.7	0.8	0.8	0.7	0.8	0.6	0.8	0.8	0.7	0.619 5
7	0.7	0.8	0.7	0.7	0.7	0.9	0.7	0.8	0.8	0.8	0.7	0.8	0.8	0.6	0.756 2
8	0.5	0.8	0.8	0.5	0.7	0.7	0.7	0.5	0.8	0.7	0.6	0.8	0.8	0.5	0.610 3

序号	I_1	I_2	I_3	I_4	I_5	I_6	I_7	I_8	I_9	I_{10}	I_{11}	I_{12}	I_{13}	I_{14}	I_{15}	得分
9	0.5	0.6	0.5	0.5	0.8	0.7	0.9	0.7	1.0	0.6	0.6	0.7	0.7	0.7	0.6	0.674 2
10	0.8	0.7	0.8	0.7	1.0	0.8	0.9	0.7	0.8	0.9	0.7	0.8	0.7	0.8	0.7	0.788 4
11	0.7	0.9	0.8	0.7	0.8	0.8	0.9	0.8	0.8	0.5	0.7	0.7	0.6	0.8		0.743 6
12	0.8	0.6	0.7	0.8	0.6	0.9	0.8	0.8	0.7	0.6	0.6	0.7	0.7	0.9	0.7	0.748 2
13	0.4	0.6	0.7	0.6	0.8	0.5	0.8	0.6	0.5	0.4	0.6	0.8	0.6	0.6	0.5	0.593 0
14	0.5	0.7	0.6	0.8	0.6	0.8	0.7	0.8	0.6	0.8	0.6	0.7	0.6	0.8	0.7	0.683 7

试利用 BP 神经网络方法建立企业自我实现能力的综合评价模型.

案例 5　血管的三维重建

一、问题的提出

本案例问题选自 2001 年全国大学生数学建模竞赛 A 题.

序列图像的计算机三维重建是应用数学和计算机技术在医学与生物学领域的重要应用之一[1],是医学和生物学的重要研究方法.它帮助人们由表及里、由浅入深地认识生物体的内部性质与变化,理解其空间结构和形态.生物体的外部形态多种多样,但借助一定的辅助工具,人们凭肉眼一般都能观察清楚;而其内部的复杂结构,却不是一目了然,只有剖开来才能看个究竟.剖的方法很多,其中一种是做成切片.所谓切片就是用一组等间距的平行平面将生物体中需要研究的部位切成薄薄的一片片,每一片就是生物体某一横断面的图像.断面可用于了解生物组织、器官等的形态.例如,将样本染色后切成厚约 1 微米的切片,在显微镜下观察该横断面的组织形态结构.如果用切片机连续不断地将样本切成数十、成百的平行切片,可依次逐片观察.按顺序排列起来就形成切片图像序列,或称序列图像.切片的制作过程实际上是一个分解的过程,即将一个空间中的生物体的有关部分,分解为一系列的平面图像.但是,根据拍照并采样得到的平行切片数字图像,运用计算机重建组织、器官等准确的三维形态,则是序列图像的三维重建问题.[1]

假设某些血管可视为一类特殊的管道,该管道的表面是由球心沿着某一曲线(称为中轴线)的球滚动包络而成.例如圆柱就是这样一种管道,其中轴线为直线,由半径固定的球滚动包络形成.现有某血管的相继 100 张平行切片图像,记录了血管道与切片的交.图像文件名依次为 0.bmp、1.bmp、…、99.bmp,图像文件均为 BMP 格式,宽、高均为 512 个像素(pixel).为简化起见,假设:管道中轴线与每张切片有且只有一个交点,球半径固定,切片间距以及图像像素的尺寸均为 1.取坐标系的 Z 轴垂直于切片,第 1 张切片为平面 $Z=0$,第 100 张切片为平面 $Z=99$.$Z=z$ 时切片图像中像素的坐标为

$(-256,-256,z),(-256,-255,z),\cdots(-256,255,z),$

$(-255,-256,z),(-255,-255,z),\cdots(-255,255,z),$

$\cdots\cdots$

$(255,-256,z),(255,-255,z),\cdots(255,255,z).$

图 4-13 中图像是 100 张平行切片图像中的 6 张,全部图像请从网上(http://mcm.edu.cn)下载.

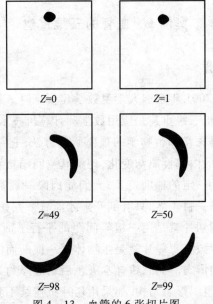

图 4-13　血管的 6 张切片图

血管序列图像的计算机三维重建是切片制作的逆过程.我们的问题是:计算血管道的中轴线与半径(即滚动球的半径),给出具体的算法,并绘制中轴线在 XY、YZ、ZX 平面的投影图.

二、问题的分析与假设

根据所提出问题的假设,血管的表面是由球心沿着某一曲线(中轴线)的球滚动包络而成,且管道中轴线与每张切片有且仅有一个交点,这样经过这个交点必切下球的最大圆面,且这个交点即为球滚动时的球心.实际上,根据文献[2],

可知这种等径管道有如下几何性质.

定理 1[2]　等径管道每个切片的轮廓线是一族半径、圆心连续变化的圆的包络线,而这族圆中半径最大的圆的圆心即为管道的中轴线与切片的交点,半径即为管道半径.

因此,我们用包络的方法把血管三维重建问题的数学模型归结为滚动球半径 r 和中轴线 γ 两部分.也就是说,以中轴线 γ 上每一点为球心,以固定常数 r 为半径作球,产生一球面簇,血管即为该球面簇的包络.我们将 100 张血管横断面图像的内边界按给定的坐标位置放置在空间,可以发现这是一段粗细均匀的血管,见图 4-14.事实上,在无分叉情况下,血管一般可看做粗细均匀的管道.因此,利用包络方法进行建模是合适的.但是,用包络方法表示的曲面可以很复杂,但要表示粗细均匀血管则 r 与 γ 之间应满足一定的约束[1].根据上述分析,我们作如下假设:

1. 血管的表面是由半径固定的球的球心沿着中轴线滚动包络而成;

2. 管道中轴线与每张切片有且只有一个交点;

3. 切片间距以及图像像素的尺寸均为 1;

4. 对切片拍照的过程中不存在误差,数据误差仅与切片数字图像的分辨率有关;

5. 切片足够薄,其厚度对计算的影响可以忽略不计.

因此,解决血管序列图像的三维重建问题首先是确定每张切片图像的最大内切圆,即确定最大内切圆半径和最大内切圆的圆心[1,3-6],其中最大内切圆的半径即为滚动球的半径,而最大内切圆的圆心即为滚动球的球心.虽然在理论上切片的最大内切圆是唯一的,但是由于所给切片是 BMP 格式的图像,是对原血管的切片的连续图形离散化而得到的近似图形,则实际计算时有可能出现在一个切片中同时找到多个最大内切圆,即内切圆不唯一.

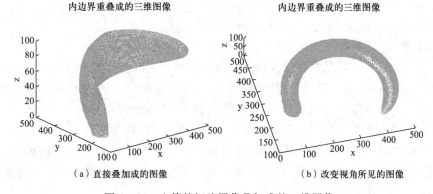

（a）直接叠加成的图像　　　　　　　（b）改变视角所见的图像

图 4-14　血管的切片图像叠加成的三维图像

三、数学模型的建立

血管序列切片图像的三维重建问题首先是求出滚动球的半径和中轴线方程,其次是绘制出中轴线在各个平面上的投影.根据上述分析和假设,我们建立以下模型:

1. 对 i 个切片,求出血管图像的最大内切圆的半径 r_i 和圆心 O_i,$i = 0,1,\cdots,$ 99.我们先分别求图像内边界的和外边界的最大内切圆半径和圆心,然后取它们的平均作为血管图像的最大内切圆半径和圆心.这里图像的内边界指的是图像最外边取 0 的像素点,图像的外边界则是最靠近图像取 1 的像素点.若单独取内边界则可能得到半径过小,这是由于二值数字图像存储方式的原因,反之则可能过大.

2. 根据平均法[1,3],由 $R = \dfrac{1}{100}\sum_{i=0}^{99} r_i$ 确定血管管道的半径,即滚动球的半径.

3. 将各圆心 O_i 坐标(x_i,y_i) 与纵向坐标 $z_i = i(i = 0,1,\cdots,99)$ 分别插值成关于 z 的三次样条曲线,从而得到以纵坐标 z 为参数的中轴线参数方程.

4. 确立误差分析的方法,提出调整算法对第 2 步和第 3 步的结果进行调整.

四、模型的求解

1. 导入血管切片图像数据,存储为三维矩阵

利用 MATLAB 软件,我们将 100 张切片图像数据存储为三维矩阵 A. MAT-LAB 程序如下:

```
for i = 0 :1 :99
        imname = sprintf('% d. bmp ',i) ;
        A( : ,: ,i + 1) = imread( imname) ;
End
```

由于 BMP 格式文件在计算机中是以二进制数进行存储的,每张切片保存在一个二维的由 0 或 1 组成的矩阵中,其中 0 和 1 分别对应于图像中的黑像素和白像素.根据问题中的描述,我们可知每一张 BMP 格式的切片包含了 512×512 个像素,每一个像素都有自己的一个确定的坐标.在转换为矩阵存储后,$A(: ,: ,i + 1)$ 即代表了第 i 张切片图像,此时像素坐标则对应地转换为矩阵的列与行.因此,以下的求解过程中,我们均以像素在矩阵中的位置作为坐标,其中列对应 x 横坐标,行对应 y 坐标.

2. 求出每张切片中血管图像的内边界和外边界

首先,引进图像处理技术中的四邻域概念[4].

四邻域:某个像素的左、右、上、下四个像素称为该像素的四邻域.如图 4 – 15,像素 E,S,W,N 称为像素 O 的四邻域.

求血管图像内边界的算法[4]:逐点找出所有边界点坐标,即对图像进行逐行搜索,当遇到灰度值为 0(黑)的像素点时,再搜索其四邻域内的 4 个点,若在其四邻域中有一个像素的灰度值为 1(白),则该点(指的是前面灰度值为 0 的点,而非四邻域内的点)就是一个内边界点.

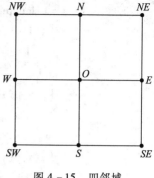

图 4 – 15　四邻域

```
I = A(:,:,i);% I 为第 i 张切片的像素矩阵
E = ones(size(I));% 存储内边界图像
for i = 1:512
        p = find(I(i,:) = = 0);
        if ~ isempty(p)
            E(i,p(1)) = 0;
            E(i,p(end)) = 0;
            for j = 2:length(p) – 1
                if I(i – 1,p(j)) = = 1||I(i,p(j) – 1) = = 1||I(i,p(j) + 1) = = 1||...
                        I(i + 1,p(j)) = = 1
                E(i,p(j)) = 0;
                end
            end
        end
end
imshow(E)
```

求血管图像外边界的算法:逐点找出所有边界点坐标,即对图像进行逐行搜索,当遇到灰度值为 0(黑)的像素点时,再搜索其四邻域内的 4 个点,若在其四邻域任何一点像素的灰度值为 1(白),则该四邻域中的这一点就是一个外边界点.

```
I = A(:,:,i);% I 为第 i 张切片的像素矩阵
E = ones(size(I));% 存储外边界图像
for i = 1:512
```

```
        p = find( I( i, : ) = = 0 );
    if ~ isempty( p )
        for j = 1 : length( p )
            if I( i − 1, p( j ) ) = = 1
                E( i − 1, p( j ) ) = 0;
            end
            if I( i, p( j ) − 1 ) = = 1
                E( i, p( j ) − 1 ) = 0;
            end
            if I( i, p( j ) + 1 ) = = 1
                E( i, p( j ) + 1 ) = 0;
            end
            if I( i + 1, p( j ) ) = = 1
                E( i + 1, p( j ) ) = 0;
            end
        end
    end
end
```

我们将 100 张切片的血管图像边界叠加在一起,就得到了图 4 − 16. 在上述算法程序中,稍作修改便可将每张切片的边界点坐标保存在一个二维数组中,为下一步求解半径所用. 我们在程序中使用下列语句识别:

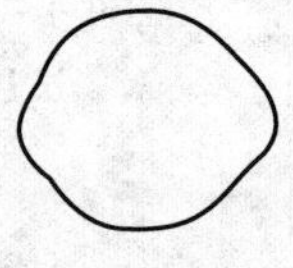

图 4 − 16　第 0 张切片中血管图像的内边界

$$[R, C] = find(E = = 0);$$

其中 R 表示行,C 表示列,即矩阵 E 的第 R(i)行第 C(i)列是边界像素.

3. 求出边界线的最大内切圆的半径和圆心坐标的算法

根据我们对问题的分析和假设,血管的表面是由半径固定的球的球心沿着中轴线滚动包络而成. 每个被截的球体在切片上的投影均是圆,图像的边界是由这些大大小小的圆包络而形成的. 根据定理 1,可知这些圆中过球心的圆的半径最大,即最大内切圆,最大内切圆的半径就是滚动球的半径. 由于这里我们采取像素坐标,如果仅仅按照下述算法寻找内边界的最大内切圆,实际上找到的内切圆半径要比实际的偏小. 因此,我们分别求得内边界和外边界的最大内切圆半径和圆心,再取平均则得到滚动球的半径和球心坐标.

寻找第 i 张切片血管图像边界最大内切圆的算法:

对于 $i = 0, 1, \cdots, 99$.

Step 1. 求出第 i 张切片内边界的最大内切圆.

Step 2. 求出第 i 张切片外边界的最大内切圆.

Step 3. 对 Step 1 和 Step 2 求得的半径和圆心取平均.

结束

上述算法中的 Step 1 和 Step 2 采取逐行搜索完成,具体搜索算法如下:

（1）确定搜索区域

将第 i 张切片血管图像边界的像素坐标存储在 $[R, C]$,取

$$\min R = \min(R); \max R = \max(R);$$

$$\min C = \min(C); \max C = \max(C).$$

则在切片的图像矩阵 I 中既属于从 $\min R$ 行到 $\max R$ 行之间又属于从 $\min C$ 到 $\max C$ 列之间的矩形区域为搜索区域 $D, D = I(\min R : \max R, \min C : \max C)$.

（2）确定最大内切圆半径的算法（离散算法）

这里我们假设圆心坐标落在像素上,此时只需对落在搜索区域的像素逐行搜索,对于圆心不一定落在某个像素上的连续型算法作为课后习题. 对于切片的像素矩阵 I,在 D 的内部进行逐行搜索. 如果遇到一个值为 0 的点,再搜索其四邻域的点,如果四邻域内所有像素点所对应的值都为 0,则该点一定是血管图像边界所包围内部的点,称之为内点. 然后,求出内点到血管图像边界上每一点的距离,则其中的最小距离为即是以该点为圆心的内切圆. 找到所有内点对应的半径后,其中半径最大的内点即为所要找的球心,对应的内切圆即为最大内切圆[3]. 若一张切片出现多个圆心时,鉴于中轴线是连续变化的,我们选取与前一张所得圆心距离最近的圆心为当前切片最大内切圆的圆心.

表 4 - 24　若干切片内边界的最大内切圆的半径和圆心坐标

序号	0	10	20	30	40	50	60	80
半径	29	29	29	29.120 4	29.154 8	29.698 5	29.154 8	29.206 2
行	96	96	95	98	107	138	197	373
列	257	258	267	292	322	369	409	388

表 4 - 25　若干切片外边界的最大内切圆的半径和圆心坐标

序号	0	10	20	30	40	50	60	80
半径	30	30	30	30.083 2	30.083 2	30.413 8	30.083 2	30.016 7
行	96	96	96	98	105	137	197	359
列	257	258	265	292	317	368	409	397

先对内外边界的最大内切圆半径取平均,然后再对 100 个半径取平均值,得到滚动球的半径(管道的半径)为 $R = 29.635\ 4$

4. 由血管图像边界的最大内切圆圆心确定出中轴线及其坐标平面上投影

利用上述计算获得的 100 个圆心坐标,我们采用样条插值算法来拟合血管管道的中心轴线. 也就是,分别将行和列坐标插值成关于 z 坐标的曲线,则可得到关于 z 的参数方程,同时得到中轴线在 xy 平面的投影图,见图 4 – 17. 同理,可获得中轴线在 zy,zx 平面的投影图,见图 4 – 17.

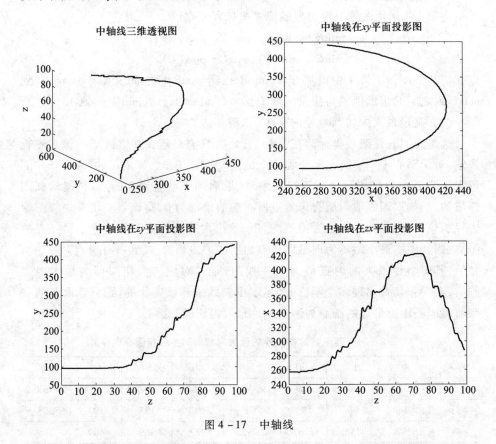

图 4 – 17   中轴线

由所求得的中轴线和滚动球半径,利用 MATLAB 中的 sphere 函数重建的三维血管图像见图 4 – 18.

五、模型的评价

下面,我们通过所求得的中轴线和滚动球半径,来重建已知位置的切片图像,然后通过与问题所给切片图像进行对比来对上述模型和算法进行评价. 根据

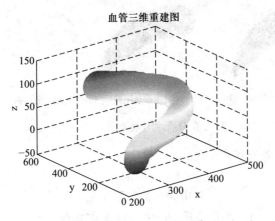

图 4 - 18　重建的血管图像

定理 1 可知球心属于第 i 层的球将被上下不超过球半径 R 的层所切,就问题所给出的切片而言,即被第 $i-29,i-28,\cdots,i-1,i,i+1,\cdots,i+28,i+29$ 层所切. 反之,第 i 层切片的图像是切上下球心离该切片的垂直距离不超过 R 球所成的图像,如图 4 - 19 所示.

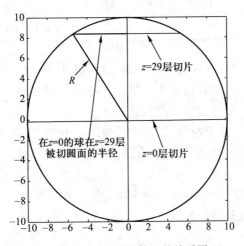

图 4 - 19　截圆面与轴心的关系图

根据上面分析,我们则可把球心位于中轴线 $z\in[i-R,i+R]$ 上的球被 $z=i$ 所截下的所有像素点投影到 $z=i$ 平面上,其中这些截圆面的半径为 $\sqrt{R^2-(z-i)^2}$,则这些像素点所重叠成的图像即为重建血管的切片图像.图 4 - 20 即为第 31 张切片($z=30$)的原始图像、重建图像以及两者的差.

从上图可以直观地看出,我们的重建效果是比较好,但是不够定量化.下面

第31张切片原始图像(z=30)　第31张切片重建图像(z=30)　原始图像与重建图像的差(z=30)

图4-20　第31张切片重建效果比较图($z=30$)

利用以下相对误差公式来量化:

$$\text{Error} = \frac{|Ir_i - I_i|\text{不为零的像素个数}}{I_i\text{中为0的像素个数}} \times 100\%,$$

其中I_i表示第i张切片图像矩阵,Ir_i为重建图像矩阵.显然,$|Ir_i - I_i|$不为零的像素个数即是图4-20中右图中黑色部分的像素点个数,I_i像素为0的部分即图4-20中左图中黑色部分的像素点个数.表4-26给出了若干张重建切片的相对误差.

表4-26　若干张重建切片的相对误差

序号	30	35	40	45	50	55	60	65
相对误差	4.67%	7.25%	8.92%	15.15%	9.48%	6.60%	6.77%	6.17%

从上表可以看出,在第46张切片附近,重建的相对误差比较大.它有可能是我们限制圆心在像素点上,或者出现多个候选圆心时我们的选取原则不合适等造成的,这些都可以进一步分析研究的地方.

为了节约计算机搜索时间,我们在模型求解中只对像素所在行列进行搜索,但是滚动球的中心完全可以不在像素点上.还有血管图像的内边界和外边界的最大内切圆的不唯一问题,这些请学生们去思考和分析.另外,我们在求中轴线时采用的是样条插值,同学们不妨用多项式拟合来求解,将会发现重建的曲面边缘光滑多了,这也留着课后习题.

参考文献

[1] 汪国昭,陈凌钧.血管三维重建的问题.工程数学学报(建模专辑),2002,19(5):54-58.

[2] 陈凌钧,骆岩林.等径管道的三维重建.高校应用数学学报,1998,13(增刊):86-90.

[3] 徐晋,刘雪峰,柏容刚.血管的三维重建.工程数学学报.2002,19(5):

35 – 40.

　[4] 廖武斌,邓俊晔,王丹.管道切片的三维重建.工程数学学报,2002,19(5):22 – 28.

　[5] 丁峰平,周立丰,李孝朋.血管管道的三维重建.工程数学学报.2002,19(5):47 – 53.

　[6] 赵小健,陈立璋,吴小波,张传林.血管的三维重建.暨南大学学报(自然科学版),2003,24(5):43 – 46.

　习题 1. 血管的三维重建续一

　根据下述问题进一步研究血管的三维重建模型:

　(1) 血管图像最大内切圆的圆心不一定位于像素点上,试建立连续求解的方法;

　(2) 当最大内切圆的圆心不唯一时,试设计选取圆心的方法;

　(3) 试用拟合方法求中轴线方程.

　根据以上问题,构建自己的血管三维重建模型并求解.

　习题 2. 血管的三维重建续二

　在 MATLAB 软件中,若将二值图像放大,可看到像素点为一个个小方块,如图 4 – 21 所示每一小方块代表 1 个像素.视 1 个像素为 1 单位长的正方形,建立如下坐标系,继续研究血管的三维重建,给出自己的模型和算法.显然,在下述坐标系下,512 × 512 个像素的图像最左边的横坐标是 0,最右边的横坐标是 512.

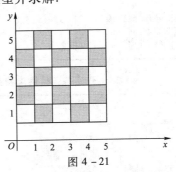

图 4 – 21

案例 6　泄洪设施修建计划的数学模型

一、问题的提出

　本案例问题来自江西省 2010 年研究生数学建模竞赛 B 题.

　2010 年入夏以来,由于史无前例的连日大雨侵袭,加上一些天然河流泄洪不畅造成大面积水灾,严重影响到百姓的生命财产安全.为此,某乡政府打算着手解决防汛水利设施建设问题,即通过开挖小型排洪沟(以下简称为排洪沟)与修建新的泄洪河道来满足防汛需要.经测算,新修建泄洪河道的费用为 $P = 0.66Q^{0.51}L$(万元),其中 Q 表示泄洪河道的可泄洪量(万立方米/小时),L 表示泄洪河道的长度(千米).现需要通过数学建模的方法解决以下三个问题.

问题 1：该乡原有四条天然河流，其泄洪能力逐年减弱（见表 4 - 27），有 8 条可供开挖排洪沟的路线，其费用及泄洪量见表 4 - 28，且泄洪量以平均每年 10% 的速率减少；同时修建一段 20 千米长的泄洪河道，需三年时间完成. 从 2011 年开始，连续三年，每年最多可提供 50 万元用于开挖排洪沟和修建泄洪河道. 为了保证从 2011 至 2015 年至少达到 150、160、170、180、190 万立方米/小时的泄洪能力，给出一个从 2011 年起三年的同时开挖排洪沟和修建泄洪河道计划，以使总开支尽量少.

表 4 - 27　现有四条天然河道在近几年的可泄洪量（万立方米/小时）

编号 \ 年份	2002	2003	2004	2005	2006	2007	2008	2009	2010
1 号	32.2	31.3	29.7	28.6	27.5	26.1	25.3	23.7	22.7
2 号	21.5	15.9	11.8	8.7	6.5	4.8	3.5	2.6	2.0
3 号	27.9	25.8	23.8	21.6	19.5	17.4	15.5	13.3	11.2
4 号		46.2	32.6	26.7	23.0	20.0	18.9	17.5	16.3

表 4 - 28　开挖各条排洪沟费用（万元）和预计当年可泄洪量（万立方米/小时）

编号	1	2	3	4	5	6	7	8
开挖费用	5	7	5	4	6	5	5	3
当年泄洪量	25	36	32	15	31	28	22	12

问题 2：该乡共有 10 个村，各村的地理位置如图 4 - 22 所示，其中村⑩距离主干河流最近且海拔高度最低，表 4 - 29 为各村之间修建新泄洪河道的长度，且各村按海拔由高到低的顺序编号. 从长远考虑，乡政府打算拟修建在各村之间互通的新泄洪河道网络，将洪水先引入村⑩后，再经村⑩引出到主干河流. 根据表 4 - 29 中的数据，为该乡提供一个修建新泄洪河道网络的合理方案，使得总费用尽量少.

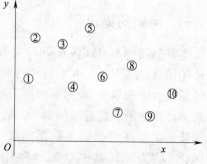

图 4 - 22　各村的示意图与序号

表 4 − 29 各村之间修建新泄洪河道的长度(单位:千米)

序号	2	3	4	5	6	7	8	9	10
1	11	15	14	22	19	25	29	31	36
2		10	18	15	21	28	27	32	35
3			13	10	13	21	20	24	30
4				15	10	15	17	23	26
5					15	22	16	19	26
6						14	9	13	20
7							16	7	14
8								18	16
9									11

问题 3:新泄洪河道铺设完成后,安排一位维护人员,每天可以从一个村到相邻村进行维护工作,并在到达的村留宿,次日再随机地选择一个相邻的村进行维护工作. 问他在各村留宿的概率分布是否稳定?

二、模型的建立与求解

问题 1 的模型与求解.

1. 基本假设

(1)泄洪河道未修完时假设其泄洪能力为 0,且设泄洪河道设计的泄洪能力为 50 万立方米/小时.

(2)修完的泄洪河道的排洪能力不考虑随时间减弱.

(3)设三年内每条排洪沟只开挖一次,且不跨年度开挖.

2. 符号说明

$x_{i,j}$ 表示第 i 年是否开挖第 j 条排洪沟,其中 $x_{i,j} = 1$ 表示第 i 年开挖第 j 条排水沟,$x_{i,j} = 0$ 表示第 i 年不开挖第 j 条排水沟. c_j 表示开挖第 j 条沟的费用,q_j 表示第 j 条沟的泄洪能力,Q_i 表示第 i 年排洪要求,Q_{i1} 表示第 i 年四条天然河道的排洪量总量,L_i 表示第 i 年修的泄洪道的长度为 L_i 千米.

3. 模型的分析及建立

对问题 1 模型的建立主要分为以下几个步骤:

(1)根据已知数据对四条天然河道在 2010 年后五年内的排水量进行曲线拟合,以便预测 2011 ~ 2015 年四条天然河道的泄洪能力。对这四条天然河道分别用一次多项式拟合、指数拟合,预测结果见表 4 − 30,其中 1 号与 3 号河道是用一次多项式拟合, 2 号与 4 号河道用的是指数拟合, 且 4 号河道拟合时所用拟合数据不包含 2003 年的数据. 这里的指数拟合的模型为 $y = a e^{bx}$.

表 4 – 30　天然河道泄洪能力的预测结果表

年份	2011 年	2012 年	2013 年	2014 年	2015 年
1 号	21.447 2	20.245 6	19.043 9	17.842 2	16.640 6
2 号	1.449 3	1.074 4	0.796 5	0.590 5	0.437 8
3 号	9.130 6	7.045 6	4.960 6	2.875 6	0.790 6
4 号	13.798 7	12.343 4	11.041 6	9.877 1	8.835 4
总和	45.825 8	40.709	35.842 6	31.185 4	26.704 4

(2) 建立目标函数 $P = \min \sum\limits_{i=1}^{3} (\sum\limits_{j=1}^{8} x_{ij} c_j + 0.66 Q^{0.51} L_i)$, 其中 P 是最小费用, $Q = 50$.

(3) 约束条件为

$$0.66 Q^{0.51} L_i + \sum_{j=1}^{8} c_j x_{ij} \leqslant 50, \quad i = 1, 2, 3; \tag{39}$$

$$\sum_{i=1}^{3} L_i = 20; \tag{40}$$

$$\sum_{i=1}^{3} x_{ij} \leqslant 1, \quad j = 1, 2, 3, 4, 5, 6, 7, 8; \tag{41}$$

$$Q_{11} + \sum_{j=1}^{8} x_{1j} q_j \geqslant Q_1; \tag{42}$$

$$Q_{21} + 0.9 \sum_{j=1}^{8} x_{1j} q_j + \sum_{j=1}^{8} x_{2j} q_j \geqslant Q_2; \tag{43}$$

$$Q_{31} + 0.9^2 \sum_{j=1}^{8} x_{1j} q_j + 0.9 \sum_{j=1}^{8} x_{2j} q_j + \sum_{j=1}^{8} x_{3j} q_j \geqslant Q_3 \tag{44}$$

$$Q_{41} + 0.9^3 \sum_{j=1}^{8} x_{1j} q_j + 0.9^2 \sum_{j=1}^{8} x_{2j} q_j + 0.9 \sum_{j=1}^{8} x_{3j} q_j + Q \geqslant Q_4; \tag{45}$$

$$Q_{51} + 0.9^4 \sum_{j=1}^{8} x_{1j} q_j + 0.9^3 \sum_{j=1}^{8} x_{2j} q_j + 0.9^2 \sum_{j=1}^{8} x_{3j} q_j + Q \geqslant Q_5; \tag{46}$$

其中 (39) 式表示第 i 年修泄洪道的费用与第 i 年用来挖排洪沟的费用之和应小于每年最多可提供的 50 万元; (40) 式表示三年内修的泄洪道总长要达到 20

千米;(41)式表示三年内第 j 条排洪沟最多只能被挖一次;(42)式表示第一年被开挖排洪沟的排洪量 $\sum\limits_{j=1}^{8} x_{1j}q_j$ 与天然河道的排洪量之和不小于第一年所要求的最小排洪量 Q_1;同理有(43)式和(44)式;(45)式和(46)式表示新修泄洪河道与天然河道及三年内已挖的排洪沟一起排洪,它们总排洪量应不小于当年所要求的排洪量。该模型是在满足以上约束条件的情况下,计算最小费用 P.

4. 模型求解

用 LINGO 软件编写上述模型(39)~(46)的求解程序,得执行结果 $x_{12} = x_{15} = x_{16} = x_{18} = x_{21} = x_{33} = 1$, $P = 128.061\ 9$, $L_1 = 1.455\ 127$, $L_2 = 9.272\ 437$, $L_3 = 9.272\ 437$,即在第一年开挖 2,5,6,8 号四条排洪沟,修建泄洪河道 1.455 127 千米,第二年开挖 1 号排水沟,修建泄洪河道 9.272 437 千米,第三年开挖 3 号排洪沟,修建泄洪河道 9.272 437 千米. 因此,在保证排洪量需求的前提下,同时开挖排洪沟和修建泄洪河道的最少费用为 128.061 9 万元.

问题 2 的模型与求解.

1. 基本假设

(1) 允许泄洪河道相互交叉,若有交叉,在实际应用上,泄洪量可由闸门控制.

(2) 所建的新泄洪河道网络流向是由西向东的.

(3) 假设所有泄洪河道的泄洪能力相同,均为 50 万立方米/小时.

2. 符号说明

$Q_{i,j}$ 为第 i 个村庄到第 j 个村庄泄洪河道的流量,S_{ij} 表示第 i 个村庄到第 j 个村庄的距离,其中 $Q_{i,j} = 0$ 表示不修建村庄 i 到村庄 j 间的河道,$Q_{i,j} = 1$ 表示修建村庄 i 到村庄 j 间的河道.

3. 模型分析及建立

根据模型假设,我们所建的新泄洪河道网络流向是单向的,即从海拔高处往海拔低处流. 由表 3 和图 1 可知,序号为(1)的村庄只能流出而没有流入,序号为(2)的村庄只有(1)流入,它的流出却有 8 种选择,同理,村(3),(4),(5),(6),(7),(8),(9)的流出依次有 7,6,5,4,3,2,1 种选择.

在费用最小目标下,依据流入每个村的泄洪量加上自身的泄洪量小于或等于这个村流出的泄洪量,再根据每条泄洪河道的泄洪能力为 50 万立方米/小时的要求等原则建立数学模型:

目标函数:$F = \min \sum\limits_{i=1}^{9} \sum\limits_{j=i+1}^{10} 0.66\ (50Q_{ij})^{0.51} S_{ij}$, $\hspace{2em}$ (47)

$$\text{约束条件:}\begin{cases} \sum_{k=1}^{i-1} Q_{ki} \leqslant \sum_{j=i+1}^{10} Q_{ij}, \quad i = 2,\cdots,9, & (48) \\ \sum_{j=i+1}^{10} Q_{ij} >= 1, \quad i = 1,\cdots,9, & (49) \\ Q_{ij} = 0, i \geqslant j, \; Q_{ij} = 0 \text{ 或者 } 1, \quad i < j & (50) \end{cases}$$

其中 F 是修建泄洪河道的最小费用;(48)式表示进入各村的泄洪河道的数量 $\sum_{k=1}^{i-1} Q_{ki}$ 小于流出各村的泄洪河道的数量 $\sum_{j=i+1}^{10} Q_{ij}$;(49)式表示前 9 个村中每个村至少有一条泄洪河道流出来;(50)式表示 Q_{ij} 为 0 - 1 变量.

4. 模型求解

利用 LINGO 软件,编写上述模型(47) ~ (50)的求解程序,其程序执行结果如下:

$$Q_{12} = Q_{23} = Q_{35} = Q_{47} = Q_{56} = Q_{68} = Q_{79} = Q_{8,10} = Q_{9,10} = 1.$$

因此,需在村①与村②之间、村②与村③之间、村③与村⑤之间、村④与村⑦之间、村⑤与村⑥之间、村⑥与村⑧之间、村⑦与村⑨之间、村⑧与村⑩之间、村⑨与村⑩之间开挖泄洪河道,即如图 2 所示,其中连线表示河道,箭头表示流向.因此我们在保证各村排洪量的前提下,确定了需修建的泄洪河道的网络路线图,且所需最小费用为 $F = 504.721\ 7$ 万元.

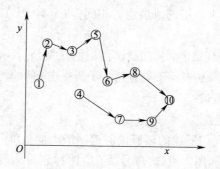

图 4 - 23　修建泄洪河道的开挖路线图

问题 3 的模型与求解

1. 马尔可夫链的基本知识[1, 3, 4, 5, 6]

马尔可夫过程是随机过程的一个分支,它最基本最重要的特征是:"无后效性"(也称"马氏性"),即在已知随机过程"现在"状态的条件下,其"将来"的状态与"过去"的状态无关. 状态和时间均离散的马尔可夫过程称为马尔可夫链[4]. 即设 $\{X_n, n = 0, 1, 2, \cdots\}$ 是一个离散随机变量序列. 而每个 X_n 可能取的值

皆属于 E 中,其中 E 是一个有限的实数集合,通常 $E = \{0,1,2,\cdots,m\}$. 如果随机变量序列 $\{X_n, n = 0,1,2\cdots\}$ 中 X_{n+1} 的条件概率分布只依赖于 X_n 的值,而与所有更前面的值无关,即

$$P(X_{n+1} = i_{n+1} \mid X_n = i_n, X_n = i_{n-1}, \cdots, X_0 = i_0) = P(X_{n+1} = i_{n+1} \mid X_n = i_n),$$

则称该随机过程是一个有限状态的马尔可夫链,E 为状态空间,$\{0,1,2,\cdots\}$ 为时间参数集[3,5].

若此时随机变量从 i 状态转移到 j 状态与时刻 k 无关,即

$$p_{ij}(k) = P(X_{k+1} = j \mid X_k = i) = p_{ij}$$

则称这类马尔科夫链为齐次马尔可夫链[5]. 对于马尔可夫链,若 $\pi_j = \sum_{i \in S} \pi_i p_{ij}$, 概率分布 $\{\pi_j, j \in S\}$ 称为不变的[1,6],即极限分布在转移概率矩阵变换下是不变的[3]. 也就是说只要它的概率分布 π 满足方程组

$$\begin{cases} \pi P = \pi, \\ \sum_{i=1}^{n} \pi_i = 1, \end{cases}$$

其中 $\pi = (\pi_1, \cdots, \pi_n)$. 那么这个概率分布就是不变分布,不变分布说明此马尔可夫链是平稳的[3]. 如果对转移概率矩阵 P,有唯一的解,就说明此马尔可夫链有唯一的不变的概率分布.

2. 模型分析

通过对问题 2 的求解知道,最终 10 个村庄修建泄洪河道的网络图,如图 4 – 24 所示. 观察维修人员的线路图,很明显,维修人员去各村维修的概率与时间变量无关,因此可以将其看成是一个齐次马尔可夫链,则可用转移概率矩阵建立模型进行求解. 只要关于 π 的方程

$$\begin{cases} \pi P = \pi, \\ \sum_{i=1}^{n} \pi_i = 1, \end{cases}$$

有解,那么维修人员在各村留宿的概率分布不变的,即维修人员在各村留宿的概率分布是稳定的,如果方程解唯一,则说明此马尔可夫链的概率分布是唯一的不变分布.

3. 等可能概率模型的建立与求解

假设维护人员是等概率对相通的村庄之间的泄洪河道进行维修. 如图 4 – 24

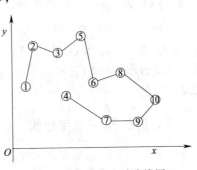

图 4 – 24　维修人员路线图

中所示,当维修人员正处于①号村时,则以概率 1 沿①号村与②号村之间的河道巡视,并在②号村留宿;当维护人员当前所在为⑦村时,则他下一个留宿点有可能是 4 号村,也有可能是 9 号村,留宿概率均为 1/2,即两个方向等概率. 依次类推可以得到去各村的概率,即得到转移矩阵 P 且满足方程组

$$\begin{cases} \pi P = \pi, \\ \sum_{i=1}^{10} \pi_i = 1 \end{cases} \tag{51}$$

其中 $\pi = (\pi_1, \cdots, \pi_{10})$ 为维修员到各村的稳定概率向量,转移概率矩阵

$$P = \begin{bmatrix} 0 & 1 & 0 & 0 & 0 & 0 & 0 & 0 & 0 & 0 \\ \frac{1}{2} & 0 & \frac{1}{2} & 0 & 0 & 0 & 0 & 0 & 0 & 0 \\ 0 & \frac{1}{2} & 0 & 0 & \frac{1}{2} & 0 & 0 & 0 & 0 & 0 \\ 0 & 0 & 0 & 0 & 0 & 0 & 1 & 0 & 0 & 0 \\ 0 & 0 & \frac{1}{2} & 0 & 0 & \frac{1}{2} & 0 & 0 & 0 & 0 \\ 0 & 0 & 0 & 0 & \frac{1}{2} & 0 & 0 & \frac{1}{2} & 0 & 0 \\ 0 & 0 & 0 & \frac{1}{2} & 0 & 0 & 0 & 0 & \frac{1}{2} & 0 \\ 0 & 0 & 0 & 0 & \frac{1}{2} & 0 & 0 & 0 & 0 & \frac{1}{2} \\ 0 & 0 & 0 & 0 & 0 & \frac{1}{2} & 0 & 0 & 0 & \frac{1}{2} \\ 0 & 0 & 0 & 0 & 0 & 0 & \frac{1}{2} & 0 & 0 & \frac{1}{2} \end{bmatrix}. \tag{52}$$

方程组(51)若有解,则表示维护人员在各村留宿的概率分布是稳定的. 求解方程组(51)得

$\pi = (0.055\,6, 0.111\,1, 0.111\,1, 0.055\,6, 0.111\,1, 0.111\,1, 0.111\,1,$
$0.111\,1, 0.111\,1, 0.111\,1)$.

由此可见方程组(51)有解且唯一,即长此以往,维护人员在各村留宿的概率分布是稳定的.

三、模型的结论与评价

本文提出的问题是在现实生活中所反映的问题,迫切的需要解决,我们将其问题转换成数学问题,用数学思维及数值模拟的方法解决问题,对问题 1,我们

将该问题转为 0 - 1 规划模型,利用数学软件(Matlab,LINGO 软件)对模型实施求解,模型的精确性和可靠性较高. 对问题 2,我们同样将该问题转为 0 - 1 规划模型,整个模型具有较大的实用性和可靠性,考虑了各村之间所有的流向,这样保证了模型的全面性. 对问题 3,主要应用其马尔可夫链的性质及转移概率矩阵的相关知识建立模型,给出了等概率马尔可夫链模型,从而获知维护人员在各村留宿的概率分布是稳定的. 最后需要指出的是,在更一般性的假设条件下,本文所讨论的问题是值得进一步研究的,例如问题 1 中若假设泄洪河道的泄洪量是随时间变弱的,问题 2 中假设各村子的泄洪河道的泄洪能力可以不相同等.

参考文献

[1] 张波,张景肖.应用随机过程.北京:清华大学出版社,2004.

[2] 姜启源,谢金星,叶俊.数学模型.3 版.北京:高等教育出版社,2003.

[3] 邱淑芳,喻逸君,沈嵘. 基于 MARKOV 链的大学英语教学水平评价.江西科学,2009,27(4):548 - 551.

[4] 彭志行,鲍昌俊,赵杨,夏乐天,于浩,陈峰. 加权马尔可夫链在传染病发病情况预测分析中的应用.数学的实践与认识,2009,39(23):92 - 99.

[5] 王泽文,张文,邱淑芳.灰色 - 马尔可夫模型的改进及其参数计算方法.数学的实践与认识,2009,39(1):125 - 131.

[6] 钱敏平,龚光鲁.随机过程论.2 版.北京:北京大学出版社,2000.

[7] 黄良沛,成涛,罗忠诚. 复杂供水系统优化调度的数学模型与求解方法研究.数学的实践与认识,2009,39(7):1 - 7.

[8] 李小霞,王泽文,阮周生. 泄洪设施修建计划的数学模型.数学的实践与认识,2012,42(8):117 - 125.

习题 1. 晚自习教室的优化管理问题. 请同学们根据自己学校的实际情况,根据学校教室分布、教室用电量、学生数量等设计一种管理晚自习教室的管理方案,且方案需满足以下基本原则:(1) 符合节能的原则;(2) 尽可能提高学生的满意度。

进一步,可以考虑设置一些处理特殊需求的应急预案,例如某考试前期,要求低年级学生必须晚自习等.

习题 2. 学校课表安排问题. 调查自己所在学校的办学规模、专业设置、师资队伍、教室资源等情况,通过数学建模的方法为教务管理部门设计一个排课方案,要求:

(1) 符合一定的教育教学规律,例如专业主干课程安排在最佳学习时间,综合考虑理论课与实践课之间的协调;

（2）让同学们满意,例如同一门课最好是隔天上一次等(需要作调查);

（3）让学校管理部门和教室也感到满意(需要作调查);

（4）建立排课的数学模型与算法,并就自己学校的实际情况计算出的方案,若能形成软件则更好.

案例7　基于灰色模型的棉花产量预测

一、问题的提出

棉花是人民生活的必需品,也是重要的工业原料和军用物资.在国民经济发展中起着重要的作用,国际国内需求量很大.在农业生产中,种植棉花效益比较高,所以说种植棉花是农民发家致富的好途径.搞好棉花生产,有利于农业生产结构的调整,具有重要的现实意义和深远的战略意义.随着全球棉花消费量大幅提升,对于世界棉花市场来说,国际贸易已经越来越重要.不仅仅是纺织贸易一体化扩大了世界棉花需求,同时,纺织厂棉花用量的地缘转移也增强了贸易在全球纺织工业棉花需求中的重要性.科学地、准确地预报棉花产量,将直接影响棉花的库存情况,为各级政府提供及时、准确的棉花生产产量预报,对政府进行农业决策具有重大的意义.

现有1987年至2003年全国棉花产量的统计数据(见表4-31),根据这些数据建立预测模型,预报未来全国的棉花生产产量,并对预测模型进行检验.

表4-31　某地区历年棉花产量

年份	1987	1988	1989	1990	1991	1992	1993	1994	1995	1996
产量	424.5	414.9	378.8	450.8	567.5	450.8	373.9	434.1	476.8	420.3
年份	1997	1998	1999	2000	2001	2002	2003			
产量	460.3	450.1	382.9	441.7	532.4	491.6	486			

二、问题的分析与假设

预测是根据过去的实际数据资料,应用现代的科学理论和方法,以及丰富的经验和敏锐的判断力,去探索人们所关心的事物在今后的发展趋势,并作出估计和分析,以指导未来的行动方向,减少对未来事件的不确定性.目前,预测的方法有多种,例如时间序列预测方法、回归预测方法、神经网络方法、灰色预测方法等.基于灰色系统理论建立的动态预测模型,称为灰色预测[1],其中应用最广泛的是GM(1,1)序列预测模型[1-6].自20世纪80年代邓聚龙教授提出以来,由于其所需样本量少,计算简便等优点,已被广泛应用于社会、经济、生态、农业等各个领域.

在此,我们利用灰色预测方法对棉花产量进行预测.为此作假设:棉花产量问题的内在机理是一个灰色问题.

灰色预测是通过对原始数据的处理和灰色模型的建立,发现和掌握系统发展规律,对系统的未来状态作出科学的定量预测方法.传统的灰色模型GM(1,1)主要适用于预测时间短,数据资料少,波动不大的系统对象,其预测趋势都是一条较为平滑的曲线,对于随机波动性较大的数据序列拟合性较差、预测精度较低;而在马尔可夫链理论中,转移概率可以反映随机因素的影响程度,因此适用于预测随机波动较大的动态过程,这恰恰可以弥补灰色预测的局限;但马氏链的预测对象要求具有马氏链平稳过程等均值的特点,而客观世界中的预测问题大多是随时间变化或呈模糊变化趋势的非平稳过程,如若采用灰色GM(1,1)模型对预测问题进行数据拟合,找出其变化趋势,则可以弥补马氏链预测的局限.因此,将灰色GM(1,1)模型与马尔可夫预测模型结合[4,7],则可达到取长补短之效.因此,进一步假设:棉花产量问题是个符合马尔可夫链特点的非平稳随机序列.

三、数学模型的建立

1. 模型 1:GM(1,1)模型

一次累加 GM(1,1)模型是最常用的一种灰色动态预测模型,它是由一个包含一个单变量的一阶微分方程构成的模型.设有变量 $x^{(0)}$ 的原始数据序列为

$$x^{(0)} = \{x^{(0)}(1), x^{(0)}(2), \cdots, x^{(0)}(n)\}, \tag{53}$$

其中 $x^{(0)}(i) > 0, i = 1, 2, \cdots, n$.

对原始数据作一次累加后为

$$x^{(1)} = \{x^{(1)}(1), x^{(1)}(2), \cdots, x^{(1)}(n)\}, \tag{54}$$

其中 $x^{(1)}(k) = \sum_{i=1}^{k} x^{(0)}(i), k = 1, 2, \cdots, n$.

由一阶灰色模块 $x^{(1)}$ 建立 GM(1,1)模型,对应白化微分方程为如下初值问题

$$\begin{cases} \dfrac{\mathrm{d}x^{(1)}(t)}{\mathrm{d}t} + ax^{(1)}(t) = u, \\ x^{(1)}(1) = x^{(0)}(1), \end{cases} \tag{55}$$

其中 a 和 u 为待辨识的参数.

上述方程两边在 $[k, k+1]$ 上积分,则得

$$x^{(1)}(k+1) - x^{(1)}(k) + a\int_k^{k+1} x^{(1)}(t)\mathrm{d}t = u. \tag{56}$$

注意到 $x^{(1)}(k+1) - x^{(1)}(k) = x^{(0)}(k+1)$,则(4)式为

$$x^{(0)}(k+1) + a\int_k^{k+1} x^{(1)}(t)\mathrm{d}t = u, \tag{57}$$

其中 $k=1,2,\cdots,n-1$. 实际上当 $k=1,2,\cdots,n-1$ 时,我们得到了由 $n-1$ 个方程 2 个待辨识参数(未知量)构成的方程组,写成矩阵形式为

$$Y = AX, \tag{58}$$

其中 $Y=[x^{(0)}(2),x^{(0)}(3),\cdots,x^{(0)}(n)]^{\mathrm{T}}$, $X=[a,u]^{\mathrm{T}}$, $A=\begin{bmatrix} -Z^{(1)}(2) & 1 \\ -Z^{(1)}(3) & 1 \\ \vdots & \vdots \\ -Z^{(1)}(n) & 1 \end{bmatrix}$,

$Z^{(1)}(k+1)=\int_{k}^{k+1}x^{(1)}(t)\mathrm{d}t$, $k=1,2,\cdots,n-1$. $Z^{(1)}(k+1)$ 称为 GM(1,1) 模型

的背景值,一般取 $Z^{(1)}(k+1)=\dfrac{1}{2}[x^{(1)}(k+1)+x^{(1)}(k)]$.

由最小二乘法得到方程组(58)的最小二乘解为

$$\hat{X}=[\hat{a},\hat{u}]^{\mathrm{T}}=(A^{\mathrm{T}}A)^{-1}A^{\mathrm{T}}Y, \tag{59}$$

将 a 和 u 的最小二乘解 $\hat{a}$ 和 $\hat{u}$ 代入,便得方程(55)的离散近似解

$$\hat{x}^{(1)}(k)=\left(x^{(0)}(1)-\frac{\hat{u}}{\hat{a}}\right)\mathrm{e}^{-\hat{a}(k-1)}+\frac{\hat{u}}{\hat{a}}. \tag{60}$$

还原到原始数据,即为 GM(1,1) 动态预测模型

$$\hat{x}^{(0)}(k+1)=\hat{x}^{(1)}(k+1)-\hat{x}^{(1)}(k)=(1-\mathrm{e}^{\hat{a}})\left[x^{(0)}(1)-\frac{\hat{u}}{\hat{a}}\right]\mathrm{e}^{-\hat{a}k}. \tag{61}$$

2. 模型 2:灰色 – 马尔可夫预测模型

设 $\{X_n,n=0,1,2,\cdots\}$ 就是一个离散随机变量序列,而每个 X_n 所可能取的值皆属于 E,其中 E 是一个有限的实数集合,通常 $E=\{0,1,2,\cdots,m\}$. 如果随机变量序列 $\{X_n,n=0,1,2,\cdots\}$ 中 X_{n+1} 的条件概率分布只依赖于 X_n 的值,而与所有更前面的值无关,即

$$P(X_{n+1}=i_{n+1}\mid X_n=i_n,X_n=i_{n-1},\cdots,X_0=i_0)=P(X_{n+1}=i_{n+1}\mid X_n=i_n),$$

则称该随机过程是一个有限状态的马尔可夫链[8~9],E 称为状态空间,$\{0,1,2,\cdots\}$ 称为时间参数集.

在描述马尔可夫链的多维概率分布时,最重要的是条件概率 $P(X_{k+1}=i_{k+1}\mid X_k=i_k)$[1,2],称这一条件概率为时刻 k 时的一步转移概率

$$p_{ij}(k)=P(X_{k+1}=j\mid X_k=i),$$

它表示在时刻 k 时 X_k 取 i 值的条件下,在下一时刻 $k+1$ 时 X_{k+1} 取 j 值的概率. 显然,$p_{ij}(k)$ 具有性质:(1) $p_{ij}(k)\leqslant 0$, $i,j\in E$;(2) $\sum_{j\in E}p_{ij}(k)=1$, $i\in E$. 若此时随机变量从 i 状态转移到 j 状态与时刻 k 无关,即

$$p_{ij}(k) = P(X_{k+1} = j \mid X_k = i) = p_{ij},$$

则称这类马尔可夫链为齐次马尔可夫链.

设 $\boldsymbol{P}$ 代表一步概率 p_{ij} 所组成的矩阵,对于有限状态的齐次马尔可夫链,则

$$\boldsymbol{P} = \begin{bmatrix} p_{00} & p_{01} & \cdots & p_{0m} \\ p_{10} & p_{11} & \cdots & p_{1m} \\ \vdots & \vdots & & \vdots \\ p_{m0} & p_{m1} & \cdots & p_{mm} \end{bmatrix}, \qquad (62)$$

称为一步转移概率矩阵,显然对于 $i = 0, 1, \cdots, m$ 有 $\sum_{j=0}^{m} p_{ij} = 1$. 类似地,可以定义马尔可夫链的 n 步转移概率矩阵,齐次马尔可夫链 n 步转移概率矩阵等于其一步转移概率矩阵自乘 n 次[1,2].

一般只要考察一步状态转移概率矩阵 $\boldsymbol{P}$,设预测对象处于状态 k,则考察 $\boldsymbol{P}$ 矩阵的第 k 行,若 $\max_j p_{kj} = p_{kL}(j = 1, 2, \cdots, m)$,则可认为下一时刻系统最有可能由状态 k 转向 L. 如果矩阵 $\boldsymbol{P}$ 中第 k 行有两个或两个以上概率相同或相近时,则状态的未来转向难以确定,此时,需考察二步或多步转移概率矩阵.

设 $x^{(0)} = \{x^{(0)}(1), x^{(0)}(2), \cdots, x^{(0)}(n)\}$ 为原始序列,$\hat{x} = \{\hat{x}(1), \hat{x}(2), \cdots, \hat{x}(n)\}$ 为原始序列的模拟值,反映了原始数列的变化趋势;当 $k > n$ 时,$\hat{x}(k)$ 则为预测值. 对于符合马尔可夫链特点的非平稳随机序列 $x^{(0)}$,用 $m+1$ 条平行于趋势曲线 $\hat{x}(k)$ 的曲线划分为 m 个状态 $F_1, F_2, \cdots, F_m$(m 依据研究对象和原始数据而定,两相邻曲线构成一个状态,为一条区域),其中

$$F_i = [F_{i1}, F_{i2}] \quad (i = 1, 2, \cdots, m), F_{i1} = \hat{x}(k) + \alpha_i \overline{X}, F_{i2} = \hat{x}(k) + \beta_i \overline{X},$$

α_i, β_i 是平移常数,且 $\alpha_{i+1} = \beta_i, \overline{X}$ 是原始数据 $x^{(0)}$ 的平均值,F_{i1}, F_{i2} 随时序变化,状态 F_i 具有动态性.

灰色 – 马尔可夫预测模型是:设原始数据 $x^{(0)}(k)$ 位于第 i 个状态 $F_i = [F_{i1}, F_{i2}]$,取 $\hat{z}_M(k) = \dfrac{F_{i1} + F_{i2}}{2}$ 为 $x^{(0)}(k)$ 的模拟值($k = 1, 2, \cdots, n$);设原始序列中最后一个数据 $x^{(0)}(n)$ 处于第 k 个状态 $F_k = [F_{k1}, F_{k2}]$,考察转移概率矩阵 $\boldsymbol{P}$ 的第 k 行,则取预测值 $x^{(0)}(n+1)$ 为

$$\hat{z}_M(n+1) = \sum_{j=1}^{m} \frac{F_{j1} + F_{j2}}{2} p_{kj},$$

其中 $F_{j1} = \hat{x}(n+1) + \alpha_j \overline{X}, F_{j2} = \hat{x}(n+1) + \beta_j \overline{X}$.

四、模型的求解

下面,我们以表 4 – 32 中的数据来求解模型一和模型二,并预测未来若干年

的棉花年产量.

1. 模型 1 的求解

令

$$x^{(0)} = [216.7, 220.7, 270.7, 296.8, 359.8, 463.7, 625.8, 414.7, 354, 424.5,$$
$$414.9, 378.8, 450.8, 567.5, 450.8, 373.9, 434.1, 476.8, 420.3, 460.3,$$
$$450.1, 382.9, 441.7, 532.4, 491.6, 486, 632.4, 571.4, 673],$$

由最小二乘法得到方程组 (3.6) 的最小二乘解为

$$\hat{a} = -0.018\,721, \qquad \hat{u} = 336.085\,954.$$

则得到棉花产量的 GM(1,1) 动态预测模型

$$\hat{x}^{(0)}(k+1) = (1 - e^{-0.018721})\left(x^{(0)}(1) + \frac{336.085\,954}{0.018\,721}\right)e^{0.018721\,k}. \qquad (63)$$

2. 模型 2 的求解

在灰色 – 马尔可夫预测模型中,是用 $m+1$ 条平行于趋势曲线 $\hat{x}(k)$ 的曲线来划分状态的,两相邻曲线构成一个状态. 下面我们先给出几个定义.

定义 1[4]   设 $F(k) = \hat{x}(k) + \gamma\bar{X}$,若 $F(k)$ 使得

$$\min_{\gamma}\sum_{k=1}^{n}\left[\hat{x}(k) + \gamma\bar{X} - x^{(0)}(k)\right]^2$$

成立,则称 $F(k)$ 为原始数据的中心趋势曲线,简记为 F.

根据中心趋势曲线的定义,由微积分基本知识,易求得 $\gamma = \dfrac{\sum\limits_{k=1}^{n}\left[x^{(0)}(k) - \hat{x}(k)\right]}{n\bar{X}}$.

定义 2[4]   设 $T = \max\limits_{k}\{x^{(0)}(k) - F(k)\}$,则称 T 为原始数据相对中心趋势曲线的正偏差.

定义 3[4]   设 $D = \min\limits_{k}\{x^{(0)}(k) - F(k)\}$,则称 D 为原始数据相对中心趋势曲线的负偏差.

根据上述定义,先求出原始数据的中心趋势曲线、正偏差和负偏差,以中心趋势曲线为参照,然后根据数据的特点确定状态的个数就可将状态划分好. 下面,将原始数据划分为四个状态为例进行说明.

设 $F_i = [F_{i1}, F_{i2}]$ $(i = 1, 2, 3, 4)$,$F_{i1} = F(k) + \alpha_i\bar{X}$,$F_{i2} = F(k) + \beta_i\bar{X}$ 是原始数据的四个状态,其中 $\alpha_1 = (D/\bar{X} + \varepsilon_1)$,$\beta_4 = T/\bar{X} + \varepsilon_2$,$\beta_1 = c_1\alpha_1$,$\alpha_2 = \beta_1$,$\beta_2 = 0$,$\alpha_3 = \beta_2$,$\beta_3 = c_2\beta_4$,$\alpha_4 = \beta_3$,$\varepsilon_1$,$\varepsilon_2$ 是大于零的小数,$0 < c_1, c_2 < 1$ 为待定常数,计算实例表明 ε_1,ε_2 不是取得越小越好,一般地可取 $\varepsilon_1 = -0.01D/\bar{X}$,$\varepsilon_2 = 0.01T/\bar{X}$,$c_1 = 1/2$,

$c_2 = 1/4.$

根据 GM(1,1)模型的模拟值,计算出中心趋势曲线、正偏差和负偏差,它们分别为 $F(k) = \hat{x}(k) + \gamma \overline{X}, \gamma = 1.847\ 641\ 153\ 386\ 12\mathrm{e} - 05, T = 131.616\ 2,$ $D = -79.391\ 7.$ 其次,根据数据特点,取 $\varepsilon_1 = 0.1 D/\overline{X}, \varepsilon_2 = 0.1 T/\overline{X}, c_1 = 1/2,$ $c_2 = 1/4,$将原始数据划分为以下四个状态,结果如图 4-25.

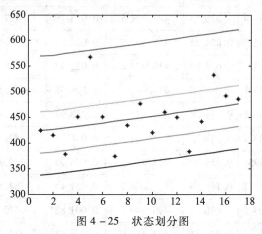

图 4-25　状态划分图

在状态划分图中,横坐标表示年数,纵坐标为数据值;实线为趋势曲线,相邻两实线之间为一状态,星点为原始数据. 根据状态划分图,容易计算出一步转移概率矩阵为

$$P = \begin{bmatrix} 0 & 0.666\ 7 & 0.333\ 3 & 0 \\ 0.333\ 3 & 0.166\ 7 & 0.333\ 3 & 0.166\ 7 \\ 0.200\ 0 & 0.400\ 0 & 0.200\ 0 & 0.200\ 0 \\ 0 & 0 & 1.000\ 0 & 0 \end{bmatrix}. \quad (64)$$

最后得到,灰色 - 马尔可夫预测的模拟值 $\hat{z}_M(k)$,见表 4-32.

表 4-32　原始数据与预测方法的模拟数据

原始数据	GM(1,1)预测模型	相对误差	灰色 - 马尔可夫预测模型	相对误差	改进灰色 - 马尔可夫预测模型	相对误差
424.5	424.5	0	402.675 6	0.051 41	418.848 2	0.013 31
414.9	426.366 2	0.027 64	404.541 8	0.024 97	419.588	0.011 3
378.8	429.512 7	0.133 88	364.022 8	0.039 01	374.948 7	0.010 17
450.8	432.682 4	0.040 19	450.787 9	2.7×10^{-5}	464.053 3	0.029 4
567.5	435.875 5	0.231 94	526.369 9	0.072 48	541.390 6	0.046 01

219

原始数据	GM(1,1)预测模型	相对误差	灰色－马尔可夫预测模型	相对误差	改进灰色－马尔可夫预测模型	相对误差
450.8	439.092 2	0.025 97	457.197 7	0.014 19	466.594 4	0.035 04
373.9	442.332 6	0.183 02	376.842 7	0.007 87	380.031 1	0.016 4
434.1	445.596 9	0.026 48	423.772 5	0.023 79	427.212	0.015 87
476.8	448.885 3	0.058 55	466.990 8	0.020 57	470.476 9	0.013 26
420.3	452.198	0.075 89	430.373 6	0.023 97	429.829	0.022 67
460.3	455.535 1	0.010 35	473.640 6	0.028 98	473.113 2	0.027 84
450.1	458.896 8	0.019 54	437.072 4	0.028 94	432.484 7	0.039 14
382.9	462.283 4	0.207 32	396.793 5	0.036 29	387.940 5	0.013 16
441.7	465.695	0.054 32	443.870 5	0.004 91	435.179 8	0.014 76
532.4	469.131 7	0.118 84	559.626 1	0.051 14	554.574 9	0.041 65
491.6	472.593 8	0.038 66	490.699 3	0.001 83	479.876	0.023 85
487	476.081 4	0.020 41	494.186 9	0.016 85	481.258 7	0.009 76
平均相对误差		0.074 88		0.026 31		0.022 56
均方差比值	0.948 0		0.309 8		0.245 5	
小误差概率	0.705 9		0.941 2		1	

五、模型的评价及对未来 2 年棉花产量的预测

1. 模型的评价方法——精度检验[1]

应用预测模型求预测值,必须经过统计检验,才能确定其预测精度等级. 常用的检验方法有残差检验、后验差检验和小误差概率检验.

(1) 残差检验

设原始数据

$$x^{(0)} = \{x^{(0)}(1), x^{(0)}(2), \cdots, x^{(0)}(n)\},$$

相应的 GM(1,1)预测模拟序列为

$$\hat{x}^{(0)} = \{\hat{x}^{(0)}(1), \hat{x}^{(0)}(2), \cdots, \hat{x}^{(0)}(n)\},$$

残差序列

$$\varepsilon^{(0)} = \{\varepsilon(1), \varepsilon(2), \cdots, \varepsilon(n)\} = \{x^{(0)}(1) - \hat{x}^{(0)}(1),$$

$$x^{(0)}(2) - \hat{x}^{(0)}(2), \cdots, x^{(0)}(n) - \hat{x}^{(0)}(n)\},$$

相对误差序列

$$\Delta = \{\Delta_1, \Delta_2, \cdots, \Delta_n\} = \left\{\left|\frac{\varepsilon(1)}{x^{(0)}(1)}\right|, \left|\frac{\varepsilon(2)}{x^{(0)}(2)}\right|, \cdots, \left|\frac{\varepsilon(n)}{x^{(0)}(n)}\right|\right\}. \quad (65)$$

记 $\overline{\Delta} = \frac{1}{n}\sum_{k=1}^{n}\Delta_k$ 为平均模拟相对误差,若给定 α 值,当 $\overline{\Delta} < \alpha$ 且 $\Delta_n < \alpha$ 时,则模型为残差合格模型. α 值等级标准见表 4 - 33.

表 4 - 33　精度检验分级标准

分级	相对误差 α	均方差比值 C_0	小误差概率 p_0
一级(好)	0.01	0.35	0.95
二级(合格)	0.05	0.50	0.80
三级(勉强)	0.10	0.65	0.70
四级(不合格)	0.20	0.80	0.60

(2)后验差检验

设 $x^{(0)}$ 为原始数据序列,$\hat{x}^{(0)}$ 为 GM(1,1)预测模拟数据序列,$\varepsilon^{(0)}$ 为残差序列,则 $x^{(0)}$ 和 $\varepsilon^{(0)}$ 的方差分别为(66)和(67)式

$$S_1^2 = \frac{1}{n}\sum_{k=1}^{n}(x^{(0)}(k) - \overline{x})^2, \quad (66)$$

$$S_2^2 = \frac{1}{n}\sum_{k=1}^{n}(\varepsilon^{(0)}(k) - \overline{\varepsilon})^2, \quad (67)$$

其中 $\overline{x}, \overline{\varepsilon}$ 分别为原始数据序列 $x^{(0)}$ 和残差序列 $\varepsilon^{(0)}$ 的均值.则 $C = \frac{S_2}{S_1}$ 为均方差比值,对于给定的 $C_0 > 0$,当 $C < C_0$ 时,模型为均方差比合格模型.

(3)小误差概率 p 检验

$p = p(|\varepsilon^{(0)} - \overline{\varepsilon}| < 0.6745S_1)$ 为小误差概率,对于给定的 $p_0 > 0$,若 $p > p_0$,则模型为小误差概率合格模型.

2. 模型的评价与改进

从表 4 - 32 可知,GM(1,1)预测模型的平均相对误差为 7.488%,均方差比值为 0.9480,小误差概率为 0.7059;而灰色 - 马尔可夫预测模型的平均相对误差为 2.631%,均方差比值为 0.3098,小误差概率为 0.9412.因此,GM(1,1)预

测模型的三项检验指标均达不到合格的标准,而灰色－马尔可夫预测模型的前两项检验指标均为一级,但小误差概率检验为二级.

为此,对灰色－马尔可夫预测模型进行改进:在灰色－马尔可夫预测的基础上取 $\hat{z}(k) = \beta_0 + \beta_1\hat{z}_M(k) + \beta_2\hat{x}(k)$ 作为 $x^{(0)}(k)$ 的修正模拟值(或预测值),β_0,β_1,β_2 为待定参数,称此模型为改进的灰色－马尔可夫预测模型[4]. 当然,也可以提出含有 $\hat{z}_M(k)$,$\hat{x}(k)$ 的高次项或交叉相乘项作为修正模拟值. 但是,由于 $\hat{z}_M(k)$,$\hat{x}(k)$ 已经是原始数据 $x^{(0)}$ 的模拟值,即他们之间几乎是线性关系,所以我们认为只需考虑一次项.

直接利用 MATLAB 统计工具箱中的命令 regress 求解 β_0,β_1,β_2,使用格式为[4,10]:

$$[\,b,bint,r,rint,stats\,] = regress(y,X,alpha),$$

其中输入 y 为原始数据 $x^{(0)}(k)$,X 为对应于回归系数 β_0,β_1,β_2 的数据矩阵$[1,$ $\hat{z}_M(k),\hat{x}(k)]$($n \times 3$ 矩阵,其中第 1 列是全为 1 的列向量),alpha 为置信水平 α(缺省时 $\alpha = 0.05$);输出 b 是一个三维列向量,分别是 β_0,β_1,β_2 的估计值,bint 为 b 的置信区间,r 为残差向量 y－Xb,rint 为 r 的置信区间,stats 为回归模型的检验统计量. 求得该模型为

$$\hat{z}(k) = 273.491\,26 + 1.050\,87\hat{z}_M(k) - 0.654\,42\hat{x}(k). \tag{68}$$

改进的灰色－马尔可夫预测模型的模拟值及其检验也见表 2,且从表 2 中可以看出该模型的三项指标均达到一级标准.

3. 对 2004 年和 2005 年棉花产量的预测

根据所划分的状态,知 2003 年的棉花总产量处于状态 F_3. 为计算出 2004 年棉花产量的预测值,首先计算 GM(1,1) 模型的预测值得 $\hat{x}(18) = 479.594\,79$,计算出第 18 个状态划分

$$F_{18,1} = [392.272\,2,435.937\,7], \quad F_{18,2} = [435.937\,7,479.603\,1],$$

$$F_{18,3} = [479.603\,1,515.797\,5], \quad F_{18,4} = [515.797\,5,624.380\,9].$$

然后,按下述公式

$$\hat{z}_M(18) = \frac{392.272\,2 + 435.937\,7}{2} \times P(3,1) + \frac{435.937\,7 + 479.603\,1}{2} \times P(3,2) +$$

$$\frac{479.603\,1 + 515.797\,5}{2} \times P(3,3) + \frac{515.797\,5 + 624.380\,9}{2} \times P(3,4)$$

$$\tag{69}$$

计算出 2004 年棉花产量的灰色－马尔可夫预测模型的预测值为 479.487\,05. 再根据改进的灰色－马尔可夫预测模型(68)计算出 2004 年棉花产量的预测值 463.511\,75. 同理,可以计算出 2005 年棉花产量的预测值见表 4－34.

表 4 - 34 2004 年、2005 年棉花产量的预测值

年份	GM(1,1)预测模型	灰色 - 马尔可夫 预测模型	改进灰色 - 马尔 可夫预测模型
2004	479. 594 79	479. 487 05	463. 511 75
2005	483. 134 1	478. 784 325 8	460. 457 075 5

参考文献

[1] 邓聚龙. 灰色预测与决策. 武汉:华中理工大学出版社,1986.

[2] 邱淑芳,王泽文. 灰色 GM(1,1)模型背景值计算的改进. 统计与决策(核心期刊),2007,231(2):129 - 131.

[3] 张文,温荣生,邱淑芳. 基于背景值重构的灰色 - 马尔可夫模型及其应用. 东华理工大学学报,2007,30(1):96 - 100.

[4] 王泽文,张文,邱淑芳. 灰色 - 马尔可夫模型的改进及其参数计算方法. 数学的实践与认识(核心期刊),2009,39(1),:125 - 131.

[5] 李俊峰,戴文战. 基于插值和 Newton - Cote's 公式的 GM(1,1)模型的背景值构造新方法与应用. 系统工程理论与实践,2004,24(10):122 - 126.

[6] 谭冠军. GM(1,1)模型的背景值构造方法和应用(Ⅰ). 系统工程理论与实践,2000,20(4):98 - 103.

[7] 周志坚,傅泽田,王瑞梅等. 灰色 - 马尔可夫模型在棉花产量预测中的应用. 统计与决策,2005,183(2):48 - 49.

[8] 陆大淦. 随机过程及其应用. 北京:清华大学出版社,1986.8.

[9] 钱敏平,龚光鲁. 随机过程论. 2 版. 北京:北京大学出版社,2000.

[10] 姜启源,谢金星,叶俊. 数学模型. 3 版. 北京:高等教育出版社,2003.

习题 1. 表 4 - 35 中的数据是某种物资的历年产量,试建立合适的灰色预测模型,预测该物资未来若 2 年或者未来 10 年的产量.

表 4 - 35

年份	1949	1950	1951	1952	1953	1954	1955	1956	1957	1958
产量	567	664	764	1 233	1 754	2 221	2 093	2 105	2 787	3 579
年份	1959	1960	1961	1962	1963	1964	1965	1966	1967	1968
产量	4 518	4 129	2 194	2 375	3 250	3 800	3 978	4 192	3 250	2 791

年份	1969	1970	1971	1972	1973	1974	1975	1976	1977	1978
产量	3 283	3 782	4 067	4 253	4 467	4 607	4 703	4 573	4 967	5 162
年份	1979	1980	1981	1982	1983	1984	1985	1986	1987	1988
产量	5 439	5 359	4 942	5 041	5 232	6 385	6 323	6 502	6 408	6 218
年份	1989	1990	1991	1992	1993	1994	1995	1996	1997	1998
产量	5 802	5 571	5 807	6 174	6 390	6 615	6 767	6 710	6 395	5 966
年份	1999	2000	2001	2002	2003	2004	2005	2006	2007	2008
产量	5 237	4 724	4 552	4 436	4 759	5 197	5 560	7 802	6 977	7 894

习题 2. 我国的旅游资源极其丰富,是一个世界旅游大国. 合理规划、正确地预测预报旅游需求,对于促进我国各地区的经济发展和文化交流有着重要意义. 现在要求你们选择合适的旅游城市或地区,利用与灰色预测相关的模型与方法,对旅游需求的预测和预报建立数学模型,来帮助有关部门进一步规划好旅游资源. 具体说:

(1) 对你们所选的旅游城市或地区,根据你们能够查到的关于旅游需求的预测预报资料,并结合你们从相关旅游部门了解到的情况,分析旅游资源、环境、交通、季节、费用和服务质量等因素对旅游需求的影响,建立关于旅游需求的预测预报的数学模型.

(2) 你们可以利用国内外已有的与旅游需求预测预报相关的数学建模资料和方法,分析这些建模方法能否直接移植过来,做出合理、正确的预测预报;如果不行的话,请对这些方法的优、缺点做出评估,并提出改进的办法. 但在引用他人的资料时必须注明出处.

(3) 为了能够用数学建模的方法对旅游需求进行预测预报,必须做好哪些准备工作(包括有关数据的采集和整理)?

在调研及对你们所建立的数学模型分析的基础上写出一篇报告,向有关旅游部门提出具体的建议.

注:该题选自 2006 年全国大学生数学建模竞赛夏令营题目,网址:http://www. mcm. edu. cn/html_cn/node/546743e795148f826941a6c3da3ef478. html.

案例 8   企业退休职工养老金问题的数学分析

一、问题的提出

本案例问题选自 2011 年全国大学生数学建模竞赛 C 题.

我国企业职工基本养老保险实行企业把职工工资总额的 20% 缴纳到社会统筹基金账户,再把职工个人工资总额的 8% 缴纳到个人账户,为简单起见,个人账户储存额利率统一设定为 3%. 退休后,按职工在职期间的缴费指数以及退休前一年的社会平均工资等因素,由基础养老金加上个人账户养老金作为退休后职工每个月的养老金.养老金会随着社会平均工资的调整而调整.按照国家对基本养老保险制度的总体思路,未来基本养老保险的目标替代率确定为 58.5%.

已知山东省职工历年平均工资数据如表 4 – 36,2009 年山东省某企业各年龄段职工的工资分布情况如表 4 – 37,按照 2005 年颁布的《国务院关于完善企业职工基本养老保险制度的决定》,建立数学模型,解决以下问题:

表 4 – 36　山东省职工历年平均工资统计表

年份	1978	1979	1980	1981	1982	1983	1984	1985	1986
平均工资	566	632	745	755	769	789	985	1 110	1 313
年份	1987	1988	1989	1990	1991	1992	1993	1994	1995
平均工资	1 428	1 782	1 920	2 150	2 292	2 601	3 149	4 338	5 145
年份	1996	1997	1998	1999	2000	2001	2002	2003	2004
平均工资	5 809	6 241	6 854	7 656	8 772	10 007	11 374	12 567	14 332
年份	2005	2006	2007	2008	2009	2010			
平均工资	16 614	19 228	22 844	26 404	29 688	32 074			

表 4 – 37　2009 年山东省某企业各年龄段工资分布表

年龄段	月收入范围(元)							
	1 000 ~ 1 499	1 500 ~ 1 999	2 000 ~ 2 499	2 500 ~ 2 999	3 000 ~ 3 499	3 500 ~ 3 999	4 000 ~ 4 999	5 000 ~ 8 000
20 ~ 24 岁职工数	74	165	26	16	1	0	0	0
25 ~ 29 岁职工数	36	82	94	42	6	3	0	0
30 ~ 34 岁职工数	0	32	83	95	24	6	2	0
35 ~ 39 岁职工数	0	11	74	83	36	16	4	2
40 ~ 44 岁职工数	0	0	43	86	55	21	13	3
45 ~ 49 岁职工数	0	3	32	32	64	41	18	4
50 ~ 54 岁职工数	0	7	23	29	44	21	8	3
55 ~ 59 岁职工数	0	6	17	27	37	7	7	0

问题 1：对未来中国经济发展和工资增长的形势做出简化、合理的假设，并参考表 4 – 36，预测从 2011 年至 2035 年的山东省职工的年平均工资.

问题 2：根据表 4 – 37 计算 2009 年该企业各年龄段职工工资与该企业平均工资之比. 如果把这些比值看作职工缴费指数的参考值，计算该企业职工自 2000 年起分别从 30 岁、40 岁开始缴养老保险，一直缴费到退休（55 岁，60 岁，65 岁）各种情况下的养老金替代率.

问题 3：假设该企业某职工自 2000 年起从 30 岁开始缴养老保险，一直缴费到退休（55 岁，60 岁，65 岁），并从退休后一直领取养老金，至 75 岁死亡. 计算养老保险基金的缺口情况，并计算该职工领取养老金到多少岁时，其缴存的养老保险基金与其领取的养老金之间达到收支平衡.

问题 4：如果既要达到目标替代率，又要维持养老保险基金收支平衡，可以采取什么措施，并给出理由.

二、问题分析

问题 1 针对未来中国经济的发展和工资的增长趋势，根据目前我国正处于经济快速发展期，考虑到我国发展的战略目标是在 21 世纪中期达到中等发达国家的经济发展水平，而发达国家的工资增长率多比较低，所以应当假设我国未来的工资增长率会逐步降低，工资增长类似一个带有阻滞的指数增长. 为了能看出表 4 – 36 所给山东省职工平均工资整体变化趋势，先将该原始数据用 Excel 处理，得到职工工资从 1978～2010 年的总变化趋势，如图 4 – 26，为此在该问中利用修正的逻辑斯谛模型[2]，预测出 2011 年到 2035 年职工工资情况.

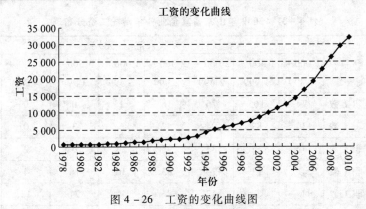

图 4 – 26　工资的变化曲线图

问题 2 针对表 4 – 37 给出了 2009 年山东省某企业各年龄段职工工资表，可以求得该企业职工的平均工资以及各年龄段职工平均工资与企业平均工资之

226

比,也即企业职工养老保险的缴费指数.由于在计算职工工资时,每个月以月末职工实际领得的工资作为该职工该月的实际工资量,因此,在实际生活中,职工月工资属于非连续性增长量.因此,在计算职工每月缴的养老保险也就属于非连续性变量.故而以每月的实际工资总量按一定的比例就可以得到实际缴纳的养老保险,同理亦可以据此原理计算得到退休时的养老金,从而得到养老金替代率[3].

问题 3 需要解决该企业某职工自 2000 年起从 30 岁开始参保,一直缴费至退休(55 岁,60 岁,65 岁),退休后一直领取养老金直至 75 岁死亡时的养老保险基金缺口情况以及达到平衡的时间.在讨论基金缺口情况问题中,只需要计算出该职员缴纳的保险基金与所领取的养老保险的差值即得到了资金缺口值,而资金达到平衡的时间可由每月领取额的养老金累计达到缴纳的养老基金总额所用的时间确定.

问题 4 在要达到目标替代率的前提下,确保养老保险基金收支平衡.这是养老金的来源与花费之间的问题.在此,采用控制变量法,先不考虑其他因素对养老金收支平衡所产生的影响,只考虑参保人开始缴纳养老金的年龄及退休年龄对养老金的收支平衡的影响,这时其他因素的影响力假设不改变,这样就可以利用问题 3 所建立好的模型,进行计算;然后在保持开始缴纳养老金的年龄及退休年龄不变的情况下,改变其他因素以此来观察其他因素对保险基金收支平衡产生的影响.

三、模型假设

1. 假设我国在今后一个较长时间段内社会政治经济形势稳定,企业职工工资不会出现异常动荡;

2. 假设男女同工同酬;

3. 假设表 4-37 中反映的该企业不同年龄的职工工资与企业平均工资的比例可以用来计算一个普通职工的养老保险缴费指数;

4. 假设现有缴费及发放制度在一个充分长的时间段内不发生变化;

5. 假设只有个人账户中的储存额产生利息,而社会统筹基金账户中的储存额不产生利息;

6. 假设表 4-36 中的社会平均工资为缴费工资;

7. 为便于计算,可以假设第 i 岁参加工作、退休、死亡均是指在刚满 i 周岁时,缴费年数为整数;

8. 假设所有企业都按时上缴员工养老金;

9. 假设职工平均能活到 75 岁.

四、符号设定

x_i:参保职工退休前第i年参保职工的缴费工资额($i=1,2,\cdots,m$);

c_i:参保职工退休前第i年的职工平均工资($i=1,2,\cdots,m$);

m:参保职工养老保险缴费年限($m\geqslant15$);

η:养老金替代率;

A:养老金缺口额;

$v(t)$:职工工资增长率;

N_t:职工t时刻工资的数量;

N_m:职工工资数量最终趋向的极限值;

ε_t:N_m 得估计值产生的关于N_t的误差.

五、模型的建立与求解

问题1.

首先,将 1978~2008 年中国人均 GDP 的增长率与山东省职工工资增长率进行相关性分析得到相关性系数表 4-38.

表 4-38 全国人均 GDP 的增长率与山东省职工工资增长率相关性系数

		工资增长率	人均 GDP 增长率
工资增长率	皮尔逊相关性	1	0.578**
	显著性(双侧)		0.001
	N	31	31
人均 GDP 增长率	皮尔逊相关性	0.578**	1
	显著性(双侧)	0.001	
	N	31	31

**. 在 0.01 水平(双侧)上显著相关.

从表 4-38 可以得到工资增长率与人均 GDP 增长率的相关性是很高的,显著性水平也是相当明显,这样我们就可以进入下一步的分析. 对表 4-36 进行初步的处理,将所得到的数据做成折线图 4-27,从图 4-27 可以得出这段时间的增长率除了 1980~1982 这三年的增长率较低,其余的都保持在 5%. 此时结合原题所给的信息可知,我国现阶段正处于经济发展中,此时员工工资增长率较高,但波动较大,总体上增长率还是保持较高水平. 随着我国进入中等发达国家水平,而发达国家的经济和工资的增长率都较低,因此到 21 世纪中叶职工的工资会出现一个比较缓慢而稳定的增长速度,之后就趋于平缓,这时我国职工工资增长类似一个带有阻滞的指数增长,符合逻辑斯谛模型,所以可以通过建立逻辑斯谛模型预测出 2011 年到 2035 年职工工资情况.

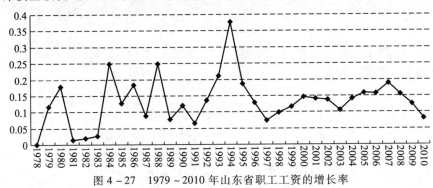

图 4 – 27　1979 ~ 2010 年山东省职工工资的增长率

逻辑斯谛模型在预测人口的数量发展变化规律方面有很好的效果,在经济预测领域也同样有广泛的应用,它描述事物发展的一般规律:在发展的初期,开始平缓的增长,之后发展越来越快,到一定的时期,达到最大值之后,变化就会逐步缓慢,最终趋向到一个极限值.

建立工资与时间函数关系,引入逻辑斯谛模型[2],对本问题进行分析.

记 t 时刻职工工资的数量为 $N(t) = N_t$,则上述发展规律可描述为微分方程

$$\frac{\mathrm{d}N_t}{\mathrm{d}t} = r\left(1 - \frac{N_t}{N_m}\right)N_t.$$

在初始条件 $N(t_0) = N_0$ 和参数$(r, N_m > 0)$已知的条件下,N_t 被唯一确定,得其解为

$$N_t = \frac{N_m}{1 + \left(\dfrac{N_m}{N_0} - 1\right)e^{-r(t - t_0)}},$$

即逻辑斯谛模型. 整理上式得

$$\ln\left(\frac{N_m}{N_0} - 1\right) - r(t - t_0) - \ln\left(\frac{N_m}{N_t} - 1\right) = 0.$$

由于相关统计部门统计过程中,统计数据存在一定的偏差,不妨令该偏差为

$$\ln\left(\frac{N_m}{N_0} - 1\right) - r(t_k - t_0) - \ln\left(\frac{N_m}{N_k} - 1\right) = \eta_k,$$

其中,N_k 为 t_k 时刻的观测值. 令

$$f(r^*) = \min_{r > 0} \sum_{k=1}^{n} \eta_k^2 = \min_{r > 0} \sum_{k=1}^{n} \left[\ln\left(\frac{N_m}{N_0} - 1\right) - r(t_k - t_0) - \ln\left(\frac{N_m}{N_k} - 1\right)\right]^2,$$

根据最小二乘准则,得

$$r^* = \frac{\sum_{k=1}^{n} (t_k - t_0) \ln \dfrac{N_k (N_m - N_0)}{N_0 (N_m - N_k)}}{\sum_{k=1}^{n} (t_k - t_0)^2}.$$

由 N_m 的估计值产生的 N_t 的误差为 ε_t,假设 ε_t 为独立、等方差、均值为零的随机变量. 则在 k 时刻

$$N_k + \varepsilon_k = \frac{N_m}{1 + \left(\dfrac{N_m}{N_0} - 1\right) e^{-r(t_k - t_0)}},$$

那么

$$(N_k + \varepsilon_k)(N_0 e^{r(t_k - t_0)} + N_m - N_0) = N_m N_0 e^{r(t_k - t_0)}.$$

当 t_k 足够大时,

$$N_m \approx \frac{N_0 N_k (e^{r(t_k - t_0)} - 1)}{N_0 e^{r(t_k - t_0)} - N_k} + \varepsilon_k,$$

则关于 N_m 的近似估计为

$$N_m^* = \frac{1}{n} \left[\sum_{k=1}^{n} \frac{N_0 N_k (e^{r(t_k - t_0)} - 1)}{N_0 e^{r(t_k - t_0)} - N_k} \right].$$

利用 MATLAB 软件,结合现有的山东省 1978 ~ 2010 年职工的实际工资,得 $N_0 = 566, N_m^* = 150\,000, r^* = 0.132\,4$,预测未来 25 年职工的工资得到下面图 4 - 28 的预测曲线图[1]. 并且可以从中获得未来 25 年职工的工资如表 4 - 39 所示.

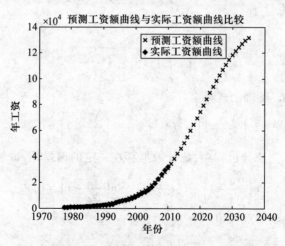

图 4 - 28　预测工资额曲线与实际工资额曲线图

表 4 – 39 职工未来 25 年的预测工资表

年份	2011	2012	2013	2014	2015	2016	2017
预测值	34 539.74	38 184.6	42 074	46 195.9	50 532.4	55 060.2	59 749.9
年份	2018	2019	2020	2021	2022	2023	2024
预测值	64 567.5	69 474.4	74 429.4	79 389.4	84 311.1	89 152.7	93 875
年份	2025	2026	2027	2028	2029	2030	2031
预测值	98 442.8	102 826	106 999	110 943	114 645	118 096	121 296
年份	2032	2033	2034	2035			
预测值	124 244	126 947	129 414	131 654			

根据国家统计局网上发布的预测报告指出中国到 2020 年人均 GDP 超过 5000 美元,同时将香港中文大学校长刘遵义专家预测中国未来 50 年中国人均 GDP 将达到一万美金,等较为权威机构或个人预测数据与我们预测的数据对比可以看出我们预测值是比较合理的.

问题 2.

根据表 4 – 37 给出的数据,令该企业职工的平均工资为 $\bar{c}$,第 i 年龄段第 j 工资段人数为 m_{ij},第 j 工资段工资金额为 c_j,则

$$\bar{c} = \frac{\sum\limits_{i=1}\sum\limits_{j=1} c_j m_{ij}}{\sum\limits_{i=1} m_{ij}}.$$

依据表 4 – 37 中给定的 2009 年山东省某企业各年龄段职工工资分布表可以求得该企业各年龄段职工工资与该企业平均工资之比如表 4 – 40.

表 4 – 40 某企业各年龄段职工工资与该企业平均工资之比

职工年龄(岁)	20 ~ 24	25 ~ 29	30 ~ 34	35 ~ 39
工资比值	0.669 3	0.805	0.982 5	1.066 7
职工年龄(岁)	40 ~ 44	45 ~ 49	50 ~ 54	55 ~ 59
工资比值	1.172 8	1.266 6	1.208 6	1.115

设参保职工刚退休后第 i 年每月可以领取的养老金金额为 $y_i(i = 1, 2, \cdots)$,参保职工退休前第 i 年的职工平均工资为 c_i,则参保职工刚退休时的养老金替

代率 η 为

$$\eta = \frac{y_i}{\dfrac{c_i}{12}} = \frac{12y_i}{c_i}.$$

其中养老金 y_1 分为基础养老金 p_0 和个人账户养老金 q_0, 即 $y_1 = p_0 + q_0$.

基础养老金的计算方式为

$$p_0 = \frac{\left(\dfrac{c_1}{12} + s\right)}{2} \times m \times 1\% = \frac{(c_1 + 12s)m}{2\,400},$$

$m(m \geqslant 15)$ 表示参保职工养老保险缴费年限, s 为参保职工本人指数化月平均工资, 即

$$s = \frac{\displaystyle\sum_{i=1}^{m}\left(x_i \times \dfrac{c_1}{c_i}\right)}{N} = \frac{\displaystyle\sum_{i=1}^{m}\left(x_i \times \dfrac{c_1}{c_i}\right)}{12m},$$

其中 $x_i(i = 1, 2, \cdots, m)$ 表示参保职工退休前第 i 年参保职工的缴费工资额, N 为企业和职工实际缴纳基本养老保险费的月数合计, $\gamma = \dfrac{x_i}{c_i}$ 为退休前第 i 年的缴费指数. 因此,

$$p_0 = \frac{\left[c_1 + 12 \dfrac{\displaystyle\sum_{i=1}^{m}\left(x_i \times \dfrac{c_1}{c_i}\right)}{12m}\right]m}{2\,400} = \frac{mc_1 + \displaystyle\sum_{i=1}^{m}\left(x_i \times \dfrac{c_1}{c_i}\right)}{2\,400}.$$

个人账户养老金

$$q_0 = \frac{((8\% x_m(1+3\%) + 8\% x_{m-1})(1+3\%) + \cdots + 8\% x_1)(1+3\%)}{z}$$

$$= \frac{2[x_m(1+3\%)^m + x_{m-1}(1+3\%)^{m-1} + \cdots + x_1(1+3\%)^1]}{25z}$$

$$= \frac{2\displaystyle\sum_{i=1}^{m}(x_i(1+3\%)^i)}{25z},$$

式中 z 表示职工养老金的计发月数. 因此, 养老金替代率

$$\eta = \frac{12(p_1 + q_1)}{c_1} \times 100\%$$

$$= \frac{12\left[\dfrac{mc_1 + \sum\limits_{i=1}^{m}\left(x_i \times \dfrac{c_1}{c_i}\right)}{2\,400} + \dfrac{2\sum\limits_{i=1}^{m}\left(x_i(1+3\%)^i\right)}{25z}\right]}{c_1} \times 100\%$$

$$= \left[\frac{m + \sum\limits_{i=1}^{m}\dfrac{x_i}{c_i}}{200} + \frac{24\sum\limits_{i=1}^{m}\left(x_i(1+3\%)^i\right)}{25zc_1}\right] \times 100\%.$$

在此, 取 30 岁参保的职工缴费指数 $\gamma_1 = 0.982\,5$, 即 30 岁参保职工的养老金替代率为

$$\eta_1 = \left[\frac{m + m\gamma_1}{200} + \frac{24\gamma_1\sum\limits_{i=1}^{m}(1+3\%)^i}{25z}\right] \times 100\%,$$

40 岁参保的职工缴费指数 $\gamma_2 = 1.172\,8$, 即 40 岁参保职工的养老金替代率为

$$\eta_2 = \left[\frac{m + m\gamma_2}{200} + \frac{24\gamma_2\sum\limits_{i=1}^{m}(1+3\%)^i}{25z}\right] \times 100\%.$$

故而该企业职工自 2000 年起分别从 30 岁、40 岁开始缴养老保险, 一直缴费到退休 (55 岁, 60 岁, 65 岁) 各种情况下的养老金替代率 η 如表 4 – 41 所示.

表 4 – 41　不同情况下的养老金替代率

退休年龄 投保年龄	55 岁	60 岁	65 岁
30 岁	45.62%	62.99%	92.85%
40 岁	28.98%	44.15%	69.02%

问题 3.

假设参保职工养老金缺口额为 A, 参保职工领取的养老金总额为 Y, 缴纳的养老保险金在参保职工退休时养老基金账户中总额为 X, 则

$$A = Y - X.$$

在参保职工退休时, 参保职工缴纳的养老保险金养老基金账户中总额为

$$X = 20\%x_m + 8\%\sum_{i=1}^{m}\left(x_i(1+3\%)^i\right) + \left[8\%\sum_{i=1}^{m}\left(x_i(1+3\%)^i\right)\right]\sum_{i=0}^{12n-1}\left(1 - \frac{1}{z}\right)^i,$$

其 中, $20\%\,x_m$ 是 社 会 统 筹 基 金 账 户 储 存 额, $8\%\sum\limits_{i=1}^{m}\left(x_i(1+3\%)^i\right)$

$\left[1 + \sum\limits_{i=0}^{12n-1} \left(1 - \dfrac{1}{z}\right)^{i}\right]$ 是参保职工个人账户储存额，n 为参保职工退休后领取养老金的年限.

参保职工领取的养老金总额为

$$Y = \sum_{i=1}^{n} 12 y_i = \sum_{i=0}^{n} q_i + \sum_{i=0}^{n} p_i$$

$$= \frac{1}{z} 8\% \sum_{i=1}^{m} \left(x_i (1+3\%)^i\right) \left[1 + \sum_{i=0}^{12n-1} \left(1 - \frac{1}{z}\right)^i\right] + \frac{(c_1 + c_1 \gamma) m}{200} + \sum_{i=0}^{n-1} \frac{(d_i + d_i \gamma) m}{200}$$

$$= \frac{1}{z} 8\% \sum_{i=1}^{m} \left(x_i (1+3\%)^i\right) \left[1 + \sum_{i=0}^{12n-1} \left(1 - \frac{1}{z}\right)^i\right] + \frac{(1+\gamma) m}{200} \left(c_1 + \sum_{i=0}^{n-1} d_i\right),$$

其中，d_i 是参保职工在退休后 i 年的职工平均工资.

那么，参保职工养老金缺口额

$$A = Y - X$$

$$= \frac{1}{z} 8\% \sum_{i=1}^{m} \left(x_i (1+3\%)^i\right) \left[1 + \sum_{i=0}^{12n-1} \left(1 - \frac{1}{z}\right)^i\right] + \frac{(1+\gamma) m}{200} \left(c_1 + \sum_{i=0}^{n-1} d_i\right) -$$

$$20\% x_m - 8\% \sum_{i=1}^{m} \left(x_i (1+3\%)^i\right) - \left[8\% \sum_{i=1}^{m} \left(x_i (1+3\%)^i\right)\right] \sum_{i=0}^{12n-1} \left(1 - \frac{1}{z}\right)^i$$

$$= 8\% \left[\frac{1}{z} - 1 + \sum_{i=-1}^{12n-2} \left(1 - \frac{1}{z}\right)^i\right] \sum_{i=1}^{m} \left(x_i (1+3\%)^i\right) + \frac{(1+\gamma) m}{200} \left(c_1 + \right.$$

$$\left. \sum_{i=0}^{n-1} d_i\right) - 20\% x_m.$$

因此，该企业某职工自 2000 年从 30 岁开始交养老保险，一直缴费到退休（55 岁，60 岁，65 岁），从退休开始领养老金至 75 岁死亡各种情况下的养老保险金缺口值 A 如表 4-42，其中，正数表示该种情况下出现养老保险缺口.

表 4-42　各种情况下的养老保险金缺口值

退休年龄	55 岁	60 岁	65 岁
养老金缺口	391 142	230 153	-37 526

计算该企业某职工自 2000 年从 30 岁开始交养老保险，一直缴费到退休（55 岁，60 岁，65 岁），从退休开始领养老金各种情况下的养老保险金达到收支平衡时职工年龄，即求年龄使得

$$A = Y - X = 0.$$

计算得到各种情况下养老金达到平衡的年龄如表 4-43 所示.

表 4 –43　各种情况下养老金达到平衡的年龄

退休年龄	55 岁	60 岁	65 岁
收支平衡时年龄	67 岁	70 岁	77 岁

问题 4.

先不考虑开始缴纳养老金年龄及退休年龄以外的其他影响因素,只考虑在目标替代率恒定时开始缴纳养老金年龄和退休年龄两个因素是变化的情形. 此时假定养老金收支平衡,那么可得到养老金收支平衡等式

$$\sum_{i=1}^{m} 20\% x_i + \sum_{i=1}^{m} 8\% x_i (1+3\%)^i$$

$$= \frac{2\sum_{i=1}^{m} (x_i (1+3\%)^i)}{25z} (75-T) + \frac{mc_1 + \sum_{i=1}^{m} \left(x_i \times \frac{c_1}{c_i}\right)}{200},$$

其中,T 为职工的退休年龄.

由于上缴的个人账户养老金最终等于收回的个人账户养老金,这时简化上式可得到

$$\sum_{i=1}^{m} 20\% x_i = \frac{mc_1 + \sum_{i=1}^{m} \left(x_i \times \frac{c_1}{c_i}\right)}{200} (75-T).$$

由于这里所取的数据是全省的平均工资,所以 $x_i = c_i$,为此将上面的等式进行简化得到下面等式. 养老金收支平衡计算式:

$$\sum_{i=1}^{m} c_i = \frac{mc_1}{25}(75-T).$$

同时养老金的替代率也必须满足国家规定值 58.5%,此时利用问题 2 所建立的养老金替代率

$$\eta = \left[\frac{m + \sum_{i=1}^{m} \frac{x_i}{c_i}}{200} + \frac{24\sum_{i=1}^{m} (x_i (1+3\%)^i)}{25zc_1} \right] \times 100\%,$$

得到养老金替代率 η 为

$$\eta = \left[\frac{m}{100} + \frac{24\sum_{i=1}^{m} (c_i (1+3\%)^i)}{25zc_1} \right] \times 100\%.$$

因为此时的养老金替代率是一定的,这时我们将采用控制变量法,来对问题定量

分析.

首先,对退休年龄进行设定,分别为 55 岁,60 岁,65 岁三个不同的年龄阶段. 对这三个年龄阶段退休的老人将获得总的养老金与之前所缴纳的养老金要达到收支平衡,这时要讨论的是开始缴纳保险的年龄. 为了使 55 岁,60 岁,65 岁退休的老人都可以在退休后所获得的总的养老金与之前所缴纳的养老金总数额相等,那么这位老人开始缴纳养老金的年龄应该是不相同的. 将计算所得到的开始缴纳养老金的年龄计入表 4 – 44.

表 4 – 44　　开始缴纳养老金的年龄

替代率 ＼ 退休年龄	55 岁	60 岁	65 岁
58.5%	16 岁	25 岁	36 岁

其次,对缴纳养老金年龄进行设定,分别为 20 岁,30 岁,40 岁三个不同的年龄阶段. 对这三个年龄阶段开始缴纳养老金的员工未来获得总得养老金与他将缴纳的养老金要达到收支平衡. 这时只要讨论该员工什么时候退休就可以. 故而对 20 岁,30 岁,40 岁开始缴纳养老金的员工将来获得的总养老金与他们将要缴纳的养老金要达到收支平衡. 此时就可以算出员工应该在什么年龄退休. 将计算所得到的退休年龄计入表 4 – 45.

表 4 – 45　　员工退休年龄表

替代率 ＼ 投保年龄	20 岁	30 岁	40 岁
58.5%	64 岁	65 岁	66 岁

这样就可以得出延长退休年龄和提早参保年龄这些方法解决养老金的收支平衡. 如果国家提高替代率的话,那么员工将会很晚才能退休或要很早就开始参保. 但对于刚步入社会的年轻人来说,将会使生活压力增大. 为了解决这个问题,下面考虑其他因素对养老金收支平衡的影响.

虽然适当提高缴费率来缩减缴费年限对高薪收入员工来说问题不大,可对于刚进入职场的新员工来说是很有压力的. 当然,在不影响员工正常生活的情况下,可以适当地提高缴费率. 如可以对社会统筹基金账户金额增加 10%,这样代入上面所建立的模型方程式计算可到数据计入表 4 – 46.

表 4 − 46　修正社会统筹基金账户金额后开始缴纳养老金的年龄

替代率　　　退休年龄	55 岁	60 岁	65 岁
58.5%	19 岁	28 岁	44 岁

从上表可以看出增加社会统筹基金账户金额对收支平衡是有利的,但是这样加重了员工日常生活压力.

如果可以对现有的养老金进行改革的话,那么就有可能通过改变养老金的收支平衡问题,采用澳大利亚的超级年金的方式来对员工征收养老金的话,可以在最终获得相同的养老金的同时减缓年轻员工的压力.澳大利亚采用的新养老金制度的重点是建立私人机构运营的、积累制、强制性的养老金制度,这个制度在于雇主给予雇员 6% 左右的工资增长作为补偿,但只将其中的 3% 以工资形式发给雇员,另外的 3% 则作为雇主为雇员缴纳的职业养老金费用,存入雇员超级年金的个人账户.同时政府又可以照原来的方式收取养老金,这样就可以增加养老金的来源以弥补养老金的缺口.还有其他的方式也是可以增加养老金的来源,但总的资金都是职员本身的工资,所以任何形式的养老金制度都不是完美的,只能是在不同阶段对员工收取的养老金不同而已.

综上所述,在不改变养老金的制度下,只能延长员工的退休年龄以及提前缴纳养老金.如果允许改变养老金制度的话,可以借鉴澳大利亚的超级年金的形式来增加养老金的来源[3].

六、模型分析与评价

1. 模型的优点

（1）建立的模型简单易懂,将预测的数据与其他机构或专家所预测的数据进行对比,来确定预测的数据是否可靠,是否违背实际情况,有很好的实际指导意义.

（2）运用表格和图像相结合,对于结果的分析更加清晰,解答简便,结果明了.

（3）数学软件 MATLAB 的运用提高了结果的可信度,数据更加精确.

（4）对问题做出了合理的假设,多方位联系实际情况优化了模型.

2. 模型的缺点

（1）模型对数据依赖性比较大,只用 2009 年的职工缴费指数做了一个理想化的模型,可能与实际不相吻合,会影响预测的效果.

（2）我们建立的逻辑斯谛模型也只是一个预测模型，在实际生活中会有各方面的影响，如忽略经济危机的存在，假定该企业职工工资与全省的平均工资之比基本维持不变等因素，这就导致本模型被局限在一些比较理想的环境下使用，因此通过我们所建立的模型只能大致体现一个发展趋势而无法精确描述.

参考文献

［1］薛定宇,陈阳泉.高等应用数学问题的 MATLAB 求解.北京:清华大学出版社,2004.

［2］姜启源,谢金星,叶俊.数学模型.3 版.北京:高等教育出版社,2003.

［3］黄必红.养老金制度.北京:中国劳动社会保障出版社,2008.

案例 9　资产投资收益与风险

一、问题的提出

本案例问题选自 1998 年全国大学生数学建模竞赛 A 题.

市场上有 n 种资产（如股票、债券、…）$S_i(i=1,2,\cdots,n)$ 供投资者选择,某公司有数额为 M 的一笔相当大的资金可用作一个时期的投资. 公司财务分析人员对这 n 种资产进行了评估,估算出在这一时期内购买 S_i 的平均收益率为 r_i,并预测出购买 S_i 的风险损失率为 q_i. 考虑到投资越分散、总的风险越小,公司确定,当用这笔资金购买若干种资产时,总体风险可用所投资的 S_i 中最大的一个风险来度量.

购买 S_i 要付交易费,费率为 p_i,并且当购买额不超过给定值 u_i 时,交易费按购买 u_i 计算(不买当然无需付费). 另外,假定同期银行存款利率是 r_0,且既无交易费又无风险($r_0=5\%$).

1. 已知 $n=4$ 时的相关数据如表 4－47.

表 4－47　$n=4$ 时的相关数据

资产 S_i	收益率 $r_i(\%)$	风险率 $q_i(\%)$	交易费率 $p_i(\%)$	阈值 $u_i(元)$
S_1	28	2.5	1.0	103
S_2	21	1.5	2.0	198
S_3	23	5.5	4.5	52
S_4	25	2.6	6.5	40

试给该公司设计一种投资组合方案,即用给定的资金 M,有选择地购买若干种资产或存银行生息,使净收益尽可能大,而总体风险尽可能小.

2. 试就一般情况对以上问题进行讨论,并利用表 4 - 48 中数据进行计算.

表 4 - 48 $n = 15$ 时的相关数据

资产 S_i	收益率 $r_i(\%)$	风险率 $q_i(\%)$	交易费 $p_i(\%)$	阈值 u_i(元)
S_1	9.6	42.0	2.1	181
S_2	18.5	54.0	3.2	407
S_3	49.4	60.0	6.0	428
S_4	23.9	42.0	1.5	549
S_5	8.1	1.2	7.6	270
S_6	14.0	39.0	3.4	397
S_7	40.7	68.0	5.6	178
S_8	31.2	33.4	3.1	220
S_9	33.6	53.3	2.7	475
S_{10}	36.8	40.0	2.9	248
S_{11}	11.8	31.0	5.1	195
S_{12}	9.0	5.5	5.7	320
S_{13}	35.0	46.0	2.7	267
S_{14}	9.4	5.3	4.5	328
S_{15}	15.0	23.0	7.6	131

二、问题的分析与假设

在进行多种资产投资时,如何选择一种较好的投资组合方案(即选择的投资项目及其投资资金比例)从而能使收益尽可能大而风险尽可能小是人们关注的重点.

这是一个投资组合的优化问题,需要决策的是向每种投资项目的投资资金,即要达到的两个目标:净收益尽可能大和总体风险尽可能小,也就是所谓的最优决策.事实上,净收益尽可能大和总体风险尽可能小一般来说是矛盾的,收益大,风险必然也大;反之亦然.所以要使这两个目标同时达到最优是不可能的,比较现实的目标是:在一定风险下使收益最大,或在一定收益下使风险最小,或收益和风险按一定比例组合最优. 因此这里应该给出的应该是一组解,而不是一个解,比如在不同风险值下净收益最大的投资组合方案. 冒险型投资者可从高风险下净收益最大的投资组合方案中选取,而保守型投资者则会选择低风险下的投资组合方案.

建立优化问题的模型最主要的是用数学符号和式子表述决策变量、构造目标函数和确定约束条件. 对于本题决策变量是明确的,即对 $S_i(i=1,2,\cdots,n)$ 的投资份额(S_0 表示存入银行),目标函数之一是总收益最大,目标函数之二是总风险最小. 而总风险用投资资产 S_i 中的最大的一个风险来度量. 约束条件应为总资金 M 的限制. 假设:投资数额 M 相当大,为了便于计算假设取 $M=1$;投资越分散,总的风险越小;总体风险用投资项目 S_i 中最大的一个风险来度量;n 种资产 S_i 之间是相互独立的;在投资的这一段时间内,r_i,p_i,q_i,r_0 为定值,不受意外因素影响;若选择了一种资产投资,则在这种资产上投资不少于表 4-48 所给的 u_i 值,即这种资产的交易费按投资金额乘交易费率来计算.

三、数学模型的建立

设购买资产 $S_i(i=1,2,\cdots,n)$ 的金额为 x_i,S_0 及 x_0 分别表示存银行及金额,所付的交易费记为 $c_i(x_i)$,则
$$c_0(x_0)=0,c_i(x_i)=p_i x_i, \quad i=1,2,\cdots,n.$$
对 S_i 投资的净收益是
$$R_i(x_i)=(r_i-p_i)x_i, \quad i=0,1,\cdots,n,p_0=0.$$
对 S_i 投资的风险是
$$Q_i(x_i)=q_i x_i, \quad i=0,1,\cdots,n,q_0=0.$$
对 S_i 投资所需资金(即购买金额 x_i 与所需的手续费 $c_i(x_i)$ 之和)是
$$f_i(x_i)=x_i+p_i x_i, \quad i=0,1,\cdots,n.$$
因假设 $M=1$,在实际进行计算时,$y_i=(1+p_i)x_i,i=0,1,\cdots,n$,可视作投资 S_i 的比例.

投资方案用 $\boldsymbol{x}=(x_0,x_1,\cdots,x_n)$ 表示,那么净收益总额为
$$R(\boldsymbol{x})=\sum_{i=0}^{n}R_i(x_i)=\sum_{i=0}^{n}\left[r_i x_i-c_i(x_i)\right]=\sum_{i=0}^{n}(r_i-p_i)x_i.$$
总体风险为
$$Q(\boldsymbol{x})=\max_{0\leqslant i\leqslant n}Q_i(x_i)=\max_{0\leqslant i\leqslant n}(q_i x_i).$$
所需资金为
$$F(\boldsymbol{x})=\sum_{i=0}^{n}f_i(x_i)=\sum_{i=0}^{n}(1+p_i)x_i=M.$$

240

于是,总收益最大、总体风险最小的双目标优化模型可以表示为

$$\min_{x}\left\{\left(\begin{array}{c} Q(\boldsymbol{x}) \\ -R(\boldsymbol{x}) \end{array}\right) \middle| F(\boldsymbol{x}) = M, \boldsymbol{x} \geq 0\right\}.$$

上述双目标优化模型一般的情况下是难以直接求解的,根据我们前面的分析,通常可以把它转化为以下三种单目标优化模型.

模型 1 假设投资的风险水平是 α,即要求总体风险 $Q(\boldsymbol{x})$ 限制在风险水平 α 以内: $Q(\boldsymbol{x}) \leq \alpha$,即

$$Q(\boldsymbol{x}) = \max_{0 \leq i \leq n} Q_i(x_i) = \max_{0 \leq i \leq n}(q_i x_i) \leq \alpha,$$

所以此约束条件可转化为

$$q_i x_i \leq \alpha, \quad i = 0, 1, \cdots, n,$$

则可建立如下优化模型:

$$\max \sum_{i=0}^{n}(r_i - p_i)x_i,$$

$$\text{s.t.} \begin{cases} q_i x_i \leq \alpha, i = 1, 2, \cdots, n, \\ \sum_{i=0}^{n}(1 + p_i)x_i = 1, \\ \boldsymbol{x} \geq 0, \end{cases}$$

模型 2 假设投资的盈利水平是 β,即要求净收益总额 $R(\boldsymbol{x})$ 不少于 β,即 $R(\boldsymbol{x}) \geq \beta$,则可建立优化模型:

$$\min \max_{0 \leq i \leq n}(q_i x_i),$$

$$\text{s.t.} \begin{cases} \sum_{i=0}^{n}(r_i - p_i)x_i \geq \beta, \\ \sum_{i=0}^{n}(1 + p_i)x_i = 1, \quad i = 0, 1, \cdots, n. \\ x_i \geq 0, \end{cases}$$

引进变量 $x_{n+1} = \max_{0 \leq i \leq n}(q_i x_i)$,将上述优化模型改写为如下的线性规划:

$$\min \quad x_{n+1},$$

$$\text{s.t.} \begin{cases} q_i x_i \leq x_{n+1}, \\ \sum_{i=0}^{n}(r_i - p_i)x_i \geq \beta, \\ \sum_{i=0}^{n}(1 + p_i)x_i = 1, \\ x_i \geq 0, \end{cases} \quad i = 0, 1, \cdots, n.$$

模型 3 假定投资者对风险 – 收益的相对偏好系数为 $\rho(\rho \geqslant 0)$，同样引进变量 $x_{n+1} = \max\limits_{0 \leqslant i \leqslant n}(q_i x_i)$，则可建立如下的优化模型：

$$\min \rho x_{n+1} - (1 - \rho) \sum_{i=0}^{n}(r_i - p_i)x_i,$$

$$\text{s. t.} \begin{cases} q_i x_i \leqslant x_{n+1}, \\ \sum_{i=0}^{n}(1 + p_i)x_i = 1, \quad i = 0, 1, \cdots, n. \\ x_i \geqslant 0, \end{cases}$$

四、模型的求解

模型 1 的求解

按表 4 – 48 中给定的数据，此时 $n = 4$，则模型 1 为：

$$\max \ R = (0.05, 0.27, 0.19, 0.185, 0.185)(x_0, x_1, x_2, x_3, x_4)^{\mathrm{T}},$$

$$\text{s. t.} \begin{cases} x_0 + 1.01x_1 + 1.02x_2 + 1.045x_3 + 1.065x_4 = 1, \\ 0.025x_1 \leqslant \alpha, \\ 0.015x_2 \leqslant \alpha, \\ 0.055x_3 \leqslant \alpha, \\ 0.026x_4 \leqslant \alpha, \\ x_i \geqslant 0, \quad i = 0, 1, 2, 3, 4. \end{cases}$$

取定风险水平 $\alpha = 0.005$，利用 MATLAB 软件求解模型 1，

主要代码如下：

```
f = [0.05 0.27 0.19 0.185 0.185];
Aeq = [1 1.01 1.02 1.045 1.065];
beq = [1];
A = [0 0.025 0 0 0;
    0 0 0.015 0 0;
    0 0 0 0.055 0;
    0 0 0 0 0.026];
b = [0.005;0.005;0.005;0.005];
vlb = [0 0 0 0];
vub = [];
[x,val] = linprog( -f,A,b,Aeq,beq,vlb,vub)
R = -val
```

242

得到的结果是:

$R = 0.177\ 638, x_0 = 0.158\ 192, x_1 = 0.200\ 000, x_2 = 0.333\ 333, x_3 = 0.090\ 909\ 1,$
$x_4 = 0.192\ 308.$

这说明投资方案为 $(0.158\ 192, 0.200\ 000, 0.333\ 333, 0.090\ 909\ 1, 0.192\ 308)$ 时, 可以获得总体风险不超过 0.005 的最大收益 $0.177\ 638M$.

由于 α 是任意给定的风险水平, 不同的投资者投资的风险水平也不同. 若从 $\alpha = 0$ 开始, 以步长 $\Delta\alpha = 0.002$ 进行搜索, 到 $\alpha = 0.03$ 结束, 计算最大净收益和最优投资组合方案结果如表 4 - 49 所示.

表 4 - 49　模型 1 的计算结果

风险水平 α	净收益 R	x_0	x_1	x_2	x_3	x_4
0	0.05	1	0	0	0	0
0.002	0.101 055	0.663 277	0.08	0.133 333	0.036 363 6	0.076 923 1
0.004	0.152 11	0.326 554	0.16	0.266 667	0.072 727 3	0.153 846
0.006	0.201 908	0	0.24	0.4	0.109 091	0.221 221
0.008	0.211 243	0	0.32	0.533 333	0.127 081	0
0.010	0.219 02	0	0.4	0.584 314	0	0
0.012	0.225 569	0	0.48	0.505 098	0	0
0.014	0.232 118	0	0.56	0.425 882	0	0
0.016	0.238 667	0	0.64	0.346 667	0	0
0.018	0.245 216	0	0.72	0.267 451	0	0
0.020	0.251 765	0	0.8	0.188 235	0	0
0.022	0.258 314	0	0.88	0.109 02	0	0
0.024	0.264 863	0	0.96	0.029 803 9	0	0
0.026	0.267 327	0	0.990 099	0	0	0
0.028	0.267 327	0	0.990 099	0	0	0
0.030	0.267 327	0	0.990 099	0	0	0

模型 2 的求解

按表 4 - 47 给定的数据, 此时 $n = 4$, 则具体模型为:

$$\min\ x_5,$$

$$\text{s.t.} \begin{cases} 0.05x_0 + 0.27x_1 + 0.19x_2 + 0.185x_3 + 0.185x_4 \geqslant \beta, \\ x_0 + 1.01x_1 + 1.02x_2 + 1.045x_3 + 1.065x_4 = 1, \\ 0.025x_1 \leqslant x_5, \\ 0.015x_2 \leqslant x_5, \\ 0.055x_3 \leqslant x_5, \\ 0.026x_4 \leqslant x_5, \\ x_i \geqslant 0, \quad i = 0,1,\cdots,5. \end{cases}$$

由于不同的投资者其盈利水平 β 也不同. 若从 $\beta = 0.04$ 开始,以步长 $\Delta\beta = 0.02$ 进行搜索,到 $\beta = 0.26$ 结束,利用 MATLAB 软件求解模型 2,计算最小风险和最优投资组合方案结果如表 4 - 50 所示(其中第一行 10^{-16},10^{-17} 可以近似看做是 0).

表 4 – 50　模型 2 的计算结果

盈利水平 β	风险 Q	x_0	x_1	x_2	x_3	x_4
0.04	0	1	$1.110\,22 \times 10^{-16}$	0	0	$-2.775\,56 \times 10^{-17}$
0.06	0.000 391 733	0.934 047	0.015 669 3	0.026 115 5	0.007 122 4	0.015 066 6
0.08	0.001 175 2	0.802 142	0.047 007 9	0.078 346 5	0.021 367 2	0.045 199 9
0.10	0.001 958 66	0.670 236	0.078 346 5	0.130 578	0.035 612 1	0.075 333 2
0.12	0.002 742 13	0.538 331	0.109 685	0.182 809	0.049 856 9	0.105 466
0.14	0.003 525 59	0.406 426	0.141 024	0.235 04	0.064 101 7	0.135 6
0.16	0.004 309 06	0.274 52	0.172 362	0.287 271	0.078 346 5	0.165 733
0.18	0.005 092 53	0.142 615	0.203 701	0.339 502	0.092 591 4	0.195 866
0.20	0.005 875 99	0.010 709 2	0.235 04	0.391 733	0.106 836	0.226
0.22	0.010 299 4	0	0.411 976	0.572 455	0	0
0.24	0.016 407 2	0	0.656 287	0.330 539	0	0
0.26	0.022 515	0	0.900 599	0.088 622 8	0	0

模型 3 的求解

按表 4 – 47 中给定的数据,具体到 $n = 4$ 的情形,模型为

$$\min \quad \rho x_5 - (1-\rho)(0.05x_0 + 0.27x_1 + 0.19x_2 + 0.185x_3 + 0.185x_4),$$

$$\text{s. t.} \begin{cases} x_0 + 1.01x_1 + 1.02x_2 + 1.045x_3 + 1.065x_4 = 1, \\ 0.025x_1 \leqslant x_5, \\ 0.015x_2 \leqslant x_5, \\ 0.055x_3 \leqslant x_5, \\ 0.026x_4 \leqslant x_5, \\ x_i \geqslant 0, \quad i = 0, 1, \cdots, 5. \end{cases}$$

当从 $\rho = 0.70$ 开始,以步长 $\Delta\beta = 0.04$ 进行搜索,到 $\beta = 0.98$ 结束,利用 MATLAB 软件求解模型 3,计算最小风险和最优投资组合方案结果如表 4 – 51 所示.

表 4 – 51   模型 3 的计算结果

偏好系数 ρ	风险 Q	x_0	x_1	x_2	x_3	x_4
0.70	0.024 752 5	0	0.990 099	0	0	0
0.74	0.024 752 5	0	0.990 099	0	0	0
0.78	0.009 225 09	0	0.369 004	0.615 006	0	0
0.82	0.007 849 29	0	0.313 972	0.523 286	0.142 714	0
0.86	0.005 939 6	0	0.237 584	0.395 973	0.107 993	0.228 446
0.90	0.005 939 6	0	0.237 584	0.395 973	0.107 993	0.228 446
0.94	0.005 939 6	0	0.237 584	0.395 973	0.107 993	0.228 446
0.98	0	1	0	0	0	0

五、模型的评价

从模型 1 的计算结果表 4 – 49 中可以看出,对低风险水平,要使净收益较低,除了存入银行外,投资首选风险率最低的 S_2,其次是 S_1 和 S_4;而对高风险水平,要使净收益较高,投资方向是选择净收益率较大的 S_1 和 S_4. 这些与人们的经验是一致的. 从表 4 – 50 中可以看出模型 2 与模型 1 类似的求解结果. 从模型 3 的求解结果表 4 – 51 中可以看出,随着偏好系数 ρ 的增加,也就是对风险的日益重视,投资方案的总体风险会大大降低,资金会从净收益率较大的项目 S_1, S_3, S_4,转向无风险的项目银行存款. 这和模型 1 的结果是一致的,也符合人们日常的经验. 本案例没有讨论收益和风险的评估方法,在实际应用中还存在资产相关的情形,此时,用最大风险代表组合投资的风险未必合理. 因此,对不同风险度量下的最优投资组合进行比较研究是进一步的改进方向. 另外,对于 $n=15$ 的情形,可以进行类似的处理与计算,留作练习.

参考文献

[1] 赫孝良,戴永红,等.数学建模竞赛:赛题简析与论文点评.西安:西安交通大学出版社,2002.

[2] 萧树铁.数学实验.北京:高等教育出版社,1999.

[3] 陈叔平,谭永基.一类投资组合问题的建模与分析.数学的实践与认识,1999,29(7):45-49.

[4] 谢金星,薛毅.优化建模与 LINDO\LINGO 软件.北京:清华大学出版社,2005.

习题 1. 根据本案例对 $n=4$ 的建模与计算方法,进一步解决本案例中 $n=15$ 的情况.

习题 2. 美国某三种股票(A,B,C)12 年(1943~1954)的价格(已经包括了分红在内)每年的增长情况如表 4-52 所示(表中还给出了相应年份的 500 种股票的价格指数的增长情况)。例如,表中第一个数据 1.300 的含义是股票 A 在 1943 年的年末价值是其年初价值的 1.300 倍,即收益率为 30%,其余数据的含义依此类推。假设你在 1955 年时有一笔资金准备投资这三种股票,并期望年收益率至少达到 15%,那么你应当如何投资? 当期望的年收益率变化时,投资组合和相应的风险如何变化?

表 4-52 股票收益数据

年份	股票 A	股票 B	股票 C	股票指数
1943	1.300	1.225	1.149	1.258 997
1944	1.103	1.290	1.260	1.197 526
1945	1.216	1.216	1.419	1.364 361
1946	0.954	0.728	0.922	0.919 287
1947	0.929	1.144	1.169	1.057 080
1948	1.056	1.107	0.965	1.055 012
1949	1.038	1.321	1.133	1.187 925
1950	1.089	1.305	1.732	1.317 130
1951	1.090	1.195	1.021	1.240 164
1952	1.083	1.390	1.131	1.183 675
1953	1.035	0.928	1.006	0.990 108
1954	1.176	1.715	1.908	1.526 236

习题 3. 假如除了习题 2 中的三种股票外，投资人还有一种无风险的投资方式，如购买国库券。假如国库券的年收益率为 5%，如何考虑上述问题？又假如你目前持有的股票比例为：股票 A 占 50%，B 占 35%，C 占 15%。这个比例与习题 1 中求得的最优解有所不同，但实际股票市场上每次股票买卖通常总有交易费，例如按交易额的 1% 收取交易费，这时你是否仍需要对所持的股票进行买卖（换手），以便满足"最优解"的要求？

案例 10　彩票中的数学

一、问题的提出

本案例来自 2002 年"高教社杯全国大学生数学建模竞赛"B 题.

彩票主要有"传统型"和"乐透型"两种类型.

"传统型"采用"10 选 6 + 1"方案：先从 6 组 0 ~ 9 号球中摇出 6 个基本号码，每组摇出一个，然后从 0 ~ 4 号球中摇出一个特别号码，构成中奖号码. 投注者从 0 ~ 9 十个号码中任选 6 个基本号码（可重复），从 0 ~ 4 中选一个特别号码，构成一注，根据单注号码与中奖号码相符的个数多少及顺序确定中奖等级. 以中奖号码"abcdef + g"为例说明中奖等级如表 4 – 53（×表示未选中的号码）.

表 4 – 53　"传统型"彩票游戏规则

中奖等级	10 选 6 + 1(6 + 1/10)		
	基本号码	特别号码	说明
一等奖	abcdef	g	选 7 中(6 + 1)
二等奖	abcdef		选 7 中(6)
三等奖	abcde ×　　× bcdef		选 7 中(5)
四等奖	abcd × ×　　× bcde ×　　× × cdef		选 7 中(4)
五等奖	abc × × ×　　× bcd × ×　　× × cde ×　　× × × def		选 7 中(3)
六等奖	ab × × × ×　　× bc × × ×　　× × cd × ×　　× × × de ×　× × × × ef		选 7 中(2)

"乐透型"有多种不同的形式，比如"33 选 7"的方案：先从 01 ~ 33 个号码球中一个一个地摇出 7 个基本号，再从剩余的 26 个号码球中摇出一个特别号码. 投注者从 01 ~ 33 个号码中任选 7 个组成一注（不可重复），根据单注号码与中奖号码相符的个数多少确定相应的中奖等级，不考虑号码顺序. 又如"36 选 6 +

1"的方案,先从 01～36 个号码球中一个一个地摇出 6 个基本号,再从剩下的 30 个号码球中摇出一个特别号码. 从 01～36 个号码中任选 7 个组成一注(不可重复),根据单注号码与中奖号码相符的个数多少确定相应的中奖等级,不考虑号码顺序. 这两种方案的中奖等级如表 4－54.

表 4－54 "乐透型"彩票游戏规则

中奖等级	33 选 7(7/33)			36 选 6＋1(6＋1/36)		
	基本号码	特别号码	说明	基本号码	特别号码	说明
一等奖	●●●●●●●		选 7 中(7)	●●●●●●	★	选 7 中(6＋1)
二等奖	●●●●●●○	★	选 7 中(6＋1)	●●●●●●		选 7 中(6)
三等奖	●●●●●●○		选 7 中(6)	●●●●●○	★	选 7 中(5＋1)
四等奖	●●●●●○○	★	选 7 中(5＋1)	●●●●●○		选 7 中(5)
五等奖	●●●●●○○		选 7 中(5)	●●●●○○	★	选 7 中(4＋1)
六等奖	●●●●○○○	★	选 7 中(4＋1)	●●●●○○		选 7 中(4)
七等奖	●●●●○○○		选 7 中(4)	●●●○○○	★	选 7 中(3＋1)

注:●为选中的基本号码,★为选中的特别号码,○为未选中的号码.

以上两种类型的总奖金比例一般为销售总额的 50%,投注者单注金额为 2 元,单注若已得到高级别的奖就不再兼得低级别的奖. 现在常见的销售规则及相应的奖金设置方案如表 4－55,其中一、二、三等奖为高项奖,后面的为低项奖. 低项奖数额固定,高项奖按比例分配,但一等奖单注保底金额 60 万元,封顶金额 500 万元,各高项奖额的计算方法为:

[(当期销售总额 × 总奖金比例)－低项奖总额] × 单项奖比例.

请通过数学建模解决下述问题:

1. 根据这些方案(见表 4－55)的具体情况,综合分析各种奖项出现的可能性、奖项和奖金额的设置以及对彩民的吸引力等因素评价各方案的合理性;

2. 设计一种"更好"的方案及相应的算法,并据此给彩票管理部门提出建议.

表 4－55 "乐透型"彩票方案

序号	奖项方案	一等奖比例	二等奖比例	三等奖比例	四等奖金额	五等奖金额	六等奖金额	七等奖金额	备注
1	6＋1/10	50%	20%	30%	50				按序
2	6＋1/10	60%	20%	20%	300	20	5		按序

序号	奖项方案	一等奖比例	二等奖比例	三等奖比例	四等奖金额	五等奖金额	六等奖金额	七等奖金额	备注
3	6+1/10	65%	15%	20%	300	20	5		按序
4	6+1/10	70%	15%	15%	300	20	5		按序
5	7/29	60%	20%	20%	300	30	5		
6	6+1/29	60%	25%	15%	200	20	5		
7	7/30	65%	15%	20%	500	50	15	5	
8	7/30	70%	10%	20%	200	50	10	5	
9	7/30	75%	10%	15%	200	30	10	5	
10	7/31	60%	15%	25%	500	50	20	10	
11	7/31	75%	10%	15%	320	30	5		
12	7/32	65%	15%	20%	500	50	10		
13	7/32	70%	10%	20%	500	50	10		
14	7/32	75%	10%	15%	500	50	10		
15	7/33	70%	10%	20%	600	60	6		
16	7/33	75%	10%	15%	500	50	10	5	
17	7/34	65%	15%	20%	500	30	6		
18	7/34	68%	12%	20%	500	50	10	2	
19	7/35	70%	15%	15%	300	50	5		
20	7/35	70%	10%	20%	500	100	30	5	
21	7/35	75%	10%	15%	1 000	100	50	5	
22	7/35	80%	10%	10%	200	50	20	5	
23	7/35	100%	2000	20	4	2			无特别号
24	6+1/36	75%	10%	15%	500	100	10	5	
25	6+1/36	80%	10%	10%	500	100	10		
26	7/36	70%	10%	20%	500	50	10	5	
27	7/37	70%	15%	15%	1 500	100	50		
28	6/40	82%	10%	8%	200	10	1		
29	5/60	60%	20%	20%	300	30			

二、问题的分析与假设

问题 1 首先综合考虑这些彩票方案的奖项与奖金的设置、中奖可能性、获奖面、彩票方案对彩民的吸引力等因素,建立合理的评价指标和评价方案,对表 4 – 55 中的彩票方案的合理性做出评价. 根据问题描述以及现行彩票发行的规则,彩票总奖金比例一般为销售总额的 50%,投注者单注金额为 2 元,也即彩票发行方与彩民各得 50% 的收益. 因此,评价彩票方案的合理性直接取决于彩票方案对彩民的吸引力. 吸引力大销售量大,收益也就越大. 为此,认为评价彩票发行方案的合理性也即量化彩票对彩民的吸引力.

就影响吸引力的因素而言,可以从分析彩民购买彩票的心理入手. 对于彩民来说,购买彩票的主要影响因素一般有:一等奖的奖金,中奖率,低等奖的奖金额等.

问题 2 实际上是要求在问题 1 的基础上,提出一个更好的彩票发行方案,这往往可以归结为数学上的优化问题. 根据问题 1,这等价于寻找使得彩票对彩民吸引力最大彩票发行方案及其因素.

根据上述分析,本案例做出如下基本假设:

1. 只考虑同一地区的彩票发行问题,且在很长一段时期内人的心态不会显著改变.

2. 彩票摇奖是公平公正的,各号码的出现是随机的,且彩民购买彩票是独立随机的.

3. 彩票总奖金比例一般为销售总额的 50%,投注者单注金额为 2 元,单注若已得到高级别的奖就不再兼得低级别的奖.

三、数学模型的建立与求解

1. 数学符号说明

首先,为了建立具体的数学模型的需要,将所需要的数学符号与变量列在表 4 – 56 中.

表 4 – 56　模型符号列表

数学符号	变量的含义	备注
r_0	总奖金比例	$r_0 = 50\%$
t_0	单注金额	$t_0 = 2(元)$
N	彩票销售总量(张)	

数学符号	变量的含义	备注
p_{ij}	第 i 种彩票的 j 等奖项的中奖概率	
v_{ij}	第 i 种彩票的 j 等奖项的奖金额	
a_i	单项奖比例	

2. 彩民获各奖项的概率

（1）"传统型"彩票的概率计算

对于"传统型"彩票，由古典概率知识，可得计算一、二、三、四、五、六等奖中奖概率公式分别为

$$\frac{1}{5 \times 10^6}, \frac{4}{5 \times 10^6}, \frac{2 \times C_9^1}{10^6}, \frac{2C_9^1 C_{10}^1 + C_9^1 C_9^1}{10^6},$$

$$\frac{2C_9^1 C_{10}^1 C_{10}^1 + 2C_9^1 C_9^1 C_{10}^1}{10^6}, \frac{2C_9^1 C_{10}^1 C_{10}^1 C_{10}^1 + 3C_9^1 C_9^1 C_{10}^1 C_{10}^1 - 3C_9^1 C_9^1 - 2C_9^1}{10^6}.$$

计算结果如表 4-57 所示.

表 4-57 "传统型"彩票奖项中奖的概率

序号	方案	一等奖	二等奖	三等奖	四等奖	五等奖	六等奖	七等奖
1	6+1/10	2.00×10^{-7}	8.00×10^{-7}	1.80×10^{-5}	0.000 26	未设奖	未设奖	未设奖
2	6+1/10	2.00×10^{-7}	8.00×10^{-7}	1.80×10^{-5}	0.000 26	0.003 42	0.042 03	未设奖
3	6+1/10	2.00×10^{-7}	8.00×10^{-7}	1.80×10^{-5}	0.000 26	0.003 42	0.042 03	未设奖
4	6+1/10	2.00×10^{-7}	8.00×10^{-7}	1.80×10^{-5}	0.000 26	0.003 42	0.042 03	未设奖

（2）"乐透型"彩票的概率计算

"乐透型"彩票的概率也是一个古典概型问题.

"n 选 m"型彩票一、二、三、四、五、六、七等奖奖项的概率计算公式分别为

$$\frac{C_m^m C_1^0 C_{n-m-1}^0}{C_n^m}, \frac{C_m^{m-1} C_1^1 C_{n-m-1}^0}{C_n^m}, \frac{C_m^{m-1} C_1^0 C_{n-m-1}^1}{C_n^m},$$

$$\frac{C_m^{m-2} C_1^1 C_{n-m-1}^1}{C_n^m}, \frac{C_m^{m-2} C_1^0 C_{n-m-1}^2}{C_n^m}, \frac{C_m^{m-3} C_1^1 C_{n-m-1}^2}{C_n^m}, \frac{C_m^{m-3} C_1^0 C_{n-m-1}^3}{C_n^m}.$$

"n 选 $m+1$"型彩票一、二、三、四、五、六、七等奖奖项的概率计算公式分别为

$$\frac{C_m^m C_1^1 C_{n-m-1}^0}{C_n^{m+1}}, \frac{C_m^m C_1^0 C_{n-m-1}^1}{C_n^{m+1}}, \frac{C_m^{m-1} C_1^1 C_{n-m-1}^1}{C_n^{m+1}},$$

$$\frac{C_m^{m-1}C_1^0C_{n-m-1}^2}{C_n^{m+1}},\ \frac{C_m^{m-2}C_1^1C_{n-m-1}^2}{C_n^{m+1}},\ \frac{C_m^{m-2}C_1^0C_{n-m-1}^3}{C_n^{m+1}},\ \frac{C_m^{m-3}C_1^1C_{n-m-1}^3}{C_n^{m+1}}.$$

利用上述公式计算表 4 – 55 所给方案,得到"乐透型"彩票中奖的概率分布表(见表 4 – 58).这里需要说明的是,该表中的前 4 个方案也是"乐透型"彩票,而非按序的传统型.

表 4 – 58 "乐透型"彩票中奖概率分布表

序号	方案	一等奖	二等奖	三等奖	四等奖	五等奖	六等奖	七等奖
1	6+1/1	0.008 333	0.025	0.15	0.15	未设奖	未设奖	未设奖
2	6+1/1	0.008 333	0.025	0.15	0.15	0.375	0.125	未设奖
3	6+1/1	0.008 333	0.025	0.15	0.15	0.375	0.125	未设奖
4	6+1/1	0.008 333	0.025	0.15	0.15	0.375	0.125	未设奖
5	7/29	6.41×10^{-7}	4.48×10^{-6}	9.42×10^{-5}	0.000 283	0.002 826	0.004 709	未设奖
6	6+1/29	6.41×10^{-7}	1.41×10^{-5}	8.46×10^{-5}	0.000 888	0.002 22	0.014 8	未设奖
7	7/30	4.91×10^{-7}	3.44×10^{-6}	7.56×10^{-5}	0.000 227	0.002 383	0.003 971	0.026 476
8	7/30	4.91×10^{-7}	3.44×10^{-6}	7.56×10^{-5}	0.000 227	0.002 383	0.003 971	0.026 476
9	7/30	4.91×10^{-7}	3.44×10^{-6}	7.56×10^{-5}	0.000 227	0.002 383	0.003 971	0.026 476
10	7/31	3.8×10^{-7}	2.66×10^{-6}	6.12×10^{-5}	0.000 184	0.002 02	0.003 367	0.023 572
11	7/31	3.8×10^{-7}	2.66×10^{-6}	6.12×10^{-5}	0.000 184	0.002 02	0.003 367	未设奖
12	7/32	2.97×10^{-7}	2.08×10^{-6}	4.99×10^{-5}	0.000 15	0.001 722	0.002 87	未设奖
13	7/32	2.97×10^{-7}	2.08×10^{-6}	4.99×10^{-5}	0.000 15	0.001 722	0.002 87	未设奖
14	7/32	2.97×10^{-7}	2.08×10^{-6}	4.99×10^{-5}	0.000 15	0.001 722	0.002 87	未设奖
15	7/33	2.34×10^{-7}	1.64×10^{-6}	4.1×10^{-5}	0.000 123	0.001 475	0.002 458	未设奖
16	7/33	2.34×10^{-7}	1.64×10^{-6}	4.1×10^{-5}	0.000 123	0.001 475	0.002 458	0.018 843
17	7/34	1.86×10^{-7}	1.3×10^{-6}	3.38×10^{-5}	0.000 101	0.001 269	0.002 114	未设奖
18	7/34	1.86×10^{-7}	1.3×10^{-6}	3.38×10^{-5}	0.000 101	0.001 269	0.002 114	0.016 916
19	7/35	1.49×10^{-7}	1.04×10^{-6}	2.81×10^{-5}	8.43×10^{-5}	0.001 096	0.001 827	未设奖
20	7/35	1.49×10^{-7}	1.04×10^{-6}	2.81×10^{-5}	8.43×10^{-5}	0.001 096	0.001 827	0.015 224

序号	方案	一等奖	二等奖	三等奖	四等奖	五等奖	六等奖	七等奖
21	7/35	1.49×10^{-7}	1.04×10^{-6}	2.81×10^{-5}	8.43×10^{-5}	0.001 096	0.001 827	0.015 224
22	7/35	1.49×10^{-7}	1.04×10^{-6}	2.81×10^{-5}	8.43×10^{-5}	0.001 096	0.001 827	0.015 224
23	7/35	1.49×10^{-7}	1.04×10^{-6}	2.81×10^{-5}	8.43×10^{-5}	0.001 096	未设奖	未设奖
24	6 + 1/36	1.2×10^{-7}	3.47×10^{-6}	2.08×10^{-5}	0.000 292	0.000 73	0.006 566	0.008 755
25	6 + 1/36	1.2×10^{-7}	3.47×10^{-6}	2.08×10^{-5}	0.000 292	0.000 73	0.006 566	未设奖
26	7/36	1.2×10^{-7}	8.39×10^{-7}	2.35×10^{-5}	7.04×10^{-5}	0.000 951	0.001 585	0.013 736
27	7/37	9.71×10^{-8}	6.8×10^{-7}	1.97×10^{-5}	5.92×10^{-5}	0.000 828	0.001 38	未设奖
28	6/40	2.61×10^{-7}	1.56×10^{-6}	5.16×10^{-5}	0.000 129	0.002 063	0.002 751	未设奖
29	5/60	1.83×10^{-7}	9.15×10^{-7}	4.94×10^{-5}	9.89×10^{-5}	0.002 62	未设奖	未设奖

3. 彩票方案的综合评价模型

根据问题分析可知,一等奖的奖金额、中奖率、低等奖的奖金额都是评价彩票吸引力的指标. 记各个指标分别为 x_{j1} (一等奖奖金额效用), x_{j2} (中奖率), x_{j3} (低等奖的金额),各彩种的指标数据矩阵 $\boldsymbol{X} = (x_{ij})_{S \times 3}$,其中, $x_{ij} \geq 0$ 表示序号为 i 的彩票的第 j 项指标数据. 记决策向量为 $\boldsymbol{d}_i = (x_{i1}, x_{i2}, x_{i3})$.

(1) x_{ij} 的确定

① $j = 1$ 时,一等奖的奖金 v_{i1} (单注期望值)

根据题中给出的计算高等奖的奖金总额公式,可得 v_{ij} 的计算公式:

$$v_{ij} = \frac{\left(t_0 r_0 - \sum_{l=4}^{k} p_{il} v_{il}\right) a_j}{p_{ij}}, \quad j = 1, 2, 3.$$

一等奖奖金额效用这一指标是一个典型的模糊概念. 由模糊数学隶属度的概念和决策分析理论的知识,我们需求出它的效用函数.

对于一等奖的而言,彩民能够拿到封顶金额 500 万时,彩民的满意度(效用)为 1,当彩民拿到金额 300 万时,效用为 0.5,当彩民只拿到保底金额 60 万时,效用为 0. 记 $U(x)$ 为效用函数,则有

$$\frac{\mathrm{d}U}{\mathrm{d}x} = \frac{a}{x+b} > 0, \qquad \frac{\mathrm{d}^2 U}{\mathrm{d}x^2} < 0, \tag{70}$$

$$U(5 \times 10^6) = 1, \quad U(3 \times 10^6) = 0.5, \quad U(0.6 \times 10^6) = 0. \tag{71}$$

由(70),(71),可解得效用函数:

$$U(x) = 7.315 - 2.742\ln|x - 15|.$$

根据效用函数以及 v_{i1} 的计算,可得

$$x_{i1} = U(v_{i1}), \quad i = 1, 2, \cdots, s.$$

② $j = 2$,指标 x_2 是指所有奖项的中奖概率之和. 即

$$x_{i2} = \sum_{j=1}^{k} p_{ij} (k \text{ 为奖项等级}).$$

③ $j = 3$,低等奖的奖金总额指标可以简化为四等奖的资金额与获四等奖的概率的乘积: $x_{i3} = p_{i4} v_{i4}$.

(2)指标权值的确定

由假设 1,2,不妨设 $w_1 > w_2 > w_3$, $\sum\limits_{i=1}^{3} w_i = 1$. 本案例中分别假定 w_1, w_2, w_3 为 0.6, 0.3, 0.1.

(3)综合评价

① 指标的无量纲化

首先将指标数据无量纲化. 本案例采用极差正规法消去数据的量纲. 令

$$y_{ij} = \frac{x_{ij} - \min\limits_{1 \le i \le s} x_{ij}}{\max\limits_{1 \le i \le s} x_{ij} - \min\limits_{1 \le i \le s} x_{ij}},$$

经无量纲化后,指标数据矩阵 $\boldsymbol{X}$ 化为决策矩阵 $\boldsymbol{Y} = (y_{ij})_{s \times 3}$.

② 给指标赋权

用前面求出的指标的权重对决策矩阵 $\boldsymbol{Y}$ 进行赋权. 令 $z_{ij} = w_j y_{ij}$,得到赋权后的决策矩阵 $\boldsymbol{Z} = (z_{ij})_{s \times 3}$. 决策向量设为 $\overline{d}_i = (z_{i1}, z_{i2}, z_{i3})$, $1 \le i \le s$.

③ 求出期望决策和决策投影,进行综合评价

构造理想决策向量 $\boldsymbol{d}^* = (b_1, b_2, b_3)$,其中 $d_j = \max\limits_{1 \le i \le s} z_{ij}$, $j = 1, 2, 3$,将 $\boldsymbol{d}^*$ 单位化得

$$\boldsymbol{d}_0^* = \frac{1}{\sqrt{b_1^2 + b_2^2 + b_3^2}} \boldsymbol{d}^*.$$

再求出各决策向量在理想决策向量方向上的投影

$$D_i = d_i \boldsymbol{d}_0^* = \frac{1}{\sqrt{b_1^2 + b_2^2 + b_3^2}} \sum_{j=1}^{3} b_j z_{ij}, i = 1, 2, \cdots, s.$$

以各决策向量的投影值 D_i 作为各种彩票方案综合评价值,按越大越好的原则,可得到给出的 24 种彩票的最终的评价结果(见表 4 - 59).

表 4 - 59　吸引力综合指标表及其排序表

原始序号	方案	指标 D_i	排序
9	7/30	0.539 7	1
11	7/31	0.536 3	2
5	7/29	0.504 8	3

4. "更好"的彩票发行方式的制定模型

对某一具体彩种(n 选 m)发行方案的优劣分析,我们从一等奖的奖金效用、中奖率、四等奖的中奖概率与奖金额之积这三个指标加以分析. 显然这三个指标的值越大,此种发行方案就是一种"更好"的方案.

记 $f_1 = U(v_1)$,$f_2 = \sum_{i=1}^{k} p_i$,$f_3 = p_4 v_4$,则需要求出 f_1, f_2, f_3 的最大值,这是一个多目标规划问题. 我们可以采用对 f_i 进行加权处理的方法,将多目标规划问题转化为单目标规划问题,即 $\max J = \sum_{i=1}^{3} w_i f_i$. 其约束条件分析如下:

① 对于总奖金比例,单张彩票的价格一定的彩种来说,其单张彩票的期望值

$$\sum_{i=1}^{k} p_i v_i = t_0 r_0 = 1.$$

② 对于某一确定的彩种(n 选 m),其奖项等级的设置 $k \leq m$. 比如,35 选 7,那么最多就只有 7 等奖.

③ 就低等奖而言,考察 i 与 $i+1$ 这两个相邻的等级,虽然 $i+1$ 等奖的奖金额比 i 等奖要小,但是由于中奖人数比 i 等奖的中奖人数要大得多. 因此,$i+1$ 等奖的奖金总额比 i 等奖的要多,即 $p_i v_i \leq p_{i+1} v_{i+1}(i = 4, 5, \cdots, k-1)$.

④ 对于最低的一等奖即 k 等奖,其奖金额 v_k,可以根据模型 2 中的效用函数得到 $v_k = 5$ 元.

由上述分析,可以建立如下单目标规划模型:

$$\max J = w_1 u(v_1) + w_2 \sum_{i=1}^{k} p_i + w_3 p_4 v_4 ,$$

$$\text{s.t.} \begin{cases} \sum_{i=1}^{k} p_i v_i = 1, \\ v_{i+1} < v_i (i = 4, \cdots, k-1), \\ p_i v_i \leq p_{i+1} v_{i+1} (i = 4, \cdots, k-1), \\ v_k = 5, \\ k \leq m. \end{cases}$$

对于每一个具体的彩种,可以利用上面的模型得到一个"更好"的方案. 从而可以获得一个较优方案表(见表 4 - 60).

表 4 – 60　较优方案表

排序	获奖 方案	一等奖 比例	二等奖 比例	三等奖 比例	四等奖 金额	五等奖 金额	六等奖 金额	七等奖 金额
1	7/29	80%	5%	15%	300	25	15	5
2	7/30	70%	10%	20%	500	50	15	5
3	7/31	72%	10%	18%	500	50	20	5

四、模型的评价

本案例中的模型主要有如下优点：

（1）充分考虑影响彩票发行方案的各个因素，对"传统型"和"乐透型"两种类型彩票的各种奖项进行了详尽的概率分析．

（2）对某一具体彩种发行方案的优劣分析，从一等奖的奖金效用、中奖率、四等奖的中奖概率与奖金额之积这三个指标加以分析．通过加权处理，将多目标规划问题转化为单目标规划问题，其中在赋加权重时，根据实际情况，直接给出权重，避免了繁杂的分析与计算，通过计算结果来看，是合理的．

我们也可以考虑对模型做如下改进：

（1）每注彩票有其期望效益，依赖于两个因素：各奖级的中奖概率、各奖级的奖金数额．因为单注彩票的价格为 2 元，彩票的奖金返还率为 50%，所以，从总体上说，每注彩票的理论期望效益值是 1 元．那么，彩票方案的单注彩票期望效益越接近 1，说明该方案越合理，越吸引人．模型的设计最好将彩票的期望效益考虑进来，期望效益的计算需要各个奖级的奖金数额的大量数据，但我们不能在短时间之内获得相应的大量数据．在得到大量现实统计数据的前提下，建模考虑期望效益对方案合理度的影响，便可使得模型更加合理．

（2）关于彩票方案对彩民的吸引力问题，即彩民对待某种彩票方案的心理状态如何？应该构造何种心理曲线以较为准确地反映出不同类型彩民的心理变化情况？合理性指标函数的构造问题等．

（3）彩票公司发行彩票的风险和收益问题，以及彩民购买彩票的中奖与风险的关系问题．

参考文献

[1] 赵静,但琦. 数学建模与数学实验. 3 版. 北京:高等教育出版社,2008.

[2] 宁宣熙,刘思峰. 管理预测与决策方法. 北京:科学出版社,2003.

[3] 胡宝清. 模糊理论基础. 武汉:武汉大学出版社,2004.

[4] 茆诗松,程依明,等. 概率论与数理统计教程. 北京:高等教育出版社,2004.

习题 1. 一垂钓俱乐部鼓励垂钓者将钓来的鱼放生,打算按照放生的鱼的重量给予奖励,俱乐部只准备了一把软尺用于测量,请你设计按照测量的长度估计鱼的重量的方法. 假定鱼池中只有一种鲈鱼,并且得到 8 条鱼的如表 4 - 61 中数据(胸围指鱼身的最大周长):

表 4 - 61

身长(cm)	36.8	31.8	43.8	36.8	32.1	45.1	35.9	32.1
重量(g)	765	482	1 162	737	482	1 389	652	454
胸围(cm)	24.8	21.3	27.9	24.8	21.6	31.8	22.9	21.6

习题 2. 轧钢需要经过两道工序:粗轧(形成钢材的雏形),精轧(形成规定长度的成品). 粗轧时由于设备、环境等方面众多因素的影响,得到的钢材的长度是随机的,大体上呈正态分布,其均值可以在轧制过程中由轧机调整,而标准差由设备的精度决定. 如果粗轧后的钢材长度大于规定长度,精轧时将多余的部分切掉,造成浪费;如果粗轧后的长度要比规定长度短在一定的范围内可以降级使用,长度小于一定值时则整根报废,这样会造成更大的浪费. 试建立模型决定粗轧的均值使浪费最小.

案例 11 事故工矿下衰变热排放的源项反演问题

一、问题的提出

随着"311"日本大地震所引发的核电站事故的发生,全球人们针对核电站的选址、安全防护措施等一系列安全问题提出了更为严格的要求.

核电站的能量主要来自堆芯核子裂变,^{235}U(^{235}铀)等元素吸收中子后产生裂变反应,同时放出大量的热能,这些热能经元件表面传递给冷却剂,然后通过蒸汽发生器将热能导出,以供发电,堆芯功率大小主要取决于堆芯中子变化规律.

核电站发生事故时,反应堆停堆,瞬发中子引起的裂变功率迅速下降. 此时,由裂变产物(或者俘获反应生成的核子)产生 β 和 γ 辐射而释放出衰变热,并且这些衰变热在一段时间内都较强,这些热能以辐射、对流和传导的方式由燃料包壳(安全壳)向外界排出. 核电站专设安全系统的主要任务就是导出堆芯余热以确保装置和环境安全.

请针对核电站反生事故时产生的衰变热建立数学模型,并通过燃料外壳热量测量点提供的测量数据反求出衰变热源的有关信息,如释放位置和释放强度等.

二、问题的分析与假设

根据题目要求,我们查阅了相关文献,了解了关于衰变热的相关背景.在核电站许多瞬态过程中,堆芯功率分布变化较小.同时,为了能反求出衰变热源的释放位置和释放强度等关键信息,我们对问题进行以下合理的简化与假设:

(1)考虑一维情形;

(2)衰变热在安全壳中的排热系数稳定;

(3)衰变热的释放强度以指数形式减弱;

(4)以点源的形式考虑衰变热源的形状,并假设源项个数 n 已知.

三、数学模型的建立与求解

引进一些符号,表 4-62 详细地说明了这些符号的含义.

表 4-62　模型符号列表

符号	含义
$u(x,t)$	衰变热在 t 时刻,位置 x 处的热量
a	衰变热的排热系数
$\delta(x)$	狄拉克函数
$p(t)$	在某一位置不同时刻衰变热的测量值
λ	衰变热的衰变常数

为简单起见,描述事故工矿下衰变热传导的一维数学模型采用如下初边值问题[1~4]

$$
\begin{cases}
\dfrac{\partial u}{\partial t} = a^2 \dfrac{\partial^2 u}{\partial x^2} + e^{-\lambda t} \sum_{i=1}^{n} \alpha_i \delta(x - s_i), & 0 < x < 1, 0 < t < T, \\
u(x,0) = 0, & 0 < x < 1, \\
u(0,t) = 0, u(1,t) = 0, & 0 < t < T.
\end{cases}
\tag{72}
$$

采用数学物理方法中的分离变量法,可以求解出数学问题的解析解. 此时,由于方程(72)的固有值为 $\lambda_k = k^2 \pi^2$,固有函数为 $\sin k\pi x (n = 1,2,\cdots)$,所以按固有函数展开法可得问题(72)的解.

令

$$u(x,t) = \sum_{k=1}^{\infty} T_k(t) \sin k\pi x. \tag{73}$$

把方程(72)右端源项也按固有函数展开得

$$e^{-\lambda t} \sum_{i=1}^{n} \alpha_i \delta(x - s_i) = e^{-\lambda t} \sum_{k=1}^{\infty} f_k \sin k\pi x, \tag{74}$$

其中

$$f_k = 2 \int_0^1 \sum_{i=1}^{n} \alpha_i \delta(x - s_i) \sin k\pi x \mathrm{d}x = 2 \left(\sum_{i=1}^{n} \alpha_i \sin k\pi s_i \right). \tag{75}$$

那么,可得 $T_k(t)$ 满足的方程为

$$\begin{cases} T_k' + (ak\pi)^2 T_k(t) = f_k \cdot e^{-\lambda t}, \\ T_k(0) = 0. \end{cases} \tag{76}$$

解得

$$T_k(t) = \frac{f_k}{(k\pi a)^2 - \lambda} (e^{-\lambda t} - e^{-(k\pi a)^2 t}), \tag{77}$$

其中 $f_k = 2 \sum_{i=1}^{n} \alpha_i \sin k\pi s_i.$

最后求出(72)所对应正问题的解为

$$u(x,t) = \sum_{k=1}^{\infty} \frac{2 \sum_{i=1}^{n} \alpha_i \sin k\pi s_i}{(k\pi a)^2 - \lambda} (e^{-\lambda t} - e^{-(k\pi a)^2 t}) \cdot \sin k\pi x. \tag{78}$$

四、源项反演模型及解法

根据测量数据反求衰变热释放位置和释放强度问题实际上是个源项反演问题,即

$$\begin{cases} \dfrac{\partial u}{\partial t} = a^2 \dfrac{\partial^2 u}{\partial x^2} + e^{-\lambda t} \sum_{i=1}^{n} \alpha_i \delta(x - s_i), & 0 < x < 1, 0 < t < T, \\ u(x,0) = 0, & 0 < x < 1, \\ u(0,t) = 0, u(1,t) = 0, & 0 < t < T, \\ u(b,t) = p(t), & 0 < t < T. \end{cases} \tag{79}$$

根据文献[5,6],我们知道该反问题是唯一的且条件稳定,我们可采用遗传算法对该反问题进行求解[7,8,9].

因测量值并未给出,所以我们通过求解正问题得出 $u(b,t) = p(t)$,然后在 $p(t)$ 基础上加入一定的误差作为观测数据 $p^\delta(t)$,其中观测数据根据公式

$$p^{\delta}(t) = p(t) + \delta \cdot (2\mathrm{rand}(1) - 1)$$

给出,rand(1)为区间(0,1)上服从均匀分布的一个随机数,δ 为误差水平. 构造适应度函数

$$\mathrm{score} = \int_0^T |u(b,t) - p^{\delta}(t)|^2 \mathrm{d}t. \tag{80}$$

那么,反问题的反演算法即是利用遗传算法求解 $\lambda, s_i, \alpha_i, i = 1, 2, \cdots, n$,使得适应度函数(80)达到极小值.

根据公式(78)和公式(80)编制适应度函数(详细的 MATLAB 程序请见附录),直接调用 MATLAB 2009 遗传算法工具箱中的 ga 函数易于求解,调用格式如下

$[\mathrm{x}, \mathrm{fval}] = \mathrm{ga}(\mathrm{fitnessfcn}, \mathrm{nvars}, \mathrm{A}, \mathrm{b}, \mathrm{Aeq}, \mathrm{beq}, \mathrm{LB}, \mathrm{UB}, \mathrm{nonlcon}, \mathrm{options})$

其中

fitnessfcn 为适应度函数,即用来求最小值的目标函数;

nvars 为待求参数 x 的个数;

A 和 b 表示参数 x 具有线性约束关系 $A \cdot x \leqslant b$,若 x 没有这种关系则 A 和 b 都用[ ]代替;

Aeq 和 beq 则表示参数 x 具有关系 $Aeq \cdot x = beq$,若 x 没有这种关系则 Aeq 和 beq 都用[ ]代替;

LB 和 UB 则分别表示参数 x 变化范围的下限和上限;

nonlcon 是参数 x 非线性约束的句柄.

五、数值算例和结果

取 $\lambda = 1.54 \times 10^{-5}, a^2 = 0.01, n = 3, s_1 = 0.2, s_2 = 0.5, s_3 = 0.75, \alpha_1 = 2.3, \alpha_2 = 4.5, \alpha_3 = 1.6$,根据公式(78)我们很容易求得正文问题(72)的解,然后加上随机误差作为测量数据.

在计算反问题时,设群体大小为30,参数范围 $10^{-7} < \lambda \leqslant 10^{-3}, 0 < \alpha_i \leqslant 5$, $0 < s_i \leqslant 1$,交叉概率取 $P_c = 0.8$,变异概率取 $P_m = 0.2$,终止代数取500,分不同情况进行数值模拟. 通过编制遗传算法的 MATLAB 程序,得出反问题的反演结果如表 4-64 ~ 表 4-66 所示.

反演算例1:反演 s_1, s_2, s_3.

设 $n = 3, \lambda = 1.54 \times 10^{-5}, \alpha_1 = 2.3, \alpha_2 = 4.5, \alpha_3 = 1.6$ 为已知时,反演 s_1, s_2, s_3. 调用 MATLAB 遗传算法工具箱中的 ga 函数过程为

1)设置 ga 的参数

options = gaoptimset(' Generations ',30,' StallGenLimit ',500,' StallTimeLimit ',

2000）

2）调用 ga 函数

[si,fval] = ga(@ evalution,3,[ ],[ ],[ ],[ ],[0,0,0],[1,1,1],[ ],options)

其中,si 将返回所求值 s_1,s_2,s_3,fval 返回适应度函数的最小值. 计算结果如表 4-63 所示.

表 4-63　反演源项 s_1,s_2,s_3 的计算结果

	$\delta = 0$			$\delta = 0.01$			$\delta = 0.05$		
	s_1	s_2	s_3	s_1	s_2	s_3	s_1	s_2	s_3
精确解	0.2	0.5	0.75	0.2	0.5	0.75	0.2	0.5	0.75
近似解	0.206 42	0.491 46	0.722 21	0.208 81	0.492 46	0.715 03	0.237 93	0.477 03	0.602 45
相对误差	3.21%	1.71%	3.71%	4.40%	1.51%	4.66%	18.97%	4.59%	19.67%

反演算例 2:反演 $\alpha_1,\alpha_2,\alpha_3$.

设 $n = 3,\lambda = 1.54 \times 10^{-5},s_1 = 0.2,s_2 = 0.5,s_3 = 0.75$ 为已知,反演 $\alpha_1,\alpha_2,\alpha_3$. 计算结果如表 4-64 所示.

表 4-64　反演源项 $\alpha_1,\alpha_2,\alpha_3$ 的计算结果

	$\delta = 0$			$\delta = 0.01$			$\delta = 0.05$		
	α_1	α_2	α_3	α_1	α_2	α_3	α_1	α_2	α_3
精确解	2.3	4.5	1.6	2.3	4.5	1.6	2.3	4.5	1.6
近似解	2.292 9	4.536 4	1.515 9	2.442 3	4.335 2	1.714 7	2.560 3	4.150 4	1.232 5
相对误差	0.31%	0.81%	5.26%	6.19%	3.66%	7.17%	11.32%	7.77%	22.97%

反演算例 3:反演 λ.

设 $n = 3,s_1 = 0.2,s_2 = 0.5,s_3 = 0.75,\alpha_1 = 2.3,\alpha_2 = 4.5,\alpha_3 = 1.6$ 为已知时,反演 λ. 计算结果如表 4-65 所示.

表 4-65　反演源项 λ 的计算结果

	$\delta = 0$	$\delta = 0.01$	$\delta = 0.05$
精确解	1.54×10^{-5}	1.54×10^{-5}	1.54×10^{-5}
近似解	1.66×10^{-5}	2.96×10^{-5}	5.23×10^{-5}
相对误差	7.97%	92.49%	239.54%

六、模型的评价

本案例中的模型主要有如下特点：

（1）本案例考虑了事故工矿下衰变热在特定条件下的传递过程，并归结为一热传导方程的初边值问题，实际上这里的初边值条件是非常粗糙的，实际问题可能是非常复杂的，或者提为无穷远条件；

（2）关于反演过程所采用的遗传算法，从三个算例的编程过程来看，该方法简单实用，可操作性和可移植性很强．从反演算例1和反演算例2来看，该方法能有效地反演源项信息．但是，该方法却未能有效地求解反演算例3．进一步分析得知，反演算例3所需反演的源项λ非常小，对计算精度的要求自然异常高，在这种情况下，遗传算法并不适用．

参考文献

［1］Vilmos Komornik, Masahiro Yamamoto. Estimation of point sources and applications to inverse problems. Inverse Problems, 2005(21): 2051 – 2070.

［2］孔军红, 徐銤. 实验快堆 FFR 燃料的衰变热计算. 核动力工程, 1993, 14(5): 469 – 472.

［3］张森如. 反应堆动力学和堆芯释热计算. 核动力工程, 1991, 12(5): 92 – 97.

［4］廖智杰, 任玉新, 沈孟育, 等. 在事故工况下快堆衰变热排放的数值模拟. 应用基础与工程科学学报, 1998, 6(1): 55 – 60.

［5］韩龙喜. 河道一维污染源控制反问题. 水科学进展, 2001, 12(1): 39 – 44.

［6］张小明, 王泽文, 王燕. 一类热传导方程多点源反演的唯一性和稳定性. 东华理工大学学报(自然科学版), 2009(2): 189 – 193.

［7］支元洪. 一类抛物型点源反问题的研究. 西南石油学院, 2004.

［8］张文, 王泽文, 乐励华. 双重介质中的一类核素迁移数学模型及其反演. 岩土力学, 2010, 31(2): 553 – 558.

［9］王泽文, 张文. 基于遗传算法重建多个散射体的组合 Newton 法. 计算数学, 2011, 33(1): 87 – 102.

习题 1. 在本案例的源项反问题中，将测量值改为 T 时刻的 $u(x,T)$ 时，即

$$
\begin{cases}
\dfrac{\partial u}{\partial t} = a^2 \dfrac{\partial^2 u}{\partial x^2} + e^{-\lambda t} \sum_{i=1}^{n} \alpha_i \delta(x - s_i), & 0 < x < 1, 0 < t < T, \\
u(x,0) = 0, & 0 < x < 1, \\
u(0,t) = 0, u(1,t) = 0, & 0 < t < T, \\
u(x,T) = p(x), & 0 < x < 1.
\end{cases}
$$

讨论反求衰变热释放位置和释放强度问题.

习题 2. 在本案例的源项反问题中,将边界条件改为第二类边界条件时,即

$$
\begin{cases}
\dfrac{\partial u}{\partial t} = a^2 \dfrac{\partial^2 u}{\partial x^2} + \mathrm{e}^{-\lambda t} \sum_{i=1}^{n} \alpha_i \delta(x - s_i), & 0 < x < 1, 0 < t < T, \\
u(x,0) = 0, & 0 < x < 1, \\
\dfrac{\partial u(0,t)}{\partial x} = 0, \dfrac{\partial u(1,t)}{\partial x} = 0, & 0 < t < T, \\
u(b,t) = p(t), & 0 < t < T.
\end{cases}
$$

讨论反求衰变热释放位置和释放强度问题.

附　　录

附录一　　MATLAB 实验报告模板

【实验名称】 利用 MATLAB 画图.

【实验目的】 熟悉 MTALAB 中几种常用的绘图命令,掌握几种常用图形的画法.

【实验原理】

1. 二维绘图命令:plot(x,y),ezplot(f,[c,d]),polar(theta,rho).

2. 三维绘图命令:

        三维曲线:plot3(x,y,z),ezplot3(x,y,z,[a,b]).

        三维曲面:mesh(X,Y,Z),meshz(X,Y,Z),surf(X,Y,Z).

        网格生成函数:meshgrid(x,y).

【实验内容】(含基本步骤、主要程序清单及异常情况记录等)

例 1. 利用 plot 函数在一个坐标系下绘制三个函数的图形,要求采用不同的颜色、线型、点标记.

方程:$x = \sin t, y = \cos t, z = \sin 2t, t \in [0, 2\pi]$.

步骤:

    t = [0 :0.05 :2 * pi]

    x = sin(t);y = cos(t);z = sin(2 * t);

    plot(t,x,'r + :',t,y,'bd - .',t,z,'k * -')

例 2. plot3 绘制一条三维螺线.

方程组:$\begin{cases} x = \cos t + t\sin t, \\ y = \cos t - t\sin t, \quad t \in [0, 10\pi], \\ z = 3t. \end{cases}$

步骤:

    t = [0:0.1:10 * pi]

    x = cos(t) + t. * sin(t)

    y = cos(t) - t. * sin(t)

    z = 3 * t

    plot3(x,y,z)

例 3. 用 surf 绘制墨西哥帽子.

方程：

$$z = f(x,y) = \frac{\sin \sqrt{x^2 + y^2}}{\sqrt{x^2 + y^2}}, x \in [-7.5, 7.5], y \in [-7.5, 7.5].$$

步骤：

x = -7.5:0.5:7.5;

y = x;

[xx, yy] = meshgrid(x, y);

R = sqrt(xx.^2 + yy.^2) + eps;

z = sin(R)./R;

surf(xx, yy, z)

【实验结果】

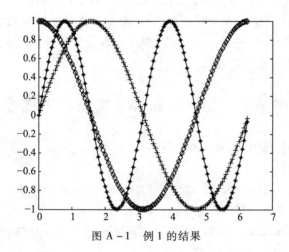

图 A - 1 例 1 的结果

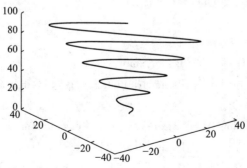

图 A - 2 例 2 的结果

265

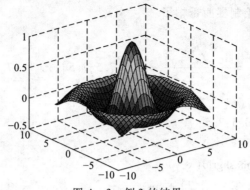

图 A - 3   例 3 的结果

例 4. ……

【总结与思考】

MATLAB 的常见错误:Inner matrix dimensions must agree

因为在 MATLAB 的输入变量是矩阵,参与运算的矩阵维数必须对应,矩阵相应元素的运算必须全部加 dot(点),例 2 中方程如果这样输入:x = (cos(t) + t * sin(t)),就会出现该错误.

附录二　Mathematica 实验报告模板

【实验名称】利用 Mathematica 作图

【实验目的】

1. 掌握用 Mathematica 作二维图形,熟练作图函数 Plot、ParametricPlot 等应用,对图形中曲线能做简单的修饰.

2. 掌握用 Mathematica 做三维图形,对于一些二元函数能做出其等高线图等,熟练函数 Plot3D,ParametricPlot 的用法.

【实验原理】

1. 二维绘图命令:

　　　二维曲线作图:Plot[fx,{x,xmin,xmax}],

　　　二维参数方程作图:ParametricPlot[{fx,fy},{t,tmin,tmax}]

2. 三维绘图命令:

　　　三维作图 plot3D[f,{x,xmin,xmax},{y,ymin,ymax}],

　　　三维参数方程作图:ParameticaPlot3D[{fx,fy,fz},{t,tmin,tmax}]

【实验内容】(含基本步骤、主要程序清单及异常情况记录等)

例 1. 用 Mathematica 软件作出以下函数的图形.

（1）$y = x^3, x \in [-5,5]$；

（2）$y = \dfrac{1}{x}, x \in [-20,20]$.

步骤：

   Plot[x^3,{x, - 5,5}]

   Plot[1/x,{x, - 20,20}]

例 2. 作出以下分段函数的图形.

$$f(x) = \begin{cases} x^2 \sin \dfrac{1}{x}, & x \neq 0, \\ 0, & x = 0, \end{cases} \quad x \in [-0.5, 0.5].$$

步骤：

h[x_]: = x^2 Sin[1/x]/;x! = 0;h[x_]: =0/;x =0

Plot[h[x],{x, - 0. 5,0. 5}]

例 3. 作出函数 $z = \sin(\pi\sqrt{x^2 + y^2})$ 的图形.

步骤：

z = Sin[Pi Sqrt[x^2 + y^2]];

Plot3D[z,{x, - 1,1},{y, - 1,1},PlotPoints - >30,Lighting - >True]

例 4. 作出以下椭球面图形.

$$\begin{cases} x = R_1 \cos u \cos v, \\ y = R_2 \cos u \sin v, \\ z = R_3 \sin u, \end{cases} \quad u \in \left(-\dfrac{\pi}{2}, \dfrac{\pi}{2}\right), v \in (0, 2\pi), R_1, R_2, R_3 \text{ 自行给定}.$$

步骤：

ParametricPlot3D[{4 Cos[u] Cos[v],3 Cos[u] Sin[v],2 Sin[u]},{u,

– Pi/2,Pi/2},{v,0,2 Pi}]

【实验结果】

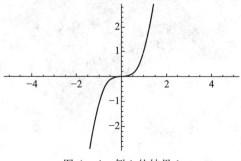

图 A – 4　例 1 的结果 1

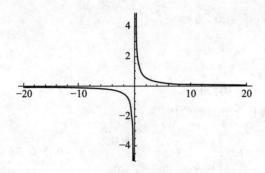

图 A - 5　例 1 的结果 2

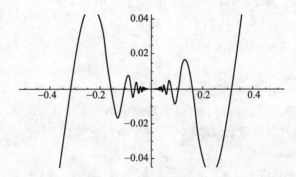

图 A - 6　例 2 的结果

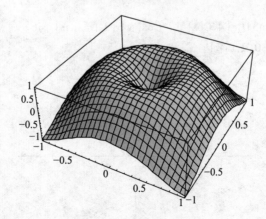

图 A - 7　例 3 的结果

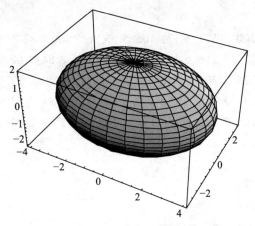

图 A - 8　例 4 的结果

例 5. ……

【总结与思考】

Mathematica 作图的常见错误：General：:spell1：Possible spelling error.

因为在 Mathematica 中作图函数大小写有区别，如例 4 中的 ParametricPlot3D 函数中两个字母 P 都要大写，若将其中的一个写成小写 p，则将提示以上拼写错误 Possible spelling error.

附录三　案例 3 的 LINGO 程序

model：

sets：
gch/1..7/:p,s；
gd/1..15/:A,y,z；
links(gch,gd):x,c；
endsets

data：
p = 160 155 155 160 155 150 160；
s = 800 800 1000 2000 2000 2000 3000；
c = 170. 7 160. 3 140. 2 98. 6 38 20. 5 3. 1 21. 2 64. 2 92 96 106 121. 2 128 142
215. 7 205. 3 190. 2 171. 6 111 95. 5 86 71. 2 114. 2 142 146 156 171. 2 178

230. 7 220. 3 200. 2 181. 6 121 105. 5 96 86. 2 48. 2 82 86 96 111. 2 118 132

260. 7 250. 3 235. 2 216. 6 156 140. 5 131 116. 2 84. 2 62 51 61 76. 2 83 97

255. 7 245. 3 225. 2 206. 6 146 130. 5 121 111. 2 79. 2 57 33 51 71. 2 73 87

265. 7 255. 3 235. 2 216. 6 156 140. 5 131 121. 2 84. 2 62 51 45 26. 2 11 28

275. 7 265. 3 245. 2 226. 6 166 150. 5 141 131. 2 99. 2 76 66 56 38. 2 26 2;

Enddata

min = W + Q + T;

W = @ sum(links(i,j) :p(i) * x(i,j)) ;

Q = @ sum(links(i,j) :c(i,j) * x(i,j)) ;

T = @ sum(gd(j) :(1 + y(j)) * y(j) + (1 + z(j)) * z(j)) * 0. 05 ;

z(1) + y(2) = 104 ;

z(2) + y(3) = 301 ;

z(3) + y(4) = 750 ;

z(4) + y(5) = 606 ;

z(5) + y(6) = 194 ;

z(6) + y(7) = 205 ;

z(7) + y(8) = 201 ;

z(8) + y(9) = 680 ;

z(9) + y(10) = 480 ;

z(10) + y(11) = 300 ;

z(11) + y(12) = 220 ;

z(12) + y(13) = 210 ;

z(13) + y(14) = 420 ;

z(14) + y(15) = 500 ;

y(1) + z(1) = @ sum(gch(i) :x(i,1)) ;

y(2) + z(2) = @ sum(gch(i) :x(i,2)) ;

y(3) + z(3) = @ sum(gch(i) :x(i,3)) ;

y(4) + z(4) = @ sum(gch(i) :x(i,4)) ;

y(5) + z(5) = @ sum(gch(i) :x(i,5)) ;

y(6) + z(6) = @ sum(gch(i) :x(i,6)) ;

y(7) + z(7) = @ sum(gch(i) :x(i,7)) ;

$y(8) + z(8) = @ sum(gch(i):x(i,8));$

$y(9) + z(9) = @ sum(gch(i):x(i,9));$

$y(10) + z(10) = @ sum(gch(i):x(i,10));$

$y(11) + z(11) = @ sum(gch(i):x(i,11));$

$y(12) + z(12) = @ sum(gch(i):x(i,12));$

$y(13) + z(13) = @ sum(gch(i):x(i,13));$

$y(14) + z(14) = @ sum(gch(i):x(i,14));$

$y(15) + z(15) = @ sum(gch(i):x(i,15));$

$@ for(gch(i):@ sum(gd(j):x(i,j)) < = s(i));$

$@ sum(gd(j):x(7,j)) < = 0;$

end

附录四　案例 7 的 MATLAB 程序

function [nihezhi,xdwucha,pjxdwucha,yucezhi,fangchabi,xwuchagailv] = GM-Markov

% nihezhi 是模型所得拟合值之间的对比,第一列为原始数据,第二列为 GM(1,1)数据,

% 第三列为灰色 GM 数据,第四列为改进的灰色 GM 数据.

% xdwucha 为 nihezhi 与原始数据之间的相对误差.

% pjxdwucha 为每一种方法 xdwucha 的平均值.

% yucezhi 为三种方法的预测值,第一列为 GM(1,1)预测数据,

% 第三列为灰色 GM 预测数据,第四列为改进的灰色 GM 预测数据.

% fangchabi 为三种方法的方差比. xwuchagailv 为三种方法的小误差概率.

clear;clc;close all;

% 输入原始数据

data1 = [424. 5,414. 9,378. 8,450. 8,567. 5,450. 8,373. 9,434. 1,476. 8,⋯

　　　　420. 3,460. 3,450. 1,382. 9,441. 7,532. 4,491. 6,486]';

n = length(data1);data2(1) = data1(1);

for k = 2:n

　　data2(k) = data2(k − 1) + data1(k);

end

```
data2 = data2';Y = data1(2:n);S0 = norm(data1 - sum(data1)/n)/sqrt(n);
% GM(1,1)基本模型
a = 1/2;b = 1/2;
for k = 2:n
    Z(k - 1) = a * data2(k - 1) + b * data2(k);
end
A = [ - Z',ones(n - 1,1)];X = (A' * A)\(A' * Y);fdata1(1) = data1(1);
for k = 1:n - 1 + 2
    fdata1(k + 1) = (1 - exp(X(1))) * (data1(1) - X(2)/X(1)) * exp
( - X(1) * k);
end
fdata1 = fdata1';fdatatemp = fdata1(1:end - 2);
xdwch01 = abs(fdatatemp - data1)./data1;pjxdwch01 = sum(xdwch01)/n;
disp('GM(1,1)模拟值 =');disp(fdatatemp');
disp('2004 年,2005 年的预测值 =');disp(fdata1(n + 1:end));
disp('GM(1,1)模拟相对误差 =');disp(xdwch01');
disp('GM(1,1)模拟平均相对误差 =');disp(pjxdwch01);
chch1 = fdatatemp - data1;avchch1 = sum(chch1)/n;
S1 = norm(chch1 - avchch1)/sqrt(n);
disp('GM(1,1)方差比')
c1 = S1/S0    % 方差比
p1 = 0;
for k = 1:n
    if abs(chch1(k) - avchch1) < 0.6745 * S0
        p1 = p1 + 1;
    end
end
disp('GM(1,1)小误差概率 xp1') ;xp1 = p1/n %  小误差概率
% 计算参数
avy = sum(data1)/n;gamma = sum(data1 - fdata1(1:n))/(n * avy);
mid = fdata1(1:n) + gamma * avy;D = min(data1 - mid);T = max(data1 -
mid);
alpha = abs((D + 0.1 * D)/avy);belta = (T + 0.1 * T)/avy;canshu = [gam-
ma,alpha,belta];
```

```
cc1 = 1/2 ; cc2 = 1/4 ; F11 = mid - alpha * avy ; F12 = mid - cc1 * alpha * avy ;
F22 = mid ; F32 = mid + cc2 * belta * avy ; F33 = mid + belta * avy ;
FF = [ F11 , F12 , F22 , F32 , F33 ] ; plot( 1 : n , FF , 1 : n , data1 ,' * ')
for i = 1 : n
    if data1( i ) < = F12( i )
        zhtai( i ) = 1 ;
        yucedata( i ) = ( F11( i ) + F12( i ) )/2 ;
    elseif data1( i ) > F12( i ) && data1( i ) < = F22( i )
        zhtai( i ) = 2 ;
        yucedata( i ) = ( F12( i ) + F22( i ) )/2 ;
    elseif data1( i ) > F22( i ) && data1( i ) < = F32( i )
        zhtai( i ) = 3 ;
        yucedata( i ) = ( F22( i ) + F32( i ) )/2 ;
    else
        zhtai( i ) = 4 ;
        yucedata( i ) = ( F32( i ) + F33( i ) )/2 ;
    end
end
yucedata = yucedata ';
% 转移矩阵 zhyjzh
zhtai2 = zhtai( 1 : end - 1 ) ;
for j = 1 : 4
    temp = find( zhtai2 == j ) ;
    zhtaiNum = length( temp ) ;
    temp2 = zhtai( temp + 1 ) ;
    for k = 1 : 4
        temp3 = find( temp2 == k ) ; zhyjzh( j , k ) = length( temp3 )/zhtaiNum ;
    end
end
clear temp
for i = n + 1 : n + 2
    for k = 1 : 4
        if zhtai( i - 1 ) == k
            temp = max( zhyjzh( k , : ) ) ; temp = find( zhyjzh( k , : ) ==
```

```
                    temp);
                    mid(i) = fdata1(i) + gamma * avy;F11(i) = mid(i) - alpha *
                    avy;
                    F12(i) = mid(i) - cc1 * alpha * avy;F22(i) = mid(i);
                    F32(i) = mid(i) + cc2 * belta * avy;F33(i) = mid(i) + belta
                    * avy;
                    FF = [FF;[F11(i),F12(i),F22(i),F32(i),F33(i)]];
                    yucedata(i) = (F11(i) + F12(i))/2 * zhyjzh(k,1) + …
                        (F12(i) + F22(i))/2 * zhyjzh(k,2) + (F22(i) + F32
                        (i))/2 * zhyjzh(k,3) + …
                        (F32(i) + F33(i))/2 * zhyjzh(k,4);
                    if yucedata(i) < = F12(i)
                        zhtai(i) = 1;
                    elseif yucedata(i) > F12(i) && yucedata(i) < = F22(i)
                        zhtai(i) = 2;
                        elseif yucedata(i) > F22(i) && yucedata(i) < = F32(i)
                        zhtai(i) = 3;
                    else
                        zhtai(i) = 4;
                    end
            end
            end
    end
    %计算灰色 Markov 拟合的相对误差 xdwch,平均相对误差 pjxdwch
    xdwch02 = abs((yucedata(1:n) - data1)./data1);pjxdwch02 = sum
(xdwch02)/n;
    disp('灰色马尔可夫模拟值 =');GMMarkov = yucedata(1:n);
    disp(GMMarkov');disp('2004 年,2005 年的灰色马尔可夫预测值 =');
    disp(yucedata(n + 1:end));disp('灰色马尔可夫模拟相对误差 =');
    disp(xdwch02');disp('灰色马尔可夫模拟平均相对误差 =');
    disp(pjxdwch02);chch1 = yucedata(1:n) - data1;avchch1 = sum(chch1)/n;
    S1 = norm(chch1 - avchch1)/sqrt(n);disp('灰色马尔可夫方差比 c2')
    c2 = S1/S0 %方差比
    p1 = 0;
```

274

```
for k = 1:n
    if abs(chch1(k) - avchch1) < 0.6745 * S0
        p1 = p1 + 1;
    end
end
disp('灰色马尔可夫小误差概率 xp2');xp2 = p1/n % 小误差概率
% 改进的灰色马尔可夫预测方法
XX = [ones(size(data1)),yucedata(1:n),fdata1(1:n)];b = regress(data1,
XX);
XX2 = [XX;1,yucedata(n+1),fdata1(n+1);1,yucedata(n+2),fdata1
(n+2)];
impGmMar = XX2 * b;
% 计算改进的灰色马尔可夫拟合的相对误差 xdwch,平均相对误差 pjxdwch
xdwch03 = abs(impGmMar(1:n) - data1)./data1;pjxdwch03 = sum
(xdwch03)/n;
disp('改进的灰色马尔可夫模拟值 =');disp(impGmMar(1:n)');
disp('2004 年,2005 年,改进的灰色马尔可夫预测值 =');disp(impGmMar
(n+1:end));
disp('改进的灰色马尔可夫模拟相对误差 =');disp(xdwch03');
disp('改进的灰色马尔可夫模拟平均相对误差 =');disp(pjxdwch03);
chch1 = impGmMar(1:n) - data1;avchch1 = sum(chch1)/n;
S1 = norm(chch1 - avchch1)/sqrt(n);
disp('改进的灰色马尔可夫方差比 c3');c3 = S1/S0 % 方差比
p1 = 0;
for k = 1:n
    if abs(chch1(k) - avchch1) < 0.6745 * S0
        p1 = p1 + 1;
    end
end
disp('改进的灰色马尔可夫小误差概率 xp3')
xp3 = p1/n % 小误差概率
% 结果
nihezhi = [data1,fdata1(1:n),yucedata(1:n),impGmMar(1:n)];
xdwucha = [xdwch01,xdwch02,xdwch03];
```

pjxdwucha = [pjxdwch01,pjxdwch02,pjxdwch03];

yucezhi = [fdata1 (n + 1 : end),yucedata (n + 1 : end),impGmMar (n + 1 :

end)];

fangchabi = [c1,c2,c3];　　xwuchagailv = [xp1,xp2,xp3];

附录五　案例 11 的 MATLAB 程序

程序 1:计算精确值变量 u_exact

```
global u_exact;
raodong = 0. 01;kn = 100;a = 0. 1;
si = [ 0. 2,0. 5,0. 75];lambda = 1. 54e − 5;
alphai = [ 2. 3,4. 5,1. 6];
x_ini = 0;   x_ter = 1;   x_num = 10;
t_ini = 0;   t_ter = 1;    t_num = 20;
x = linspace( x_ini,x_ter,x_num);
t = linspace( t_ini,t_ter,t_num);
x_pace = ( x_ter − x_ini)/( x_num − 1);
t_pace = ( t_ter − t_ini)/( t_num − 1);
u = zeros( x_num,t_num);
for i = 1 : x_num
    sn = 0;sk = zeros( 1,t_num);
    for k = 1 : kn
        sn = 2 * sum( alphai. * sin( k * pi. * si));
        sn = sn. * ( exp( − lambda * t) − exp( − ( k * pi * a)^2. * t)). * sin
        ( k * pi * x(i))/(( k * pi * a)^2 − lambda);
        sk = sk + sn;
    end
    u( i,:) = sk;
end
u_exact = u;
```

程序 2:适应度函数 evalution. m

```
function fval = evalution( si)    % 求解 s1,s2,s3
global u_exact;
raodong = 0. 01;                % 扰动系数
```

276

```
kn = 100;a = 0. 1;lambda = 1. 54e - 5;
alphai = [2. 3 ,4. 5 ,1. 6];
x_ini = 0;    x_ter = 1;    x_num = 10;
t_ini = 0;    t_ter = 1;    t_num = 20;
x = linspace(x_ini,x_ter,x_num);
t = linspace(t_ini,t_ter,t_num);
x_pace = (x_ter  -  x_ini)/(x_num - 1);
t_pace = (t_ter  -  t_ini)/(t_num - 1);
u = zeros(x_num,t_num);
for i = 1:x_num
    sn = 0;sk = zeros(1,t_num);
    for k = 1:kn
        sn = 2 * sum(alphai. * sin(k * pi. * si));
        sn = sn. * (exp( - lambda * t) - exp( - (k * pi * a)^2. * t)). * sin
        (k * pi * x(i))/((k * pi * a)^2 - lambda);
        sk = sk + sn;
    end
    u(i,:) = sk;
end
u1 = raodong * (2 * (rand(x_num,t_num)) - 1). * u_exact + u_exact;
fval = trapz(t,(u(end - 1,:) - u1(end - 1,:)).^2);
```